Chemikalienlagerung

A. Paersch · M. Luther

Springer

Berlin
Heidelberg
New York
Barcelona
Hongkong
London
Mailand
Paris
Singapur
Tokio

Andreas Paersch · Martina Luther

Chemikalienlagerung

Referenzanlagen, Technik und Organisation, Genehmigungspraxis

Unter Mitarbeit von J. Krömer-Lassen

Springer

Andreas Paersch
Martina Luther

Umweltbehörde
Billstraße 84
D-20539 Hamburg
Germany

Für die Gestaltung des Einbandes wurden mit freundlicher Genehmigung der Firma Uwe Lübker Fotos verwendet, die in dem Chemikalienlager dieser Hamburger Firma aufgenommen wurden.

ISBN-13: 978-3-642-64266-1 e-ISBN-13:978-3-642-60122-4
DOI: 10.1007/978-3-642-60122-4

Springer-Verlag Berlin Heidelberg New York

Die Deutsche Bibliothek – CIP-Einheitsaufnahme

Paersch, Andreas:
Chemikalienlagerung : Referenzanlagen, Technik und Organisation, Genehmigungspraxis / Andreas Paersch ; Martina Luther. – Berlin ; Heidelberg ; New York ; Barcelona ; Hongkong ; London ; Mailand ; Paris ; Singapur ; Tokio : Springer, 1999

Softcover reprint of the hardcover 1st edition 1999

Einbandgestaltung: Design & Production GmbH, Heidelberg
Satz: Fotosatz-Service Köhler GmbH, Würzburg
SPIN: 10561121 2/3020 – 5 4 3 2 1 0 – Gedruckt auf säurefreiem Papier

Vorwort

Das Fachwissen über die Lagerung von Chemikalien ist polarisiert verteilt. Einerseits gibt es eine kleine Gruppe von Experten, z. B. Gefahrgut-/Störfallbeauftragte großer Unternehmen, Spezialisten aus Ingenieurbüros und Vertreter der Ministerialbürokratie, die sich immer wieder treffen und Regelungen weiter perfektionieren. Manche dieser Fachleute kennen nur einige wenige Lageranlagen in der Praxis.

Dem steht eine andere, viel größere Gruppe gegenüber, und das sind z. B. Lagerhalter, Spediteure, kleinere Hersteller und Verwender von Chemikalien, Architekten und Planer, spezialisierte Gerätehersteller für Sicherheitstechnik und die Vor-Ort-Umweltverwaltung. Diese Gruppe trägt oft in ihrem Bereich eine große Verantwortung für die sichere Chemikalienlagerung in der Praxis. Sie müßte sich deswegen unbedingt auf diesem Gebiet gut auskennen, was aber eher selten der Fall ist – schon weil es zunächst aussichtslos erscheint, die Regelungen in ihrer Fülle, Kompliziertheit und manchmal auch Widersprüchlichkeit zu erfassen. Weil überdies verschärfter Wettbewerbsdruck zur rigorosen Kostenminimierung in allen Bereichen zwingt, resignieren viele Verantwortliche: Sie beschäftigen sich mit der Sicherheit bei der Chemikalienlagerung überhaupt nicht.

Dieses Buch soll dazu beitragen, die beiden Gruppen einander näherzubringen. Insbesondere soll der großen Gruppe, die sich bisher nicht oder wenig mit der Sicherheit bei der Chemikalienlagerung befaßt hat, Mut gemacht werden, dieses zu tun. Daneben soll die kleine Gruppe von Experten auch mit eher simplen und kostengünstigen Lösungen konfrontiert werden, mit dem erklärten Ziel, diese Gruppe auf den Boden der Gegebenheiten, wie sie sich für die meisten Chemikalienläger darstellt, ein Stück weit zurückzuholen.

Größere Lageranlagen für Chemikalien müssen ein Genehmigungsverfahren nach dem Bundes-Immissionsschutzgesetz durchlaufen. Man macht immer wieder die Erfahrung, daß insbesondere mittelständische Unternehmen eine große Scheu vor diesem Verfahren haben. Das liegt daran, daß das Rechtsgebiet sehr speziell und umfassend ist und daß Genehmigungsunterlagen in beträchtlichem Umfang abzuliefern sind. Gerade eine Genehmigung nach dem Bundes-Immissionsschutzgesetz gibt dem Betrieb jedoch auf der anderen Seite die Möglichkeit, sein Lager universeller zu nutzen. Diese Genehmigung räumt ihm wichtige Rechte ein und bürgt für die Anlagensicherheit. Das Buch hat das Ziel, gerade kleineren Unternehmen die BImSchG-Genehmigung nahezubringen. Deshalb wird dieses Genehmigungsverfahren für einen Antragsteller, der sich auf diesem

Gebiet noch nicht gut auskennt, dargestellt. Dabei werden die Unterschiede zum üblichen Baugenehmigungsverfahren aufgezeigt.

Wie Chemikalien sicher gelagert werden können, wird anhand von 25 Referenzanlagen abgehandelt. Es sind überwiegend Lagerhallen, meistens mit Verteil- und Kommissionierbereichen und den Außenflächen, die für den Umschlag benötigt werden. Die Qualität der Anlagen wird von den Autoren nicht bewertet, auch weil es sich zum Teil um Altanlagen handelt. Neben großen Lageranlagen mit aufeinander aufbauenden Sicherheitssystemen werden auch kleinere Anlagen mit einigen originellen Merkmalen vorgestellt. Die Darstellung wird abgerundet durch zwei andere Praxisbeispiele: Eine Anlage mit Lagercontainern auf Freiflächen und eine Lageranlage für Standardcontainer mit Chemikalien.

Mit diesem Buch wird ein neuer Weg gewählt, um dem Leser die Materie schnell, lesbar, so einfach wie möglich und übersichtlich nahezubringen: Vorschriften sind meistens schwer verständlich, und man weiß oft erst nach dem Studium, ob man diese überhaupt beachten muß. Deshalb wird hier direkt die Praxis vorgestellt. Durch diese Methode wird vieles – auch der Zweck einer Vorschrift im Einzelfall – unmittelbar verständlich.

Die jeweiligen Anlagen werden im ersten Teil des Buches als ein komplexes System vorgestellt: Die Referenzanlagen sind mit den wichtigsten Merkmalen systematisch in Form von Matrizen abgebildet. Angaben über Betreiber, Planer und andere Beteiligte, über Art und Größe der Lageranlage sowie über die Infrastruktur ergänzen die Informationen. Jedes Lager wird nach den gleichen Kriterien vorgestellt. Angaben, die die Unternehmen den Autoren freundlicherweise übermittelten, wurden möglichst unverändert übernommen. Autenzität ging vor Stil.

In einem zweiten Teil werden die einzelnen baulichen, ausrüstungstechnischen und organisatorischen Merkmale jeweils für sich abgehandelt, so daß ein schneller Quervergleich der jeweiligen Einzelheit möglich ist. Hier kann man sich schnell über Spezialfragen informieren und die Features jeder Lageranlage direkt vergleichen.

Die Prozedur der behördlichen Genehmigung wird speziell für den Antragsteller und andere, die dabei mitwirken, erklärt. Zur schnellen und praxisgerechten Orientierung dienen dabei Übersichten und Tabellen, Ablaufpläne und Checklisten sowie Beispiele aus der Genehmigungspraxis und Formblätter einer Genehmigungsdienststelle.

Selbst bei großen modernen Chemikalienlägern wird mit Wasser gekocht. Ein Blick in dieses Buch beweist das. Deshalb sollten z.B. auch mittelständische Unternehmen, die auf irgend eine Weise mit der Chemikalienlagerung zu tun haben oder dieses beabsichtigen, sich an dieses Thema herantrauen. Um keine falschen Versprechungen zu machen: Viel Arbeit macht es immer noch, bis man die Anregungen und Beispiele aus diesem Buch zu „seinem" Konzept weiter entwickelt hat und das Chemikalienlager auch gegenüber Prüfinstanzen verteidigen kann. Die Autoren hoffen und erwarten, daß mit diesem Buch der Weg dahin weniger mühsam wird.

Wir bedanken uns sehr herzlich bei allen Unternehmen, die uns die wesentlichen Informationen lieferten und dann der Veröffentlichung zustimmten.

März 1999

Andreas Paersch
Martina Luther

Inhaltsverzeichnis

* Dieses Merkmal dient zur Gesamtdarstellung der jeweiligen Referenzanlagen in Kap. 1. Eine Gegenüberstellung der individuellen Ausgestaltung dieses Merkmals im Kap. 2 hat aber wenig praktischen Nutzen. Für einen einfachen Wechsel von Kap. 1 zu Kap. 2 und umgekehrt (gleiche Unterziffern!) werden diese Merkmale hier erwähnt aber in Kap. 2 nicht abgedruckt.

Abkürzungen

A I-Flüssigkeit	Flüssigkeit mit einem Flammpunkt unter 21 °C
A II-Flüssigkeit	Flüssigkeit mit einem Flammpunkt von 21° bis 55 °C
ABC-Löscher	Feuerlöscher mit weitgehend universellem Einsatzbereich
ACO-Rinne	Bodengleiche überfahrbare Abflußrinne
ADR	Accord européen relatif au transport international des marchandises dangereuses par route = Gefahrgutvorschriften für den Straßenverkehr im europäischen Raum
AFFF	Löschwasserzusatz für Sprinkleranlagen, insbes. in VbF-Bereichen
AOX	Adsorbierbare Halogenkohlenwasserstoffe
B-Flüssigkeit	Flüssigkeiten mit einem Flammpunkt unter 21 °C, die sich bei 15 °C in Wasser lösen oder deren brennbare flüssige Bestandteile sich bei 15 °C in Wasser lösen
BImSchG	Bundes-Immissionsschutzgesetz
BMA	Brandmeldeanlage
CKW	Chlorkohlenwasserstoffe
CBS	Chemischer Sauerstoffbedarf
DFÜ	Datenfernübertragung
DIBt	Deutsches Institut für Bautechnik
DIN ISO 9000 ff	International geltende Normen für Qualitätsmanagementsysteme
DIN ISO 14001	International geltende Norm für ein Umweltmanagementsystem
DOC	Gesamter in Wasser gelöster Kohlenstoff
DruckbehV	Druckbehälterverordnung
DV	Datenverarbeitung
EDV	Elektronische Datenverarbeitung
F 30/F 90/ F 150/F 180	Wände und Decken mit einer Feuerwiderstandsdauer von 30/90/150/180 Minuten
GefStoffV	Gefahrstoffverordnung
GGVS	Gefahrgutverordnung Straße
GMP	Good Manufacturing Practice = Vorschriften zur Herstellung und Lagerung von Arzneimitteln und Lebensmittelzusatzstoffen

GSG	Gerätesicherheitsgesetz
HDPE	Hochdruckpolyethylen
HVBG	Hauptverband der gewerblichen Berufsgenossenschaften
IBC	Intermedial Bulk Container = Großbehälter für Flüssigkeiten
IfBT	Institut für Bautechnik, jetzt: DIBt
IMDG-Code	International Maritime Dangerous Goods-Code = internationale Gefahrgutrichtlinien für den Seetransport
LöRüRI	Löschwasserrückhalterichtlinie
LWRE	Löschwasserrückhalteeinrichtung
MAK	Maximale Arbeitsplatzkonzentration
PCB	Polychlorierte Biphenyle
RP	Regierungspräsidium
RWA	Rauch- und Wärmeabzugsanlage
StörfallVwV	Störfallverwaltungsvorschrift
SQAS	Safety and Quality Assessment System = Sicherheits- und Qualitätsbeurteilungssystem
T 30/T 90	Türen mit einer Feuerwiderstandsdauer von 30/90 Minuten
TA Luft	Technische Anleitung zur Reinhaltung der Luft
TA Lärm	Technische Anleitung zum Schutz gegen Lärm
TEU	Twenty Foot Equivalent Unit = Maß für Containerstückzahl
TRbF	Technische Regeln für brennbare Flüssigkeiten
TRG	Technische Regeln Druckgase
TRGS	Technische Regeln für Gefahrstoffe
TÜV	Technischer Überwachungsverein
UEG	Untere Explosionsgrenze
UVV	Unfallverhütungsvorschrift
VAWS	Verordnung über Anlagen zum Umgang mit wassergefährdenden Stoffen
VbF	Verordnung über brennbare Flüssigkeiten
VCI	Verband der Chemischen Industrie
VCI-Klassen	Einteilung von Stoffgruppen in Lagerklassen nach einem Konzept des VCI
VDE	Verein Deutscher Elektroingenieure
VdS	Verband der Schadenversicherer e.V.
WGK	Wassergefährdungsklasse
WHG	Wasserhaushaltsgesetz
4. BImSchV	4. Verordnung zur Durchführung des BImSchG = Verordnung über genehmigungsbedürftige Anlagen
5. BImSchV	5. Verordnung zur Durchführung des BImSchG = Verordnung über Immissionsschutz- und Störfallbeauftragte
9. BImSchV	9. Verordnung zur Durchführung des BImSchG = Verordnung über das Genehmigungsverfahren
12. BImSchV	12. Verordnung zur Durchführung des BImSchG = Störfall-Verordnung

1
Vorstellung der Referenzanlagen

Die Matrizen, mit denen die Referenzanlagen vorgestellt werden, sind selbsterklärend aufgebaut. Einige Merkmale werden aber kurz erläutert:

Zu Ziffer 2 (Zugelassene Stoffe): Als Ordnungsmerkmal wurde, wenn möglich, der IMDG-Code gewählt, von Fall zu Fall ergänzt durch Angaben über die VbF-Klasse, durch Hinweise auf eine eventuell zugelassene Abfallagerung oder spezielle Stoffe bzw. Stoffgruppen.

Zu Ziffer 5 (Standort und sicherheitsrelevante Infrastruktur): Sofern Angaben verfügbar sind, wird hier eingegangen auf die Gebietsnutzung, in der die Anlage liegt, auf den Abstand zur nächsten Wohnbebauung (das ist wichtig z. B. bei der Freisetzung giftiger Gase), auf den Hochwasserschutz, sofern die Anlage an einem hochwasserführenden Gewässer liegt, auf die Löschwasserversorgung sowie auf die Feuerwehrzufahrten.

Zu Ziffer 8.5 (Lagerflächen/Auffangräume): Hier geht es um den Rückhalt von wassergefährdender Flüssigkeit, die aus beschädigten Behältern austreten kann.

Zu Ziffer 8.6 (Löschwasserrückhalteeinrichtung): Beim Löscheinsatz wird das Wasser - insbesondere beim Beginn der Brandbekämpfung – durch Brandrückstände oder auslaufende unverbrannte Stoffe stark verunreinigt. Um zu verhindern, daß diese Flüssigkeit in die Kanalisation, in ein Gewässer oder in den Boden gelangt, gibt es Löschwasserrückhalteeinrichtungen.

Zu Ziffer 8.7 (Umschlags-/Ladebereich): Es ist die Fläche, auf der die Transportfahrzeuge be- und entladen werden, gemeint. Meistens handelt es sich um eine Hoffläche.

Zu Ziffer 8.8 (Entwässerung/Absperrung der Kanalisation): Für die Entwässerung des Umschlags-/Ladebereiches (Ziffer 8.7) werden oft besondere Maßnahmen vorgesehen.

Zu Ziffer 9.7 (Gaswarnanlage/Lüftung): Diese Anlagen warnen in aller Regel vor explosiven Gas-Luft-Gemischen (VbF-Bereiche). Die Lüftungsanlagen für diese Bereiche verhindern, daß explosionsfähige Gas-Luft-Gemische entstehen.

Zu Ziffer 10.1 (Ein- und Ausgangs- sowie Bestandskontrollen): Bei Ein- und Ausgangskontrollen wird insbesondere der ordnungsgemäße Zustand der Verpackung sowie deren Zulassung und Identität festgestellt. Unter einer Bestandskontrolle ist eine Inventur zu verstehen.

Zu Ziffer 10.2 (Abstandsregelungen/Zusammenlagerungsverbote/Mengenbegrenzungen): Bestimmte Stoffe bzw. Stoffgruppen dürfen nicht oder nur mit Mindestabständen zusammengelagert werden. Dadurch sollen Reaktionen dieser Stoffe untereinander verhindert bzw. Schadensereignisse wie Brände begrenzt werden. Eventuelle Mengenbegrenzungen dienen ebenfalls der Schadensbegrenzung oder resultieren aus der baulichen Gegebenheit.

Zu Ziffer 10.8 (Alarm- und Gefahrenabwehrpläne): Es sind nicht nur die Pläne, die die Störfallverordnung verlangt, gemeint. Auch weitergehende Angaben – wie z. B. betriebsinterne Pläne – werden aufgenommen.

Zu Ziffer 10.9 (Notfallübungen): Neben Brandschutzübungen werden manchmal auch Gewässerschutzübungen aufgeführt. Dabei übt der Betrieb, wie man Unfälle mit der Gefahr einer Gewässerverunreinigung in den Griff bekommt.

Zu Ziffer 10.10 (Notfallinformation für Einsatzkräfte): Einsatzkräfte, insbesondere die Feuerwehr, müssen im Notfall für eine Gefährdungsabschätzung wissen, was, wo, in welchen Mengen lagert.

Zu Ziffer 10.11 (Überprüfung der technischen Schutzvorkehrungen/Sachverständigenprüfungen): Technische Schutzvorkehrungen verhindern oder begrenzen Schäden bei der Chemikalienlagerung. Angesprochen sind z. B. Lüftung, Brandmeldeanlage, Löschwasserschutz, Absperrorgane für die Kanalisationsleitungen und das Notstromaggregat.

1.1 Lagerräume der Firma Dettmer Container Packing in Bremen		
1.	**Kurzbeschreibung**	Gefahrgutlagerräume und -boxen in einem Containerpackbetrieb
2.	**Zugelassene Stoffe**	Alle Gefahrgutklassen nach IMDG-Code mit Ausnahme von: Klassen 1 und 7
3.	**Lagergröße**	1 Gefahrgutraum mit 41,4 m^2/186 m^3 7 Gefahrguträume mit jeweils 32,0 m^2/144 m^3 3 Gefahrgutboxen mit jeweils 5,8 m^2/26 m^3 max. Lagerkapazität: 200 t
4.	**Lagersystem**	Blocklagerung
5.	**Standort und sicherheitsrelevante Infrastruktur**	Der Containerpackbetrieb ist in einem Güterverkehrszentrum angesiedelt Abstand zur nächsten Wohnbebauung: mehr als 1 km Löschwasserversorgung: Stadtwasser u. eigene Brunnen
6.	**Zulassungen**	Baugenehmigung
7.	**Ansprechstellen**	
7.1	**Betreiber**	Dettmer Container Packing GmbH & Co. KG, Ludwig-Erhard-Str. 3, 28197 Bremen, Herr Gieseke
7.2	**Planungsbeteiligte**	Firmeninterne Planung u. Ingenieurbüro u. Sachverständiger
7.3	**Genehmigungsbehörde**	Gewerbeaufsichtsamt Bremen
8.	**Bau**	
8.1	**Brandabschnitte**	11 Brandabschnitte, d.h. jeder Gefahrgutraum stellt einen gesonderten Brandabschnitt dar
8.2	**Wände**	Alle Wände, auch die Außenwände in F 90
8.3	**Tore/Türen**	T 90-Tore für jeden Lagerraum Keine Verbindungstore oder -türen zwischen den Lagerräumen

8.4	**Decken/Dächer**	Flachdach aus Stahlbetonfertigteilen (15 cm), mineralische Dämmung (8 cm) u. Stahltrapezblech als wasserführende Eindeckung
8.5	**Lagerflächen/ Auffangräume**	Abdichtung der Lagerräume durch Stahlblech, das an den Wänden ca. 10 cm hochgezogen wurde Separater Auffangraum in jedem Gefahrgutraum, der ebenfalls mit Stahlblech ausgekleidet ist (Inhalt: 1 × 8,2 m^3, 7 × 6,3 m^3; 3 × 2,8 m^3)
8.6	**Löschwasserrückhalteeinrichtung**	Die Auffangräume nach Ziff. 8.5 werden z. T. zur Löschwasserrückhaltung mit herangezogen Außerdem: Löschwasserschotts, die im Brandfall vor dem betroffenen Lagerraum von Hand eingesetzt und festgeklemmt werden (Serienanfertigung)
8.7	**Umschlags-/Ladebereich**	Flächenbefestigung in bituminöser Straßenbauweise Gefällemäßige Trennung vom übrigen Hofbereich Auf dem Umschlags-/Ladebereich kann an einigen LKW bzw. Containern gleichzeitig gearbeitet werden (Gesamtfläche: 3000 m^2)
8.8	**Entwässerung/ Absperrung der Kanalisation**	Der in Ziff. 8.7 genannte Bereich entwässert in mehrere Gullys, die angeschlossene Kanalisationsleitung wird im Leckagefall durch einen motorbetriebenen Schnellschlußschieber geschlossen Auslösung des Schiebers durch mehrere zentral angebrachte Taster Bei Stromausfall kann der Schieber von Hand geschlossen werden
9.	**Ausrüstung**	
9.1	**Blitzschutz**	Blitzschutzanlage nach DIN VDE 0185
9.2	**Einbruchschutz**	Umzäunung des Betriebsgeländes und separater Verschluß der Gefahrguträume

9.3	**Feuer- und Rauchmeldeanlage**	Rauchmelder in jedem Lageraum mit Alarmmeldung durch akustisches und optisches Signal Durchschaltung zur Feuerwehr ist auf bestehende Anlage aufgeschaltet
9.4	**Rauch- und Wärmeabzugseinrichtung**	Entfällt
9.5	**Stationäre Feuerlöschanlage**	Entfällt
9.6	**Sonstige Feuerbekämpfungseinrichtungen**	Kleinfeuerlöschgeräte
9.7	**Gaswarnanlage/ Lüftung**	Keine Gaswarnanlage. Jedoch Flüssigkeitsmelder in den Auffangräumen nach Ziff. 8.5 mit Alarmmeldung Permanente Lüftung aller Gefahrguträume durch Absaugung aus den Auffangräumen nach Ziff. 8.5 und des Bodenbereichs in jedem Raum Stündlicher Luftwechsel: 2fach
9.8	**Notstromversorgung**	Entfällt
9.9	**Notfallausrüstung**	In einem separaten Betriebsraum ist Bindemittel usw. vorhanden
9.10	**Persönliche Schutzausrüstung/ Rettungseinrichtungen/1. Hilfe**	Übliche Ausrüstung und Geräte sind vorhanden: z. B. Notdusche, Atemmasken, persönliche Schutzausrüstung
10.	**Organisation**	
10.1	**Ein- und Ausgangs- sowie Bestandskontrollen**	Ein- und Ausgangskontrollen werden durchgeführt Bestandskontrollen täglich Ein genauer Abgleich des Bestandes anhand der Lagerlisten findet wöchentlich statt

10.2 Abstandsregelungen/Zusammenlagerungsverbote/ Mengenbegrenzungen	Zur Einhaltung von Zusammenlagerungsverboten werden verschiedene Lagerräume benutzt Verantwortlich sind die Lademeister, die intensiv geschult sind Regelmäßige Kontrollen gibt es mindestens 1 × wöchentlich (siehe Ziff. 10.1)
10.3 Bestands-/ Einlagerungsplan/ Lagerverwaltung	In einem separaten Raum werden – gesondert für jeden Gefahrgutraum – die Lagerlisten bereitgehalten
10.4 Sicherung des Lagergutes gegen Herabfallen	In der Regel wird nur einlagig gelagert Sonst: Stretchen u. ä.
10.5 Lagerung von brennbaren Verpackungen, Paletten usw.	Nicht in den Gefahrguträumen und auf der dazugehörigen Umschlagsfläche
10.6 Zugangsregelung/ Bewachung	Wachdienst außerhalb der Arbeitszeit
10.7 Betriebsanweisungen/ Unterweisungen	Betriebsanweisungen – insbesondere zur Einlagerung in die Gefahrguträume – sind vorhanden. Unterweisungen werden durchgeführt
10.8 Alarm- und Gefahrenabwehrpläne	Vorhanden
10.9 Notfallübungen	Werden durchgeführt, z. T. auch durch Feuerwehr
10.10 Notfallinformation für Einsatzkräfte	Lagerlisten liegen in einem separaten Raum direkt neben den Gefahrguträumen aus (s. Ziff. 10.3)
10.11 Überprüfung d. techn. Schutzvorkehrungen/ Sachverständigenprüfungen	Überprüfung: lfd. Wartungsverträge und Gutachter Gesamtverantwortung für die Prüfungen: Geschäftsleitung

10.12	**Gefahrgut-/Gewässerschutz-/Störfall-/ sonstige Beauftragte**	Gefahrgutbeauftragter: ist bestellt
10.13	**Dokumentation über Unfälle und Schäden**	Standardisierte Schadensberichte festgelegt in ISO
10.14	**Management-/ Qualitätssicherungssysteme**	Nach DIN ISO 9000 ff
11.	**Besonderheiten**	Entfällt
12.	**Quellenangaben**	Betreiberangaben aus 1998

1.2 Hochregallager der Fa. Merck KG aA in Darmstadt		
1.	**Kurzbeschreibung**	Eingeschossiges Hochregallager mit unterkellerter Vorzone und Anbau zum Be- und Entladen
2.	**Zugelassene Stoffe**	Gefahrgutklassen nach IMDG-Code: 3, 6, 8 und 9
3.	**Lagergröße**	6 Lagergassen mit je 2.650 Palettenstellplätzen Insgesamt: 15.900 Palettenstellplätze
4.	**Lagersystem**	Hochregallager mit 19 Regalebenen Regalbedienung durch vollautomatische Regalbediengeräte
5.	**Standort und sicherheits-relevante Infrastruktur**	Lageranlage im Werksgebiet Abstand zur nächsten Wohnbebauung: 650 m Löschwasserversorgung: 2 Löschwassertanks (je 1.400 m^3) Werksfeuerwehr und übrige für ein Chemiewerk übliche Infrastruktur
6.	**Zulassungen**	Genehmigung nach BImSchG, Spalte 1 Anhang 4. BImSchV
7.	**Ansprechstellen**	
7.1	**Betreiber**	Merck KG aA, Frankfurter Straße 250, 64271 Darmstadt
7.2	**Planungsbeteiligte**	Konzept und Projektleitung: Merck KG aA Architekt u. Bauleitung: Arch.büro Fay, Bingen Logistik, DV: agiplan, Mühlheim
7.3	**Genehmigungsbehörde**	RP Darmstadt
8.	**Bau**	
8.1	**Brandabschnitte**	Jede der 6 Lagergassen ist ein Brandabschnitt. Trennung durch Stahlbetonwände als Brandwände

8.2	**Wände**	Brandwände: Stahlbeton F 180 Außenwände: s.o.
8.3	**Tore/Türen**	Keine Tore/Türen zwischen den Brandabschnitten Außentore/-türen im Lager: T 90, in der Vorzone T 30
8.4	**Decken/Dächer**	Stahlbetondecke im Lager
8.5	**Lagerflächen/ Auffangräume**	Der Bodenbereich jeder Lagergasse ist als Auffangwanne aus wasserundurchlässigem Stahlbeton ausgebildet Beschichtung der Auffangwannen mit undurchlässigem chemikalienbeständigen Kunststoff Gefälle des Wannenbodens zu einem tiefsten Punkt mit Leckage-Detektor. Der Leckage-Detektor löst bei Kontakt mit Flüssigkeit Alarm aus
8.6	**Löschwasser-rückhalteeinrichtung**	Die Auffangwannen (s. Ziff. 8.5) dienen auch der Löschwasserrückhaltung (1.500 m^3 pro Gasse), davon ist ein Teil zur Produktrückhaltung beschichtet
8.7	**Umschlags-/ Ladebereich**	Flächenbefestigung des Umschlags- bzw. Ladebereiches: Die Flächen bestehen aus Stahlbeton und haben ein Gefälle zu beschichteten Auffangräumen. Gefällemäßige Trennung dieses Bereiches von der übrigen Hoffläche
8.8	**Entwässerung/ Absperrung der Kanalisation**	Entleerung der Auffangräume mittels Pumpe nach Kontrolle
9.	**Ausrüstung**	
9.1	**Blitzschutz**	nach DIN 57185/VDE 0185
9.2	**Einbruchschutz**	Vorhanden

9.3	**Feuer- und Rauchmeldeanlage**	Über 3.000 Rauchmelder, die in fast jeder Regalebene angeordnet sind Alarmmeldung läuft in der Zentrale der Werksfeuerwehr mit Registrierung des betroffenen Bereiches auf
9.4	**Rauch- und Wärmeabzugseinrichtung**	Vorhanden
9.5	**Stationäre Feuerlöschanlage**	Sprinkleranlage mit über 11.000 Sprinklerköpfen, d.h. fast jede Palette wird durch einen Sprinklerkopf überwacht Auslösung bei 68°, schnellansprechend CO_2-Löschanlage, die durch die Rauchmelder ausgelöst wird Schaumlöschanlage für den Bodenbereich, Auslösung durch Rauchmelder und Sprinkleranlage Zusatz von AFFF zum Sprinklerwasser In jeder Gasse sind alle drei Löschanlagen vorhanden
9.6	**Sonstige Feuerbekämpfungseinrichtungen**	Feuerwehr-Einsatzfahrzeuge, u.a. ein Gelenkmast mit einer Höhe von 68 m Feuerlöscher
9.7	**Gaswarnanlage/ Lüftung**	1facher stündlicher Luftwechsel im gesamten Lager 5facher stündlicher Luftwechsel im Bodenbereich
9.8	**Notstromversorgung**	Notstromversorgung für stationäre Feuerlöschanlagen, Rauchmelder, EDV und Lüftung
9.9	**Notfallausrüstung**	Vorhanden
9.10	**Persönliche Schutzausrüstung/ Rettungseinrichtungen/1. Hilfe**	Insbesondere durch Werksfeuerwehr Zusätzlich: Fluchtmasken, Augenduschen, Erster-Hilfe-Koffer, Sprungwannen
10.	**Organisation**	
10.1	**Ein- und Ausgangs- sowie Bestandskontrollen**	EDV-gestützte Kontrollen Kontrollgänge durch die Werksfeuerwehr

10.2	**Abstandsregelungen/ Zusammenlagerungsverbote/Mengenbegrenzungen**	Über EDV-System
10.3	**Bestands-/ Einlagerungsplan/ Lagerverwaltung**	Über EDV-System
10.4	**Sicherung des Lagergutes gegen Herabfallen**	Mit Bändern bzw. Stretchen
10.5	**Lagerung von brennbaren Verpackungen, Paletten usw.**	Nur für den tatsächlichen Einsatz als Pack- bzw. Ladehilfsmittel
10.6	**Zugangsregelung/ Bewachung**	Einzäunung des gesamten Werksgeländes mit Kontrollen an den Toren Kontrollgänge/-fahrten durch Werksschutz und Feuerwehr Zutritt zur Halle nur für Berechtigte Intrusionsüberwachung außerhalb der Arbeitszeit
10.7	**Betriebsanweisungen/ Unterweisungen**	Betriebsanweisungen vorhanden Regelmäßige Durchführung von Unterweisungen mit Dokumentation darüber (2 × pro Jahr)
10.8	**Alarm- und Gefahrenabwehrpläne**	Vorhanden
10.9	**Notfallübungen**	Regelmäßige Durchführung, auch mit der Werksfeuerwehr
10.10	**Notfallinformation für Einsatzkräfte**	Sicherheitsdatenblätter Einsatz der EDV: Lagerbestand ist jederzeit, auch durch die Werksfeuerwehr, abrufbar
10.11	**Überprüfung d. techn. Schutzvorkehrungen/Sachverständigenprüfungen**	Ständige Prüfung der technischen Anlagen durch Technik und Feuerwehr Zusätzlich Sachverständigenprüfungen Prüfungen durch das Lagerpersonal

10.12	**Gefahrgut-/Gewässer-schutz-/Störfall-/ sonstige Beauftragte**	Gefahrgutbeauftragter Störfallbeauftragter
10.13	**Dokumentation über Unfälle und Schäden**	Durch die Werksfeuerwehr
10.14	**Management-/ Qualitätssicherungs-systeme**	Zertifiziert nach DIN ISO 9000ff GMP
11.	**Besonderheiten**	Elektrische Betriebsmittel im Lager entsprechend Zone 2 DIN 57165/VDE 0185
12.	**Quellenangaben**	Firmenprospekt Betreiberangaben aus 1998

1.3 Lageranlagen von Cretschmar/Henkel in Düsseldorf		
1.	**Kurzbeschreibung**	Regal- u. Hochregallager mit Versand- und Kommissionierbereich
2.	**Zugelassene Stoffe**	Gefahrgutklassen nach IMDG-Code: 3, 8 und 9 VbF-Klassen: AI, AII und B sowie Aerosole
3.	**Lagergröße**	4 VbF-Lagerhallen, insgesamt: 4.000 Palettenstellplätze Konventionelles (manuelles) Lager: 17.600 Palettenstellplätze Hochregallager: 49.200 Palettenstellplätze Gesamtzahl Palettenstellplätze: 70.800 Gesamtlagerfläche: 26.700 m^2
4.	**Lagersystem**	VbF- und manuelles/konventionelles Lager: Staplerbetrieb Hochregallager: vollautomatische Regalförderfahrzeuge Kommissionierbereich/Bereitstellungszonen vorhanden
5.	**Standort und sicherheits-relevante Infrastruktur**	Gewerbegebiet Wohnbebauung ca. 600 m entfernt Löschwasserversorgung: Spezieller Anschluß an die städtische Wasserversorgung, Vorratstank für Sprinkleranlage (2.200 m^3) 3 getrennte Feuerwehrzufahrten Das Lager befindet sich in unmittelbarer Nähe zum Werksgelände der Fa. Henkel
6.	**Zulassungen**	Baugenehmigung Genehmigung nach VbF
7.	**Ansprechstellen**	
7.1	**Betreiber**	Cretschmar Logistik GmbH, Oerschbachstraße 1, 40599 Düsseldorf, Herr Boesem

7.2	**Planungsbeteiligte**	Im Auftrag der Fa. Henkel KGaA: Firma TNT Logistik GmbH, Troisdorf – Konzeption, Planung, Implementierung Planbeteiligt u. a. agiplan AG, Mühlheim a.d. Ruhr (währendder Errichtungsphase unter dem Namen „integral") als Architekt
7.3	**Genehmigungs-behörde**	Gewerbeaufsicht/Bauaufsichtsamt Düsseldorf
8.	**Bau**	
8.1	**Brandabschnitte**	4 Brandabschnitte im VbF-Bereich 2 Brandabschnitte Reserve- und Kommissionierlager 1 Brandabschnitt Hochregallager
8.2	**Wände**	VbF-, Reserve- und Kommissionierbereiche des manuellen Lagers sowie Innenwände Hoch-regallager: Stahlbetonfertigteile (F 90/Brandwände) Außenwände: doppelschalige Trapezblech-konstruktion
8.3	**Tore/Türen**	Alle Tore und Türen in T 90 außer den Überladebrücken mit Rolltoren
8.4	**Decken/Dächer**	Trapezblech mit RWA
8.5	**Lagerflächen/ Auffangräume**	Hochregallager: 1 m Betonbodenplatte, unterhalb: Folie Manuelles Lager, VbF-, Reserve- und Kommissionierbereich: Industrieboden, normale Stärke, ebenfalls Folie Auffangräume: die Lagerbereiche sind alle als Wannen ausgelegt, d. h. der Boden ist in Abhängigkeit vom jeweiligen Lagervolumen zur Mitte leicht abgesenkt
8.6	**Löschwasserrück-halteeinrichtung**	VbF-, Reserve- und Kommissionier-bereich: alle Tore sind mit Löschwasserschotts ausgerüstet; im VbF-Bereich mit chemikalien-resistenten Dichtgummis

8.7	**Umschlags-/ Ladebereich**	Alle Ladetore (Überladebrücken) sind sowohl für An- als auch für Auslieferung vorgesehen. Keine Überdachung, Fahrzeuge setzen rückwärts an die Tore an Ausnahme: Wareneingang des Hochregallagers. Hier gibt es drei geschlossene Tore, jeweils mit Ein- und Ausfahrt, die längsseits ans Hochregallager angebaut sind. Diese sind ausschließlich für Anlieferungen aus dem Henkelwerk gedacht (Spezialfahrzeuge mit Seitenentladung)
8.8	**Entwässerung/Absperrung der Kanalisation**	Kompletter Ladehof: Absperrschieber für die Kanalisation
9.	**Ausrüstung**	
9.1	**Blitzschutz**	Vorhanden
9.2	**Einbruchschutz**	Alarmanlage mit Durchschaltung zum Henkel-Werksschutz
9.3	**Feuer- und Rauchmeldeanlage**	Über Brandmeldezentrale durchgeschaltet auf Henkel-Werksfeuerwehr
9.4	**Rauch- und Wärmeabzugseinrichtung**	Automatische brandmeldergesteuerte RWA Handauslösung möglich
9.5	**Stationäre Feuerlöschanlage**	Regalsprinkleranlage in verschiedenen Regalebenen Löschmittelzusatz: AFFF in den VbF-Lägern
9.6	**Sonstige Feuerbekämpfungseinrichtungen**	ABC-Löscher, Feuerlöschkästen mit Wasseranschluß
9.7	**Gaswarnanlage/ Lüftung**	Gaswarnanlage im VbF-Bereich mit Gasmeldern im Fußbodenbereich, bei Gasalarm: 5facher stündlicher Luftwechsel für die VbF-Lagerung
9.8	**Notstromversorgung**	Unterbrechungsfreie Stromversorgung für die DV

9.9	**Notfallausrüstung**	Übliche Ausrüstung
9.10	**Persönliche Schutzausrüstung/ Rettungseinrichtungen/1. Hilfe**	Übliche Ausrüstung vorhanden, spezielle Ausrüstung bei der Werksfeuerwehr von Henkel
10.	**Organisation**	
10.1	**Ein- und Ausgangs- sowie Bestandskontrollen**	Ein- und Ausgangskontrollen werden durchgeführt Durchführung der Bestandskontrolle: täglicher Abgleich der Daten aus Lagerverwaltungssystem und Henkel-DV, zeitnahe Korrekturbuchung durch eigene Bestandsbuchhaltung
10.2	**Abstandsregelungen/ Zusammenlagerungsverbote/Mengenbegrenzungen**	Die Einhaltung der Regelungen/Verbote wird durch die DV-Software geleistet Platzzuweisung durch die DV-Verwaltung
10.3	**Bestands-/ Einlagerungsplan/ Lagerverwaltung**	Durch das DV-System: Anbindung an Rechner der Fa. Henkel
10.4	**Sicherung des Lagergutes gegen Herabfallen**	Sicherungsbänder und Folien
10.5	**Lagerung von brennbaren Verpackungen, Paletten usw.**	Nicht in den Hallen
10.6	**Zugangsregelung/ Bewachung**	Zugangskontrolle mit elektronischen Chipkarten für die Befugten Werksschutz
10.7	**Betriebsanweisungen/ Unterweisungen**	Vorhanden
10.8	**Alarm- und Gefahrenabwehrpläne**	Vorhanden

10.9 Notfallübungen	Zusammen mit der Werksfeuerwehr, 2 × jährlich
10.10 Notfallinformation für Einsatzkräfte	Sicherheitsdatenblätter über alle Lagerprodukte sind vorhanden. Sie sind jederzeit über das DV-System verfügbar Lageplan: dito
10.11 Überprüfung d. techn. Schutzvorkehrungen/ Sachverständigenprüfungen	Wartungsverträge usw. sind vorhanden Gesamtverantwortung bei der technischen Leitung der Fa. Cretschmar
10.12 Gefahrgut-/Gewässerschutz-/Störfall-/ sonstige Beauftragte	Gefahrgutbeauftragter Sicherheitsfachkraft Brandschutzbeauftragter
10.13 Dokumentation über Unfälle und Schäden	Wird durchgeführt
10.14 Management-/ Qualitätssicherungssysteme	Nach DIN ISO 9002
11. Besonderheiten	Im Lager sind nur Produkte der Fa. Henkel
12. Quellenangaben	Betreiberangaben aus 1998

1.4 Lagerhalle der Heinrich Scheren Spedition in Düsseldorf		
1.	**Kurzbeschreibung**	Eingeschossiges Hochregallager
2.	**Zugelassene Stoffe**	Gefahrgutklassen nach IMDG-Code: 2, 3, 4, 5, 6.1, 8 und 9
3.	**Lagergröße**	Aerosole: 1.800 t VbF-Stoffe: 2.400 t Giftstoffe: 500 t Diphenylmethandiisocyanat (MDI): 100 t Insgesamt: 24.800 Palettenstellplätze
4.	**Lagersystem**	Hochregal-Palettenlager Drive-in-Technik
5.	**Standort und sicherheitsrelevante Infrastruktur**	Industriegebiet Abstand zur nächsten Wohnbebauung: ca. 300 m Löschwasserversorgung: 500 m^3-Reservoir 2 Feuerwehrzufahrten
6.	**Zulassungen**	Genehmigung nach BImSchG, Spalte 1 und 2 Anhang 4. BImSchV: Nr. 9.1 a (Sp. 2), Nr. 9.35 (Sp. 1) und Nr. 9.32 (Sp. 2)
7.	**Ansprechstellen**	
7.1	**Betreiber**	Heinrich Scheren Spedition, Karweg 10, 40589 Düsseldorf, Herr Dr. Arenz
7.2	**Planungsbeteiligte**	Entfällt
7.3	**Genehmigungsbehörde**	Staatliches Umweltamt Düsseldorf
8.	**Bau**	
8.1	**Brandabschnitte**	7 Brandabschnitte
8.2	**Wände**	Brandwände in F 90
8.3	**Tore/Türen**	T 90

8.4	**Decken/Dächer**	Brandwände über Dach geführt bzw. als gleichwertig anerkannter Schutzstreifen auf dem Dach
8.5	**Lagerflächen/ Auffangräume**	Chemikalienresistente HDPE-Folie inkl. Prüfgutachten
8.6	**Löschwasserrück- halteeinrichtung**	Löschwasserschotts Volumen größer als Forderung gem. LöRüRl, Leckage-Rückhaltung durch Absenkung des Hallenfußbodens
8.7	**Umschlags-/ Ladebereich**	Trennung von der öffentlichen Kanalisation
8.8	**Entwässerung/ Absperrung der Kanalisation**	Vorhanden
9.	**Ausrüstung**	
9.1	**Blitzschutz**	Blitzschutz- und Erdungsanlage gem. VDE
9.2	**Einbruchschutz**	Hausmeister wohnt auf der Anlage
9.3	**Feuer- und Rauch- meldeanlage**	Rauchmelder Im Bereich der CO_2-Löschanlage sind Wärme- melder installiert Auslösung der Sprinkleranlage wird über Wasserflußschalter detektiert Brandmeldezentrale mit direkter Anbindung an die Berufsfeuerwehr der Stadt Düsseldorf
9.4	**Rauch- und Wärme- abzugseinrichtung**	Automatische sowie Handauslösung der RWA, im Bereich der CO_2-Löschanlage nur Handauslösung möglich
9.5	**Stationäre Feuer- löschanlage**	Sprinkleranlage mit AFFF-Schäumung für Hallen 1, 3 und 7 (3.800 m^2), zusätzlich CO_2-Löschanlage für die Halle 1 und 3 (2.200 m^2), 50 t tiefkaltes CO_2
9.6	**Sonstige Feuer- bekämpfungs- einrichtungen**	Vorschriftsgemäße Ausstattung vorhanden

9.7	**Gaswarnanlage/ Lüftung**	Gaswarnanlage zur Steuerung des Luftwechsels (2fach) Alarmstufe 1: 15 % UEG (interner Alarm) Alarmstufe 2: 35 % UEG (Meldung an ständig besetzte Stelle)
9.8	**Notstromversorgung**	Notstromaggregat zur Versorgung der Brandmeldezentrale und der Lüftung Dieselpumpe zur Versorgung der Sprinkleranlage (Hauptversorgung durch elektrische Pumpe)
9.9	**Notfallausrüstung**	Universalbindematerial, Auffangbehälter für max. 1000 l (max. größtes gelagertes Versandstück = 1000 l IBC)
9.10	**Persönliche Schutzausrüstung/ Rettungseinrichtungen/1. Hilfe**	Augenspülflasche und Gummihandschuhe auf jedem Flurförderfahrzeug, Gummistiefel und Erster-Hilfe-Kasten in den Meisterbüros; im Bereich der CO_2-Löschanlagen sind sowohl auf den Hochregalstaplern als auch in den Hallen umluftunabhängige Atemgeräte vorhanden
10.	**Organisation**	
10.1	**Ein- und Ausgangs- sowie Bestandskontrollen**	Ein- und Ausgangskontrollen generell Fahrzeugkontrolle stichprobenartig anhand Checkliste Bestandskontrolle inkl. Lagerausrüstung anhand Checkliste
10.2	**Abstandsregelungen/ Zusammenlagerungsverbote/Mengenbegrenzungen**	Kontrolle mittels EDV-Lagerverwaltungssystem
10.3	**Bestands-/ Einlagerungsplan/ Lagerverwaltung**	Kontrolle und Verwaltung mittels EDV-Lagerverwaltungssystem
10.4	**Sicherung des Lagergutes gegen Herabfallen**	Lagerung in Regalen

10.5 Lagerung von brennbaren Verpackungen, Paletten usw.	Außerhalb der Gefahrguthallen
10.6 Zugangsregelung/ Bewachung	Hausmeister wohnt auf der Anlage
10.7 Betriebs- anweisungen/ Unterweisungen	Betriebsanweisungen gem. GefStoffV und Unterweisungen erfolgen arbeitsplatz- und tätigkeitsbezogen bei Neueinstellung und mindestens einmal jährlich
10.8 Alarm- und Gefahrenabwehr- pläne	Betrieblicher Alarm- und Gefahrenabwehrplan ist gem. 3. StörfallVwV erstellt und wird in Zusammenarbeit mit der Berufsfeuerwehr einmal jährlich überprüft
10.9 Notfallübungen	Mindestens einmal jährlich in Zusammenarbeit mit der Henkel-Werksfeuerwehr Mindestens einmal jährlich in Zusammenarbeit mit der Berufsfeuerwehr
10.10 Notfallinformation für Einsatzkräfte	Liegt inkl. täglich aktualisiertem Anlagenkataster im Feuerwehrinformationskasten
10.11 Überprüfung d. techn. Schutz- vorkehrungen/ Sachverständigen- prüfungen	Elektrische Einrichtungen jährlich Sonstige Ausstattung anhand anlagenbezogenem Prüfprogramm Prüfrhythmus gem. geltender Vorschriftenlage
10.12 Gefahrgut-/Gewässer- schutz-/Störfall-/ sonstige Beauftragte	1 Gefahrgutbeauftragter, 1 Störfallbeauftragter, 1 Fachkraft für Arbeitssicherheit, 2 Sicherheitsbeauftragte
10.13 Dokumentation über Unfälle und Schäden	Gefahrgutbeauftragter dokumentiert Unfälle im Bereich Verladung und Transport Störfallbeauftragter dokumentiert Unfälle im Zusammenhang mit der Lagerung Arbeitsunfälle werden dokumentiert von der Fachkraft für Arbeitssicherheit in Zusammenarbeit mit der Personalabteilung

10.14	**Management-/ Qualitätssicherungs-systeme**	Nein
11.	**Besonderheiten**	Entfällt
12.	**Quellenangaben**	[1] Betreiberangaben aus 1998

1.5 Lagerhalle der Hoechst Schering AgrEvo GmbH in Frankfurt/M.		
1.	**Kurzbeschreibung**	Eingeschossige Lageranlage Im Untergeschoß Kommissionierung
2.	**Zugelassene Stoffe**	Pflanzenschutz- und Schädlingsbekämpfungsmittel sowie deren Wirkstoffe, Roh- und Hilfsstoffe
3.	**Lagergröße**	Gesamte Grundfläche einschließlich Verkehrswege: ca. 10.000 m^2, 5.300 t Lagerkapazität
4.	**Lagersystem**	Hochregal-Palettenlager mit Palettenplätzen unterschiedlicher Höhe
5.	**Standort und sicherheitsrelevante Infrastruktur**	Lageranlage inmitten des Industrieparks Abstand zur Wohnbebauung: mehr als 1.000 m Lagerebene ca. 0,70 m über dem höchsten Hochwasserspiegel 2 Zufahrten von Werksstraße aus Löschwasserversorgung: Hochdruck-Löschwasserleitung (15 bar) sowie Hydranten auf Flußwasserleitung (2 bar) in unmittelbarer Nähe Alle übrige für ein Chemiewerk übliche Infrastruktur – einschließlich Werksfeuerwehr – ist vorhanden
6.	**Zulassungen**	Anlage wurde baurechtlich genehmigt und 1983 in Betrieb genommen. Anzeige nach § 67 Abs. 2 BImSchG ist erfolgt
7.	**Ansprechstellen**	
7.1	**Betreiber**	Hoechst Schering AgrEvo GmbH, Produktion Standort Hoechst, Industriepark Hoechst, Gebäude G490, 65926 Frankfurt a.M., Herr Schlaf
7.2	**Planungsbeteiligte**	Ingenieurtechnik Hoechst AG
7.3	**Genehmigungsbehörde**	Regierungspräsidium Darmstadt

8.	**Bau**	
8.1	**Brandabschnitte**	Unterteilung in 8 Brandabschnitte für Lagergüter unterschiedlicher Gefahrenklassen Maximalgröße: 800 m^2
8.2	**Wände**	Tragwerkkonstruktion: Stahlbeton-Fertigteile Brandwände in F 90; weitestgehende Verwendung von nichtbrennbaren Baumaterialien Östliche Außenwand: keine Brandwand, sondern PVC; dadurch gezielte großflächige Öffnungen im Brandfall und massiver Löscheinsatz von außen möglich
8.3	**Tore/Türen**	Alle Verbindungstore und Rolltore in T 30 mit automatischem Schließsystem über Rauchmelder
8.4	**Decken/Dächer**	Stahltrapezprofile mit Warmdachaufbau Unbrennbare Isolierung 2 Trennstreifen im Dach aus Bimsbetonplatten mit je 2,5 m Breite
8.5	**Lagerflächen/ Auffangräume**	Lagerflächen: Stahlbeton ohne besondere Abdichtung Auffangräume: Die Anlage wurde mit Stahlblechwannen (verzinkt) nachgerüstet, in die die Stahlregale gestellt wurden
8.6	**Löschwasserrückhalteeinrichtung**	Fußbodenabsenkung um 0,25 m, getrennt für die einzelnen Lagerabschnitte; außerdem dient die Freifläche (ebenfalls abgesenkt) einschließlich des dortigen Entwässerungssystems mit Rinnen und Tanks als Löschwasserrückhalteeinrichtung. Gesamtrückhaltekapazitätet: ca. 3.500 m^3; erfüllt die Anforderungen der LöRüRl; Entnahmemöglichkeit von Löschwasser zu einem erneuten Löscheinsatz
8.7	**Umschlags-/ Ladebereich**	Der gesamte Flächenbereich ist gegenüber dem Geländeniveau abgesenkt und entwässert in ein spezielles Sammeltank-System; Flächenbefestigung mit bewehrtem, wasserundurchlässigem Beton; Fugenabdichtung mit Spezialkunststoffsystem

8.8	**Entwässerung/ Absperrung der Kanalisation**	Entwässerung des Außenbereiches in einen unterirdischen 100 m^3-Tank; von dort über Pumpen in 2 je 150 m^3-Tanks (oberirdisch) Analyse des Wassers auf Daphnientoxizität und DOC; dann Ablassen dieser Tanks in das Regenwasser-Kanalisationssystem entsprechend detaillierter Betriebsanweisung
9.	**Ausrüstung**	
9.1	**Blitzschutz**	Blitzschutzanlage gemäß VDE-Richtlinie
9.2	**Einbruchschutz**	Systematische Kontrollgänge durch den Werksschutz während der arbeitsfreien Zeit Einbindung in das Sicherheitssystem des Industrieparks (z. B. Einzäunung, Kontrolle an den Toren, Werksschutz)
9.3	**Feuer- und Rauchmeldeanlage**	Über 600 Rauchmelder vorhanden. Durchschaltung zur Werksfeuerwehr Automatisches Schließen der Brandschutzrolltore im Brandfall. Brandmeldung durch Sprinkleranlage
9.4	**Rauch- und Wärmeabzugseinrichtung**	Dachentlüftung vorhanden, 50 % der Entlüftungsfläche handbedient. Die andere Hälfte wird temperaturgesteuert ausgelöst; Auslösetemperatur ist kleiner als die für die Sprinkleranlage
9.5	**Stationäre Feuerlöschanlage**	3 Brandabschnitte: Halbstationäre Schaumlöschanlage (Feuerwehr speist das Schaummittel-Wassergemisch von außen ein) 5 Brandabschnitte: Sprinkleranlage entsprechend den Vorschriften des VdS; Decken- und Regalsprinkler; Auslösung bei 68 °; Trockensprinkleranlage im Vordachbereich und entlang der nichtwärmegedämmten Ostwand (Einfriergefahr)
9.6	**Sonstige Feuerbekämpfungseinrichtungen**	Feuerlöscher und Hydranten vorhanden Werksfeuerwehr ist in spätestens 5 Min. vor Ort
9.7	**Gaswarnanlage/ Lüftung**	Lagerbereich: Ausreichende Lüftung durch Bauauslegung gewährleistet

9.8	**Notstromversorgung**	Für sicherheitsrelevante Anlagenteile (z. B. automatisch schließende Rolltore) vorhanden
9.9	**Notfallausrüstung**	Durch Werksfeuerwehr gewährleistet
9.10	**Persönliche Schutzausrüstung/ Rettungseinrichtungen/1. Hilfe**	Persönliche Schutzausrüstung, z. B. zur Aufnahme von Leckagen, wird in Notfallschränken für namentlich benannte Mitarbeiter vorgehalten
10.	**Organisation**	
10.1	**Ein- und Ausgangs- sowie Bestandskontrollen**	Bestandsführung, Lagerplatzverwaltung und Versandabwicklung mit EDV-Lagerverwaltungssystem, Einlagerungssteuerung über VCI-Lagerklassen
10.2	**Abstandsregelungen/ Zusammenlagerungsverbote/Mengenbegrenzungen**	Entsprechend den gesetzlichen Bestimmungen, insbesondere VbF/TRbF und TRGS 514 Die Empfehlungen der IVA-Leitlinie „Sichere Lagerung von Pflanzenschutz- und Schädlingsbekämpfungsmitteln“ (Hrsg: Industrieverband Agrar, Frankfurt a. M., 1996) werden eingehalten
10.3	**Bestands-/Einlagerungsplan/ Lagerverwaltung**	Ein kompletter Plan ist jederzeit durch die EDV abrufbar. Dieser wird im Bedarfsfall gedruckt Zusätzlich: 1 mal wöchentlich aktualisierte Feuerwehrliste wird an der Brandmeldezentrale vorgehalten
10.4	**Sicherung des Lagergutes gegen Herabfallen**	Durch Umbändern und ggf. durch Schrumpfung
10.5	**Lagerung von brennbaren Verpackungen, Paletten usw.**	Die Lagerung von Packmitteln erfolgt in geringem Umfang in den dafür zugelassenen Lagerbereichen und unter Beachtung der Zusammenlagerungsverbote gem. TRGS 514

10.6 Zugangsregelung/ Bewachung	Übliche Vorkehrungen für ein Chemiewerk Betriebsanweisungen bzgl. Zugangslegitimation zu den Lagerhallen Meldesystem für Betriebsfremde gemäß Werksorganisation
10.7 Betriebs-anweisungen/ Unterweisungen	Lagerpersonal wird regelmäßig über das Verhalten im Brandfall und über Brandbekämpfungsmaßnahmen unterrichtet und geschult. Betriebsanweisungen vorhanden. Mehrere Mitarbeiter sind als betriebliche Ersthelfer geschult
10.8 Alarm- und Gefahrenabwehr-pläne	Anlage ist eingebunden in die entsprechenden Pläne für den gesamten Industriepark (Alarm- und Gefahrenabwehrorganisation) Alarmordnung ist an mehren Stellen des Betriebes ausgehängt
10.9 Notfallübungen	Finden unter Beteiligung der Gefahren-abwehr-Organisation des Industrieparks (Werksfeuerwehr, Sicherheitsüberwachung) regelmäßig statt
10.10 Notfallinformation für Einsatzkräfte	Geregelt durch Alarm- und Gefahren-abwehrorganisation
10.11 Überprüfung d. techn. Schutz-vorkehrungen/ Sachverständigen-prüfungen	Regelmäßige Überprüfung der technischen Schutzvorkehrungen entsprechend den allgemein gültigen Regelungen für die Hoechst AG. Überprüfungssystem, das aufgeteilt ist bzgl. solcher Arbeiten, die vom Anlagenpersonal durchgeführt werden müssen und anderen, die zentral durch bestimmte Werkstätten oder Beauftragte (z. B. Werks-feuerwehr für die Brandschutzeinrichtungen) wahrzunehmen sind
10.12 Gefahrgut-/ Gewässerschutz-/ Störfall-/sonstige Beauftragte	Vorhanden
10.13 Dokumentation über Unfälle und Schäden	Geregelt durch Alarm- und Gefahrenabwehr-organisation

10.14	**Management-/ Qualitätssicherungs-systeme**	Zertifizierung nach DIN ISO 9002 im April 1998
11.	**Besonderheiten**	Unterteilung in VbF-Ware und Nicht-VbF-Ware Palettenschrumpfanlage im Rampenbereich außerhalb des Gebäudes vorhanden. Diese Anlage verfügt über eine gesonderte CO_2-Löschanlage sowie über Brandmelder, temperaturgesteuerte Abschaltung u.s.w. Die gelagerten Produkte werden größtenteils in den AgrEvo-Produktionsbetrieben innerhalb des Industrieparks Hoechst hergestellt
12.	**Quellenangaben**	Betreiberinformation aus 1998

1.6 Containerlager der Infra Serv GmbH & Co. Hoechst KG in Frankfurt/M.		
1.	**Kurzbeschreibung**	Lagerung von Gefahrgutcontainern in Containerblöcken, die untereinander durch Leercontainer bzw. Container ohne Gefahrgut getrennt werden Umschlag: ca. 13.000 TEU/a
2.	**Zugelassene Stoffe**	Gefahrgutklassen nach IMDG-Code: 2, 3a, 3b, 6.1 und 8 VCI-Klassen 8 – 10
3.	**Lagergröße**	1. Lagerblock: IMDG-Code-Klasse 2: 54 TEU (davon 27 voll) 2. Lagerblock: IMDG-Code-Klassen 3a und 3b: 54 TEU (auch voll) 3. Lagerblock: IMDG-Code-Klassen 6.1 und 3b: 40 TEU 4. Lagerblock: IMDG-Code-Klasse 8: 14 TEU 5. Lagerblock: VCI-Klassen 8 – 10: 120 TEU
4.	**Lagersystem**	Containerblöcke mit bis zu 3 Containern übereinander Eine Containerbrücke, die die gesamte Fläche bedient, und ein Reachstacker Es werden Schiffe, LKW und Eisenbahnwaggons bedient
5.	**Standort und sicherheitsrelevante Infrastuktur**	Lageranlage im Werksgelände am Main Abstand zur Wohnbebauung: ca. 500 m Lagerebene über dem höchsten Hochwasserspiegel Löschwasserversorgung: Hydranten in unmittelbarer Nähe der Lagerfläche, Feuerwehrzufahrt aus mehreren Richtungen möglich, Feuerlöschboot der Werksfeuerwehr Für ein Chemiewerk übliche Infrastruktur ist vorhanden

6.	**Zulassungen**	Genehmigung nach hessischem Wasserrecht/ Bundeswasserstraßenrecht Anzeige nach § 67 Abs. 2 BImSchG/Änderungsgenehmigung VbF-Erlaubnis Genehmigung nach TRG zur Druckgaslagerung Eignungsfeststellung nach dem WHG Anzeige nach DruckbehV
7.	**Ansprechstellen**	
7.1	**Betreiber**	InfraServ GmbH & Co Hoechst KG, Industriepark Höchst, Verkehrstechnik, Brüningstraße 50, 65926 Frankfurt/M., Herr Kellerhaus
7.2	**Planungsbeteiligte**	ISG, Butzbacherweg 6, 64289 Darmstadt, Herr Dr. Reymondt (Planung) KTI, Kieler Str. 163, 22525 Hamburg, Herr Beerenkraut (Sicherheitsanalyse) InfraServ Hoechst, TWK, 65926 Frankfurt/M., Herr Fritze Clariant GmbH, Vertrieb, 65926 Frankfurt/M., Herr Hoyer (Mowilith-Beton) HR & T, 65926 Frankfurt/M., Herr Nowroth
7.3	**Genehmigungsbehörde**	Regierungspräsident Darmstadt
8.	**Bau**	
8.1	**Brandabschnitte**	Ergeben sich durch die Aufteilung des Lagers in Containerblöcke
8.2	**Wände**	Entfällt
8.3	**Tore/Türen**	Entfällt
8.4	**Decken/Dächer**	Entfällt

8.5	**Lagerflächen/ Auffangräume**	Für die Gefahrgut-Containerblöcke: Spezial-Beton, Fugenausbildung mit Dichtband Für Nicht-Gefahrgut-Containerblöcke: Asphalt, spezielle Auflagerplatten für die Eckpunkte der Container Ableitung von Leckageflüssigkeit und Löschwasser durch offene Edelstahl-Rinne in abflußlose Rückhaltebecken (Auskleidung mit Edelstahl, gesamtes Speichervolumen: 1.014 m^3) Bemessung: 10 % des Lagervolumens + Löschwasserrückhaltevolumen nach LöRüRl
8.6	**Löschwasserrückhalteeinrichtung**	Kombiniert mit Auffangräumen, siehe Ziff. 8.5
8.7	**Umschlags-/ Ladebereich**	Umschlagsflächen: Spezialbeton mit Walzbetonoberfläche, Fugenausbildung mit Vergußmasse
8.8	**Entwässerung/ Absperrung der Kanalisation**	Alle Gefahrgutlager- und Umschlagsflächen entwässern in die abflußlosen Auffangbecken Vor dem Abpumpen: Beprobung auf Kontamination Zusätzlicher Absperrschieber im Ablauf des Havarieplatzes
9.	**Ausrüstung**	
9.1	**Blitzschutz**	Einstellung der Umschlagtätigkeit bei Gewitter
9.2	**Einbruchschutz**	Entfällt
9.3	**Feuer- und Rauchmeldeanlage**	Feuermelder im Betriebsbereich, ggf. auch regelmäßige Kontrolle, ggf. Überwachung durch Video-Kamera
9.4	**Rauch- und Wärmeabzugseinrichtung**	Entfällt
9.5	**Stationäre Feuerlöschanlage**	Entfällt
9.6	**Sonstige Feuerbekämpfungseinrichtungen**	30 cm Aufkantung der Gefahrgut-Lagerflächen zur Herstellung eines Schwerschaumteppichs Feuerlöschkugel 50 kg (6 Stück) Handfeuerlöscher für Entstehungsbrände

9.7	**Gaswarnanlage/ Lüftung**	Entfällt
9.8	**Notstromversorgung**	Entfällt
9.9	**Notfallausrüstung**	Chemikalienbinder vor Ort vorhanden Dichtkissen und Sandsäcke für Kanaleinläufe im Straßenbereich
9.10	**Persönliche Schutzausrüstung/Rettungseinrichtungen/1. Hilfe**	Helm, Kleidung, Sicherheitsschuhe, Warnweste, Fluchtmaske, Betriebssprech- und Bündelfunk 1. Hilfe: Ersthelfer/Werksfeuerwehr/Werksarzt
10.	**Organisation**	
10.1	**Ein- und Ausgangs- sowie Bestands, kontrollen**	Feststellen offensichtlicher Mängel bei der Einlagerung Stündliche Kontrollgänge außerhalb Regelarbeitszeit
10.2	**Abstandsregelungen/ Zusammenlagerungsverbote/Mengenbegrenzungen**	Nach VCI-Konzept, VbF und TRG
10.3	**Bestands-/ Einlagerungsplan/ Lagerverwaltung**	DV-gestütztes Lagerverwaltungssystem
10.4	**Sicherung des Lagergutes gegen Herabfallen**	Setzen von Zapfen bei rahmenlosen Tank-Containern und Flats
10.5	**Lagerung von brennbaren Verpackungen, Paletten usw.**	Entfällt
10.6	**Zugangsregelung/ Bewachung**	Zutritt nur für Betriebsangehörige (Hinweisschilder) Kontrollgänge/-fahrten durch Werksschutz Einzäunung des gesamten Werksgeländes
10.7	**Betriebsanweisungen/ Unterweisungen**	Vorhanden

10.8 Alarm- und Gefahrenabwehrpläne	Vorhanden
10.9 Notfallübungen	Wie für das gesamte Werksgelände: Gasalarm, Gebäudealarm u. ä., Meldestelle für Fremde vorhanden Spezielle Notfallübungen für den Container-Terminal sind geplant: Alarmierung der Werksfeuerwehr, Abstellen des beschädigten Containers auf dem Havarieplatz, Verkehrsunfall
10.10 Notfallinformation für Einsatzkräfte	Außerhalb der Arbeitszeit: Aktuelle EDV-Liste in einem Blechkasten
10.11 Überprüfung d. techn. Schutzvorkehrungen/ Sachverständigenprüfungen	Dokumentation durch Prüfbücher, Prüflisten u. ä. Terminüberwachung demnächst EDV-gestützt
10.12 Gefahrgut-/Gewässerschutz-/Störfall-/ sonstige Beauftragte	Vorhanden
10.13 Dokumentation über Unfälle und Schäden	Vorhanden
10.14 Management-/ Qualitätssicherungssysteme	Validierung gemäß EG-Öko-Audit-Verordnung ist für Industriepark Höchst in 1997 erfolgt Spezielles Managementhandbuch für den Container-Terminal
11. Besonderheiten	Havarieplatz für beschädigte Container mit 5 m^3 Auffangvolumen, mit Handschieber absperrbar Sonderfläche für Container mit WGK-3-Stoffen (spezielle CKW-beständige Abdichtung)
12. Quellenangaben	Betreiberinformation aus 1997 und 1998

1.7 Lagerhalle der Thyssen Haniel Safety First GmbH & Co. KG in Frankfurt/M.		
1.	**Kurzbeschreibung**	Eingeschossiges Hochregal-Palettenlager
2.	**Zugelassene Stoffe**	Gefahrgutklassen nach IMDG-Code: 2, 3, 4, 5.1, 6.1, 8 und 9 Temperaturgeführte Produkte Ausgeschlossen: mit Dioxin verunreinigte Elektroisolierflüssigkeiten und elektrische Betriebsmittel, Kalziumkarbid und Düngemittel
3.	**Lagergröße**	7 Hallen mit je 824 m^2 Umschlagshalle mit ca. 2.500 m^2 Insgesamt: 21.540 Palettenstellplätze/ ca. 10.000 t
4.	**Lagersystem**	Hochregallager mit 8 Regalreihen und 8 Ebenen in jeder Halle
5.	**Standort und sicherheitsrelevante Infrastruktur**	Industriegebiet; hochwassersicher Nächste Wohnbebauung: einige 100 m Löschwasserversorgung über öffentliches Netz und Löschwassertank (470 m^3) 2 Zufahrten zur öffentlichen Straße
6.	**Zulassungen**	VbF-Genehmigung AI, AII, B und AIII Genehmigung nach BImSchG, Spalte 1 Anhang 4. BImSchV
7.	**Ansprechstellen**	
7.1	**Betreiber**	Thyssen Haniel Safety First GmbH & Co. KG, Lindleystraße 19, 60314 Frankfurt, Herr Hennen
7.2	**Planungsbeteiligte**	Konzerninterne Stellen Batelle-Institut für die Sicherheitsanalyse
7.3	**Genehmigungsbehörde**	RP Darmstadt
8.	**Bau**	
8.1	**Brandabschnitte**	7 Brandabschnitte (Hallen), die nicht miteinander verbunden sind

8.2 Wände	Die Hallenzwischenwände sind in F90-Ausführung, Brandwände 60 cm über Dach geführt
8.3 Tore/Türen	Rolltore/Fluchttüren an jeder Längsseite der Anlage
8.4 Decken/Dächer	Das Hallendach besteht aus nichtbrennbaren Baustoffen mit Lichtkuppeln und Rauch- und Wärmeabzugseinrichtung (siehe 9.4)
8.5 Lagerflächen/ Auffangräume	Alle Hallenfußböden sind mit einem Kunststoff-Metall-Folien-System abgedichtet, zusätzlich: Leckage-Spür-Systeme über und unter der Sperrschicht Außerdem: 21 separate Auffangtanks unterhalb des Rampenbereiches, miteinander flammendurchschlagssicher verbunden, mit Folie ausgekleidet Kombination von Leckageauffangräumen und Löschwasserrückhaltung mit insgesamt 1.270 m^3 Auffangkapazität
8.6 Löschwasserrückhalteeinrichtung	siehe Ziffer 8.5
8.7 Umschlags-/ Ladebereich	3 m breiter Sicherheitsstreifen im Ladebereich mit gefällemäßig abgetrennter Entwässerung in Rückhaltebecken Übriger Umschlags-/Ladebereich: Entwässerung in die öffentliche Kanalisation
8.8 Entwässerung/ Absperrung der Kanalisation	Motorbetriebene Absperrschieber (Auslösung durch eine Alarmtaste), die die Umschlagsfläche bei einem Unfall sichern
9. Ausrüstung	
9.1 Blitzschutz	Vorhanden, gemäß VDE
9.2 Einbruchschutz	Objekt-Überwachungs-Zentrale mit Meldung an Feuerwehr bzw. Polizei bzw. Mitarbeiter Sicherung von Toren und Türen der Hallen Umzäunung des Betriebsgeländes

9.3	**Feuer- und Rauchmeldeanlage**	Optische Rauchmelder unter der Hallendecke, in ca. 8 m Höhe und in ca. 4 m Höhe in der Regalanlage, insgesamt 96 Brandmelder pro Halle Brandmeldezentrale und dezentrale Datenauswertung mit Lageplantableaus vor den Hallentoren
9.4	**Rauch- und Wärmeabzugseinrichtung**	Automatische thermische Auslösung bei 93 °C in den 6 Hallen mit Sprinkleranlage für 50 % der Öffnungsfläche Die übrigen 50 % werden durch Handsteuerung ausgelöst Die Halle mit CO_2-Löschanlage wird nur per Hand gesteuert
9.5	**Stationäre Feuerlöschanlage**	Sprinkleranlagen in 6 Hallen, Auslösung bei 68 °C Ca. 400 Sprinklerköpfe in jeder Halle mit 100 l pro Minute Wasserleistung Sprinklerköpfe in verschiedenen Regalebenen und auch zwischen den Regalen Außerdem: Schaumlöschanlage, die zeitversetzt durch die Sprinkleranlage aktiviert wird, Schaumhöhe: ca. 80 cm in 6 Minuten Eine Halle mit CO_2-Löschanlage für Stoffe, die nicht mit Wasser gelöscht werden dürfen; Vorwarnzeit: 90 Sekunden, Druckausgleich über Be- und Entlüftungsanlage, CO_2-Tank mit ca. 30 t in einem separaten Raum
9.6	**Sonstige Feuerbekämpfungseinrichtungen**	Kleinlöschgeräte
9.7	**Gaswarnanlage/ Lüftung**	13 Gasschnüffler pro Halle, kalibriert auf Toluol Bei 10 % UEG: Erstalarm, Schließen der Tore, Abschalten der elektrischen Betriebsmittel, Einschalten der Lüftung mit 5fachem Luftwechsel pro Stunde, automatische Durchsage mit Aufforderung zum Verlassen der Halle und der angrenzenden Bereiche Bei 40 % UEG: Zusätzlich: Alarmmeldung an die Feuerwehr sowie automatische Durchsage zum Verlassen des gesamten Gebäudekomplexes und Sammeln am dafür eingerichteten Sammelpunkt

9.8	**Notstromversorgung**	Ständig startbereites Diesel-Notstromaggregat für die Brandbekämpfungseinrichtungen, für die Notbeleuchtung und für andere sicherheitstechnische Ausrüstungsgegenstände
9.9	**Notfallausrüstung**	Bergefässer, Leckagematerial, Bindemittel usw. sind vorhanden
9.10	**Persönliche Schutzausrüstung/Rettungseinrichtungen/1. Hilfe**	Vorhanden, auch: Atemgeräte und Schutzanzüge
10.	**Organisation**	
10.1	**Ein- und Ausgangssowie Bestandskontrollen**	Einlagerung nach vorherigem Abgleich mit Sicherheitsdatenblättern, optischer Kontrolle (Verpackung, äußerer Zustand), Etikettierung und unter Berücksichtigung der Zusammenlagerungsverbote (s. Ziffer 10.2) Lagerplatzeinweisung über DV Bestand jederzeit über DV abrufbar Auslagerung: Anwendung der Gefahrgut-Vorschriften: Kontrolle von Verpackung, Gefahrgut-Begleitpapiere und Speditions-/Versand-Auftrag. Fahrzeugkontrollen mit firmeneigenem Versand-Checkzettel
10.2	**Abstandsregelungen/Zusammenlagerungsverbote/Mengenbegrenzungen**	Einhaltung der gesetzlichen Zusammenlagerungsverbote mit einem eigenen DV-System, das bei jedem Einlagerungsvorgang aktiviert wird
10.3	**Bestands-/Einlagerungsplan/Lagerverwaltung**	Wöchentlicher Listenausdruck aller Gefahrgüter und Hinterlegung in der Brandmeldezentrale für die Feuerwehr
10.4	**Sicherung des Lagergutes gegen Herabfallen**	Paletten mit Gebinden werden von der Firma durch eine Umwicklung gesichert
10.5	**Lagerung von brennbaren Verpackungen, Paletten usw.**	Keine Lagerung von leeren Verpackungen oder Palettenstapeln in den Hallen

10.6	**Zugangsregelung/ Bewachung**	Umzäunung, verschlossene Tore und Türen, automatische Einbruchmeldeanlage
10.7	**Betriebs-anweisungen/ Unterweisungen**	Ausführliche Arbeitsanweisungen für kaufmännische Arbeitnehmer und Lager-mitarbeiter Regelmäßige arbeitsplatzbezogene Schulungen
10.8	**Alarm- und Gefahrenabwehr-pläne**	Alarm- und Gefahrenabwehrpläne sind vorhanden Außerdem: Einsatzpläne, die mit der Brand-direktion und dem zivilen Katastrophen-schutz abgestimmt sind
10.9	**Notfallübungen**	Notfallübungen werden durchgeführt
10.10	**Notfallinformation für Einsatzkräfte**	Notfallinformationen (Sicherheitsdaten-blätter) werden in einem dafür eingerichteten Schrank im Büro vorgehalten
10.11	**Überprüfung d. techn. Schutzvorkehrungen/ Sachverständigen-prüfungen**	Regelmäßige Überprüfungen durch eigene Mitarbeiter und Wartung durch die Fachfirmen Dokumentation mit Prüfbüchern Prüfung durch Sachverständige: einmal jährlich durch VdS
10.12	**Gefahrgut-/Gewässer-schutz-/Störfall-/ sonstige Beauftragte**	Gefahrgutbeauftragter und Störfallbeauftragter
10.13	**Dokumentation über Unfälle und Schäden**	Meldung an die zuständige Behörde gemäß Störfallverordnung
10.14	**Management-/ Qualitätssicherungs-systeme**	Nach DIN EN ISO 9001
11.	**Besonderheiten**	Gewässerschaden-Haftpflichtversicherung mit einer Deckungssumme von 10 Mio. DM
12.	**Quellenangaben**	[1] Firmenprospekt Betreiberangaben aus 1998

1.8	**Lagerhalle der Firma Rhenus Kleyling in Freiburg**	
1.	**Kurzbeschreibung**	Sicherheitslager für Gefahrstoffe
2.	**Zugelassene Stoffe**	Gefahrgüter der IMDG-Klassen: 3, 4.1 b, 4.2, 5.1, 6.1, 8 und 9
3.	**Lagergröße**	4000 m^2
4.	**Lagersystem**	Faß-/Blocklager
5.	**Standort und sicherheitsrelevante Infrastruktur**	Gewerbegebiet Abstand zur nächsten Wohnbebauung: ca. 50 m
6.	**Zulassungen**	Genehmigung nach Baurecht, VbF-Erlaubnis, BImSchG-Genehmigung für Pflanzenschutzmittel
7.	**Ansprechstellen**	
7.1	**Betreiber**	Rhenus Kleyling Spedition GmbH & Co. KG, Lagerhausstr. 12-14, 79106 Freiburg, Herr Siegwardt
7.2	**Planungsbeteiligte**	Entfällt
7.3	**Genehmigungsbehörde**	Umweltamt Stadt Freibung
8.	**Bau**	
8.1	**Brandabschnitte**	9 Brandabschnitte (Hallen)
8.2	**Wände**	F 90
8.3	**Tore/Türen**	T 90 und T 30
8.4	**Decken/Dächer**	Feuerfest
8.5	**Lagerflächen/ Auffangräume**	Beschichtete Betonböden bzw. Zwischenfolie Vakuumboden
8.6	**Löschwasserrückhalteeinrichtung**	Löschwasserrückhaltebecken

8.7	**Umschlags-/ Ladebereich**	Überdachter Bereich Beschichteter Betonboden bzw. mit Folie
8.8	**Entwässerung/ Absperrung der Kanalisation**	Entfällt, da überdacht
9.	**Ausrüstung**	
9.1	**Blitzschutz**	Vorhanden
9.2	**Einbruchschutz**	Alarmanlage
9.3	**Feuer- und Rauchmeldeanlage**	Brandmeldeanlage
9.4	**Rauch- und Wärmeabzugseinrichtung**	Im VbF-Lager vorhanden
9.5	**Stationäre Feuerlöschanlage**	Entfällt
9.6	**Sonstige Feuerbekämpfungseinrichtungen**	Feuerlöscher und Hydranten
9.7	**Gaswarnanlage/ Lüftung**	Im VbF-Bereich 2facher automatischer Luftwechsel
9.8	**Notstromversorgung**	Für Brandmeldeanlage, Lüftung und Fluchtwegbeleuchtung
9.9	**Notfallausrüstung**	Vorhanden
9.10	**Persönliche Schutzausrüstung/Rettungseinrichtungen/1. Hilfe**	Vorhanden
10.	**Organisation**	
10.1	**Ein- und Ausgangs- sowie Bestandskontrollen**	Gemäß ADR-Vorschriften

10.2	**Abstandsregelungen/ Zusammenlagerungsverbote/Mengenbegrenzungen**	Durch Bauweise und Hallenbelegung
10.3	**Bestands-/ Einlagerungsplan/ Lagerverwaltung**	EDV-Standplatzverwaltung
10.4	**Sicherung des Lagergutes gegen Herabfallen**	Wird gesichert
10.5	**Lagerung von brennbaren Verpackungen, Paletten usw.**	In extra Räumen
10.6	**Zugangsregelung/ Bewachung**	Betrieb ist eingezäunt Bewachung durch Bahnpolizei
10.7	**Betriebsanweisungen/ Unterweisungen**	Vorhanden
10.8	**Alarm- und Gefahrenabwehrpläne**	Vorhanden
10.9	**Notfallübungen**	Werden mit örtlicher Feuerwehr durchgeführt
10.10	**Notfallinformation für Einsatzkräfte**	Vorhanden
10.11	**Überprüfung d. techn. Schutzvorkehrungen/ Sachverständigenprüfungen**	DEKRA, TÜV und zuständige Fachbetriebe
10.12	**Gefahrgut-/Gewässerschutz-/Störfall-/ sonstige Beauftragte**	Gefahrgutbeauftragter
10.13	**Dokumentation über Unfälle und Schäden**	Wird durchgeführt

10.14	**Management-/ Qualitätssicherungs-systeme**	Gefahrgutlogistik nach DIN ISO 9001 geprüft nach SQAS
11.	**Besonderheiten**	Spezialisierung auf Lagerung und Transport von Gefahrgütern
12.	**Quellenangaben**	[1] Betreiberangaben aus 1998

1.9 Lagerhalle der Firma Andreas Schmid in Gersthofen		
1.	**Kurzbeschreibung**	Lagerhallen für Gefahrstoffe und Pflanzenschutzmittel
2.	**Zugelassene Stoffe**	VCI-Konzept: 2 B, 3 A, 3 B, 4.1 B, 6.1, 8, 10, 11, 12 und 13 VbF-Klassen: A I, A II, B
3.	**Lagergröße**	8000 m^2 in 16 Brandabschnitten 500 m^2 Kommissionier- und Verpackungsfläche 3000 m^2 Freifläche
4.	**Lagersystem**	Blocklagerung, Handregallagerung, Hochpaletten
5.	**Standort und sicherheitsrelevante Infrastruktur**	Rettungskräfteeinsatz innerhalb 5 Min. (Feuerwehr, Notarzt, Polizei)
6.	**Zulassungen**	Genehmigung nach BImSchG
7.	**Ansprechstellen**	
7.1	**Betreiber**	Andreas Schmid Logistik Gruppe – Alfred Kolb GmbH & Co. KG, Welserstr. 8, 86368 Gersthofen, Herr Fischer
7.2	**Planungsbeteiligte**	Keine Angaben
7.3	**Genehmigungsbehörde**	Landratsamt Augsburg
8.	**Bau**	
8.1	**Brandabschnitte**	16 Brandabschnitte mit automatischer Schließvorrichtung
8.2	**Wände**	Stahlbeton, feuerbeständig; Gasbetonbausteine, feuerbeständig
8.3	**Tore/Türen**	8 Tore mit Rampen bzw. Abfahrt/2 Tore mit Bahnrampe 9 Außentüren/9 Innentüren bzw. -tore mit automatischer Schließvorrichtung

8.4	**Decken/Dächer**	Stahlbeton-Pfetten auf Stahlbetonbindern mit Ytongplatten, Trapezbleche mit Lichtkuppeln als Rauch- und Wärmeabzugseinrichtung
8.5	**Lagerflächen/ Auffangräume**	Mit Sperrschicht versehen
8.6	**Löschwasserrück-halteeinrichtung**	Größere Dimensionierung als nach LöRüR1 erforderlich 1200 m^2 beschichtete Betonauffangwanne 30.000 l Auffangtank
8.7	**Umschlags-/ Ladebereich**	500 m^2 Kommissionier- und Umschlagsfläche inkl. LKW- bzw. Bahnrampen und Stapler-abfahrt
8.8	**Entwässerung/ Absperrung der Kanalisation**	Über Auffangbecken bzw. Auffangtank
9.	**Ausrüstung**	
9.1	**Blitzschutz**	Blitzschutzanlage nach DIN 57185 /DVE0185
9.2	**Einbruchschutz**	Einbruchmeldeanlage
9.3	**Feuer- und Rauch-meldeanlage**	Brandfrüherkennungsanlage (Ionisationsmelder) und Brandmeldeanlage
9.4	**Rauch- und Wärme-abzugseinrichtung**	Vollautomatische Lichtkuppeln
9.5	**Stationäre Feuer-löschanlage**	CO_2-Löschanlage Sprinkleranlage
9.6	**Sonstige Feuer-bekämpfungs-einrichtungen**	Feuerlöscher, Löschwasserzisterne
9.7	**Gaswarnanlage/ Lüftung**	Lüftungsanlage mit 2- bis 5fachem Luftaustausch/Stunde
9.8	**Notstromver-sorgung**	Batterieversorgung über 48 Stunden

9.9	**Notfallausrüstung**	Sicherheitsstationen, Schutzausrüstung, Wasch- und Duschgelegenheiten
9.10	**Persönliche Schutzausrüstung/ Rettungseinrichtungen/1. Hilfe**	Sicherheitsstationen mit: Brille, Atemschutzmaske, Handschuhe, Stiefel Ersthelfer gemäß UVV 17 § 8
10.	**Organisation**	
10.1	**Ein- und Ausgangs- sowie Bestandskontrollen**	Produktidentität, Liefermenge, Originalverschluß, Unversehrtheit der Behälter sowie der Pack- u. Ladehilfsmittel
10.2	**Abstandsregelungen/ Zusammenlagerungsverbote/Mengenbegrenzungen**	Nach VCI-Lagerkonzept
10.3	**Bestands-/ Einlagerungsplan/ Lagerverwaltung**	Stellplatz- und Artikelverwaltung über Barcode
10.4	**Sicherung des Lagergutes gegen Herabfallen**	Palettensicherungsmaßnahmen, z. B. Folienstretchen Ständige Sicherheitskontrollen
10.5	**Lagerung von brennbaren Verpackungen, Paletten usw.**	Keine Angaben
10.6	**Zugangsregelung/ Bewachung**	Türcodesystem Einbruchmeldeanlagen Automatische Alarmsicherungsanlage für Tore/Türen
10.7	**Betriebsanweisungen/ Unterweisungen**	Betriebsanweisung für alle Bereiche vorhanden Erweiterte Unterweisungen über gesetzl. Bestimmungen hinaus
10.8	**Alarm- und Gefahrenabwehrpläne**	Keine Angaben

10.9	**Notfallübungen**	Keine Angaben
10.10	**Notfallinformation für Einsatzkräfte**	Bestandliste nach § 6 (3) StörfallV Kennzeichnung am Brandabschnitt
10.11	**Überprüfung d. techn. Schutzvorkehrungen/ Sachverständigen-prüfungen**	In Zeitabständen gemäß den gesetzlichen Vorschriften
10.12	**Gefahrgut-/Gewässer-schutz-/Störfall-/ sonstige Beauftragte**	Gefahrgutbeauftragter Brandschutzbeauftragter Sörfallbeauftragter
10.13	**Dokumentation über Unfälle und Schäden**	Gefahrgutjahresbericht
10.14	**Management-/ Qualitätssicherungs-systeme**	Keine Angaben
11.	**Besonderheiten**	Ex-Schutz-Räume
12.	**Quellenangaben**	Betreiberangaben aus 1998

1.10 Lagerhalle der Buss Logistik Terminal GmbH in Hamburg		
1.	**Kurzbeschreibung**	Eingeschossige Lagerhalle
2.	**Zugelassene Stoffe**	Alle Gefahrgutklassen nach IMDG-Code mit Ausnahme von: Klassen 1.1 - 1.3, 6.2 und 7 sowie Gase, die nicht in Druckgaspackungen vorhanden sind; organische Peroxide, die der Temperaturführung bedürfen; PCB und Dioxine Abfälle mit den o.g. Einschränkungen
3.	**Lagergröße**	VbF-Räume: 1 × 725 m^2 und 1 × 520 m^2 Sondergefahrgut (z. B. organische Peroxide): 4 × 135 m^2 Sonstige Gefahrgüter: 2 × 2080 m^2 Räume, die nicht für Gefahrgut oder wassergefährdende Stoffe vorgesehen sind: 1 × 2160 m^2 und 1 × 2600 m^2 Gesamtfläche einschl. Kommissionierbereich: 12 800 m^2
4.	**Lagersystem**	Block- und Regallager
5.	**Standort und sicherheitsrelevante Infrastruktur**	Hafengebiet mit 750 m Abstand zur nächsten Wohnbebauung Hochwasserschutz durch Geländeaufhöhung Feuerlöschringleitung
6.	**Zulassungen**	Genehmigung nach BImSchG, Spalte 1 Anhang 4. BImSchV
7.	**Ansprechstellen**	
7.1	**Betreiber**	Buss Logistik Terminal GmbH, Am Fährkanal 2, 20457 Hamburg, Herr Dr. Killinger
7.2	**Planungsbeteiligte**	Planungsbüro: WTM, Jungfernstieg 49, 20354 Hamburg, Herren Dr. Timm und Sperhake Anfertigung der Sicherheitsanalyse: UMCO, Georg-Wilhelm-Str. 191, 21107 Hamburg, Herr Inzelmann

7.3	**Genehmigungs-behörde**	Freie und Hansestadt Hamburg, Umweltbehörde
8.	**Bau**	
8.1	**Brandabschnitte**	Alle Lagerräume (s. Ziffer 3) sind je ein Brandabschnitt
8.2	**Wände**	F 90-Außenwände aus Gasbetonplatten für den Lagerraum für organische Peroxide F 30-Außenwände aus Gasbetonplatten für die VbF-Räume und unter den Rampendächern Sonstige Außenwänden in Trapezblech mit Wärmedämmung Brandwände zwischen den Lagerräumen entspr. Ziffer 3, mit feuerbeständigem Brandüberschlagsbereich von 5 m Breite in der Dachebene
8.3	**Tore/Türen**	T 90-Schiebetor im Lagerraum für organische Peroxide T 30-Schiebetore in den sonstigen Sondergefahrguträumen und in den VbF-Räumen Sonst wärmegedämmte Sektionaltore
8.4	**Decken/Dächer**	Einschaliges Trapezblech-Warmdach mit integrierten Oberlichtern, nicht brennbar, widerstandsfähig gegen Flugfeuer und strahlende Wärme Im Bereich der Sondergefahrguträume in F 90 Feuerbeständiger Brandüberschlagsbereich von 5 m neben den Brandwänden (s. Ziff. 8.2)
8.5	**Lagerflächen/ Auffangräume**	Abdichtung mit 3 mm starker HDPE-Kunststoffdichtungsbahn mit DIBT-Zulassung Auffangraum durch Gefällegebung innerhalb der Lagerräume
8.6	**Löschwasserrückhalteeinrichtung**	Löschwasserauffangwanne (300 m^3) unterhalb der LKW-Rampe Berechnung nach Löschwasserrückhalterichtlinie Einläufe durch Syphons gesichert

8.7	**Umschlags-/ Ladebereich**	Flächenbefestigung in bituminöser Straßenbauweise Flüssigkeitsdichter Aufbau nach einheitlichen Vorgaben für Hamburger Hafenbetriebe
8.8	**Entwässerung/ Absperrung der Kanalisation**	Gefällemäßige Abtrennung der Lade-/ Umschlagsbereiche Dort Rückhaltemöglichkeit für Leckagen durch einen Schnellschlußschieber am Ende der Sammelleitung Dieser Schieber ist während der Betriebszeit ständig geschlossen und bei Betriebsstillstand geöffnet. Bei Starkregen wird der Umschlagsbetrieb kurzfristig eingestellt und der Schieber kurz geöffnet, damit das Regenwasser abfließt
9.	**Ausrüstung**	
9.1	**Blitzschutz**	Blitzschutzanlage nach DIN 57185/VDE 0185
9.2	**Einbruchschutz**	Einbruchsicherungsanlage mit Standleitung zur Polizei Optische Überwachung der Laderampen
9.3	**Feuer- und Rauchmeldeanlage**	Ionisations-Brandmelde-Anlage für alle Brandabschnitte gemäß VDE, DIN, VdS Meldungen laufen bei der Feuerwehr und der betrieblichen Brandmeldezentrale auf
9.4	**Rauch- und Wärmeabzugseinrichtung**	RWA für ca. 1,8% der Dachgrundfläche Fernauslösung nach DIN 18323, Teil 2, Bedienung durch die Feuerwehr
9.5	**Stationäre Feuerlöschanlage**	Deckensprühflutanlage für den Peroxid-Raum CO_2-Niederdrucklöschanlage für die drei anderen Sondergefahrgut-Räume Trockenschnellsprinkleranlage mit AFFF-Zusatz für VbF-Räume, Sprinklerung jeder Regalebene und Deckensprinklerung Naßsprinkleranlage mit zwei Sprinklerebenen bei fünf Regalebenen und Deckensprinklerung für zwei Räume mit sonstigem Gefahrgut Alle Varianten sind gemäß VdS ausgeführt

9.6	**Sonstige Feuerbekämpfungseinrichtungen**	Kleinfeuerlöschgeräte in Absprache mit der Feuerwehr
9.7	**Gaswarnanlage/ Lüftung**	Keine Gaswarnanlage; jedoch sind die Gabelstabler für die VbF-Räume für den Einsatz in Zone 2 entsprechend VbF geeignet. Bei einer Leckage von VbF-Stoffen werden die Gabelstabler sofort stillgelegt Technische Lüftung mit 2,0fachem stündlichem Luftwechsel in den VbF Räumen, dort Absaugung über Bodenkanäle, Abschaltung der Lüftung außerhalb der Betriebszeit Ventilatoren mit 0,5fachem stündlichem Luftwechsel für die Sondergefahrguträume Im Peroxid-Raum 2,0facher stündlicher Luftwechsel Sonstige Gefahrguträume mit natürlicher Belüftung durch die Toröffnungen sowie durch Ventilatoren im Sockel- und Dachbereich
9.8	**Notstromversorgung**	Dieselangetriebenes Notstromaggregat für die Versorgung der Sicherheitsbeleuchtung, der Sprinkleranlage, der CO_2-Anlage und der Schaummittelpumpe sowie der Betriebszentrale
9.9	**Notfallausrüstung**	Notfallkiste vorhanden
9.10	**Persönliche Schutzausrüstung/ Rettungseinrichtungen/1. Hilfe**	Übliche Ausrüstung und Geräte vorhanden, z. B. Augenwaschflaschen, Erste-Hilfe-Kasten, persönliche Schutzausrüstung und Atemmasken
10.	**Organisation**	
10.1	**Ein- und Ausgangs- sowie Bestandskontrollen**	EDV-Überwachung der Ein- und Auslagerung sowie des Bestandes Eingangskontrolle auf Beschädigung und ordnungsgemäße Papiere Auslagerung nach Voravis mit Überprüfung der ordnungsgemäßen Verladung nach GGVS

10.2	**Abstandsregelungen/ Zusammenlagerungs-verbote/Mengen-begrenzungen**	Die EDV-gesteuerte Lagerlogistik gewährleistet die Einhaltung sämtlicher Zusammenlagerungsvorschriften Bei Blocklagerung sind in jedem Fall nach jedem 2. Palettenstapel 50 cm breite Kontrollgänge vorgesehen. Alle Fahrwege sind mindestes 1 m breiter als der beladene Stapler Generelle Mengenbegrenzung in VbF-Räumen: 800 t, in Räumen für sonstiges Gefahrgut: 2000 t
10.3	**Bestands-/ Einlagerungsplan/ Lagerverwaltung**	Das EDV-gestützte Lagerinformationssystem liefert alle erforderlichen Daten. Es ist ständig verfügbar. Eine Lagerliste kann jederzeit ausgedruckt werden
10.4	**Sicherung des Lagergutes gegen Herabfallen**	Bei Überschreitung der zulässigen Fallhöhe
10.5	**Lagerung von brennbaren Verpackungen, Paletten usw.**	Lagerung von Paletten im Bereich der Bereitstellungszone in den Räumen für sonstige Gefahrgüter
10.6	**Zugangsregelung/ Bewachung**	Einbruchsicherungsanlage mit Alarmierung der Polizei über eine Standleitung Optische Überwachung der Laderampen
10.7	**Betriebs-anweisungen/ Unterweisungen**	Spezifische Betriebsanweisungen sind vorhanden Unterweisungen im Umgang mit Gefahrstoffen und für betriebliche Sicherheitsbelange werden durchgeführt
10.8	**Alarm- und Gefahrenabwehr-pläne**	Ein Alarm- und Gefahrenabwehrplan, der das Anforderungsprofil nach der 3. Störfall-VwV erfüllt, ist in Abstimmung mit den zuständigen Behörden erstellt worden
10.9	**Notfallübungen**	Jährliche Brand- und Gewässerschutzübungen
10.10	**Notfallinformation für Einsatzkräfte**	Einsatzpläne für die Feuerwehr Ausdruck von Lagerlisten, siehe Ziffer 10.3

10.11	**Überprüfung d. techn. Schutzvorkehrungen/ Sachverständigen-prüfungen**	Detaillierte Regelungen im Rahmen des Gesamtsystems der erforderlichen Kontrollen
10.12	**Gefahrgut-/Gewässer-schutz-/Störfall-/ sonstige Beauftragte**	Externer Gefahrgutbeauftragter Externer Störfallbeauftragter
10.13	**Dokumentation über Unfälle und Schäden**	Durch Betriebsbuch
10.14	**Management-/ Qualitätssicherungs-systeme**	Nicht vorhanden
11.	**Besonderheiten**	Löschwasservorratsbehälter mit 500 m^3
12.	**Quellenangaben**	[1], [2] Betreiberangaben aus 1998

1.11 Hochregallager von Buss Logistik Terminal Neuhof in Hamburg		
1.	Kurzbeschreibung	Vollautomatisches Hochregallager mit angegliedertem Distributionsgebäude
2.	Zugelassene Stoffe	Mineralölprodukte (WGK 0,1, 2) Gefahrgutklassen nach IMDG-Code: 2, 3, 4.1, 6.1, 8 und 9
3.	Lagergröße	Mineralölprodukte: Im Endausbau 11.232 Europalettenstellplätze Wassergefährdende Stoffe: Bis ca. 100 Tonnen
4.	Lagersystem	Hochregallager in 13 Lagerebenen mit sechs vollautomatischen Regalbediengeräten
5.	Standort und sicherheitsrelevante Infrastruktur	Die Lageranlage liegt auf dem Werksgelände eines Mineralölkonzerns Hochwassersicherheit durch Einpolderung Abstand zur nächsten Wohnbebauung: ca. 200 m Zwei unabhängige Feuerwehrzufahrten Löschwasserversorgung durch das Leitungssystem des Mineralölwerkes
6.	Zulassungen	Genehmigung nach der Hamburgischen Bauordnung
7.	Ansprechstellen	
7.1	Betreiber	Buss Logistik Terminal GmbH & Co. Neuhof KG, Am Fährkanal 2, 20457 Hamburg, Herr Dr. Killinger
7.2	Planungsbeteiligte	Bauherr: Buss Logistik Terminal GmbH & Co. Neuhof KG, Am Fährkanal 2, 20457 Hamburg, Herr Dr. Killinger Planung: Windels, Timm, Morgen, Beratende Ingenieure im Bauwesen VBI, Jungfernstieg 49, 20354 Hamburg, Herr Hermann Brandschutzsachverständiger: Herr Peter Heitmann, Dipl.-Ing., Garleff-Bindt-Weg 39, 22399 Hamburg Sicherheitstechnische Beratung: UMCO, Georg-Wilhelm-Straße 191, 21107 Hamburg, Herr Inzelmann Fachplanung Logistik: Industrieplanung + Organisation GmbH, Römerstr. 245, 69126 Heidelberg, Herr Becker

7.3	Genehmigungs-behörde	Freie und Hansestadt Hamburg, Ortsamt Wilhelmsburg, Bauprüfabteilung
8.	Bau	
8.1	Brandabschnitte	2 Brandabschnitte im Hochregallager im Endausbau (jeweils 95 × 25 m) Distributionsgebäude als gesonderter Brandabschnitt
8.2	Wände	Außenwände: Ausführung in Stahlkassetten mit Wellblechverkleidung im Distributionszentrum, mit Trapezblech im Hochregallager
8.3	Tore/Türen	Tore und Türen in Brandwänden in T 90-Ausführung mit Rauchmeldersteuerung für das Schließen im Brandfall
8.4	Decken/Dächer	Ausführung in Trapezblech Im Hochregallager: Wärmedämmung und flugfeuerbeständige Abdichtung Im Distributionszentrum: im Anschlußbereich zum Hochregallager, auf 12 m Breite, feuerbeständige Ausführung
8.5	Lagerflächen/ Auffangräume	Auffangwanne ist in das Hochregallager integriert (1,40 m unter OK Sohle), dient zugleich als Löschwasserrückhalt Ausführung der Auffangwanne aus Stahlbeton ohne weitere Dichtelemente (Kunststoffolie, Stahlbleche o. ä.) entsprechend der Richtlinie des Deutschen Ausschusses für Stahlbeton „Betonbau beim Umgang mit wassergefährdenden Stoffen“, Teil 1 bis 6, Ausgabe September 1996
8.6	Löschwasserrück-halteeinrichtung	Kombination mit dem Auffangraum entsprechend Ziff. 8.5
8.7	Umschlags-/ Ladebereich	Die Lade- und Umschlagsbereiche vor den Rampen sind gefällemäßig von der übrigen Hoffläche getrennt und gekennzeichnet Flächenbefestigung dort mit flüssigkeitsdichtem Asphaltaufbau

8.8	**Entwässerung/ Absperrung der Kanalisation**	Entwässerung der Umschlags- und Ladebereiche über einen fernbedienbaren und schnellschließenden Kanalschieber, der im Schadensfall geschlossen wird Abpumpmöglichkeit zur Entsorgung von Leckageflüssigkeit vor dem Schieber Schnelle Erreichbarkeit des Bedienelementes des Schiebers in der Verladezone Möglichkeit zum Handabschiebern bei Ausfall der Elektrik
9.	**Ausrüstung**	
9.1	**Blitzschutz**	Vorhanden
9.2	**Einbruchschutz**	Vorhanden
9.3	**Feuer- und Rauchmeldeanlag**	Manuelle Brandmeldeanlage mit Druckknopfmeldern in Flucht- und Rettungswegen sowie an den Ausgängen, direkte Weiterleitung des Brandalarms an die ständig besetzte Pförtnerstation des Mineralölkonzerns sowie Aufschaltung auf das Feuerwehr-Einsatzlenkungssystem Brandmeldeanlage nach DIN 14675 mit Feuerwehrbedienfeld nach DIN 14661 Akustischer Brandalarm in allen Räumen
9.4	**Rauch- und Wärmeabzugseinrichtung**	RWA-Anlage nach DIN 18332 Die Auslösung erfolgt automatisch über Thermoelemente in jedem Rauch- und Wärmeabzugsgerät sowie über Handauslöseeinrichtungen in Gruppen Die RWA-Anlage ist auf die Brandmeldeanlage aufgeschaltet und leitet die Auslösung somit automatisch entsprechend Ziff. 9.3 weiter Hochregallager: Abzugsfaktor: 2 % als aerodynamisch freier Querschnitt Zuluftgeräte mit einfachem Querschnitt der RWA-Flächen in den beiden Giebelwänden, Auslösung zusammen mit RWA Distributionszentrum: Abzugsfaktor: 1,56 % Zuluft über Tore im Bereich der Andockplätze

9.5	**Stationäre Feuerlöschanlage**	Sprinkleranlage mit Regalsprinklern nach den Richtlinien des VdS Auslösung der Sprinkleranlage läuft auf BMA auf (s. Ziff. 9.3) Eigene Löschwasserversorgung mit Vollbevorratung der Sprinkleranlage
9.6	**Sonstige Feuerbekämpfungseinrichtungen**	Handfeuerlöscher Zusätzlich zwei fahrbare 50 kg-Löschgeräte für VbF-Stoffe
9.7	**Gaswarnanlage/ Lüftung**	Entfällt
9.8	**Notstromversorgung**	Batterieversorgung für die rauchmeldergesteuerten T 90-Brandschutztore Löschwasserversorgungs-Dieselpumpe (250 m^3/h bei 10 bar) Dieselsprinklerpumpe als zweite Energieversorgung
9.9	**Notfallausrüstung**	Industriestaubsauger für verschüttete feste wassergefährdende Stoffe Abdeckelemente für Kanaleinläufe, Auffangbehälter, Pumpen, Überfässer, Bindemittel, Werkzeuge usw.
9.10	**Persönliche Schutzausrüstung/ Rettungseinrichtungen/1. Hilfe**	Vorhanden
10.	**Organisation**	
10.1	**Ein- und Ausgangs- sowie Bestandskontrollen**	Eingangskontrolle: Prüfung auf Identität, Unversehrtheit und Vollständigkeit, Konturenkontrolle auf Maßhaltigkeit und Übergewicht, Eingabe in die DV Bestandskontrolle über DV
10.2	**Abstandsregelungen/ Zusammenlagerungsverbote/Mengenbegrenzungen**	Gefahrgüter werden in speziellen feuerbeständigen Schränken gelagert Durch stoffgruppenspezifische Einlagerung werden die relevanten Regelungen und Verbote eingehalten

10.3	**Bestands-/ Einlagerungsplan/ Lagerverwaltung**	Über die DV
10.4	**Sicherung des Lagergutes gegen Herabfallen**	Gegebenenfalls werden Paletten vor der Einlagerung eingewickelt
10.5	**Lagerung von brennbaren Verpackungen, Paletten usw.**	Lagerung von Paletten und Verpackungsmaterial im Hochregallager
10.6	**Zugangsregelung/ Bewachung**	Einzäunung, Schranke für die Zufahrt
10.7	**Betriebsanweisungen/ Unterweisungen**	Vorhanden, u. a. für den Umgang mit wassergefährdenden Stoffen
10.8	**Alarm- und Gefahrenabwehrpläne**	Alarmplan u. a. für das Verhalten bei Feuer, Unfall, Produktaustritt/Leckage sowie Verunreinigung von Gewässer/Boden Brandschutzordnung mit stichpunktartiger Zusammenfassung der wichtigsten Regeln über vorbeugende Maßnahmen, über Verhalten im Brandfall als Alarmplan und über Verhalten *nach* Bränden entsprechend DIN 14096
10.9	**Notfallübungen**	Finden mindestens 1mal jährlich statt
10.10	**Notfallinformation für Einsatzkräfte**	Sicherheitsdatenblätter nach DIN 52900 für alle wassergefährdenden Stoffe im Lager Brandschutzplan als Übersichtsplan der Darstellung der vorhandenen brandschutztechnischen Einrichtungen nach VdS-Richtlinie 2030 Feuerwehreinsatzplan mit Betriebsdaten für die organisierte Brandbekämpfung (z. B. Anfahrts-/Zugangswege, Löschmittel, Löschwasserentnahmestellen) nach DIN 14095 – T 1 Feuerwehrpläne nach DIN 14675, Nr. 4.5

10.11 Überprüfung d. techn. Schutzvorkehrungen/ Sachverständigen-prüfungen	Regelmäßige Funktionsprüfung der dem Gewässerschutz dienenden Einrichtungen mit Dokumentation Begleitende Sachverständigenprüfung während der Bauphase nach der Richtlinie des Deutschen Ausschusses für Stahlbeton Abnahmeprüfung vor Inbetriebnahme, zwei wiederkehrende Prüfungen im Abstand von 2,5 Jahren, danach im Abstand von 5 Jahren durch einen anerkannten Sachverständigen nach der Anlagenverordnung
10.12 Gefahrgut-/Gewässer-schutz-/Störfall-/ sonstige Beauftragte	Noch nicht geregelt
10.13 Dokumentation über Unfälle und Schäden	Systematische Dokumentation mit Angaben über Anlagenteil, Ort, Stoff, Menge, Ursache, Datum, Maßnahmen, Auswirkungen, Beteiligte und Informierte
10.14 Management-/ Qualitätssicherungs-systeme	Nach DIN ISO 9000 ff.
11. Besonderheiten	Das Hochregallager funktioniert vollautomatisch, d.h. im Normalbetrieb hält sich dort kein Personal auf
12. Quellenangaben	Unterlagen des Bauherrn aus 1997 Ergänzende Informationen des Bauherrn aus 1998

1.12 Dupeg Tank Terminal in Hamburg		
1.	**Kurzbeschreibung**	Lagerhalle, überdachtes Faßlager und Freilager für Fässer
2.	**Zugelassene Stoffe**	Gefahrgutklassen nach IMDG-Code: 3, 6 und 8
3.	**Lagergröße**	Lagerhalle: 1.375 m² Überdachtes Faßlager: 420 m² Freilager für Fässer: 700 m²
4.	**Lagersystem**	Faßlager Blocklager getrennt nach Gefahrgutklassen Lagerung im Bulk, in Fässern und Kleincontainern
5.	**Standort und sicherheitsrelevante Infrastruktur**	Hafengebiet Hochwassersicher
6.	**Zulassungen**	Genehmigung nach BImSchG, Spalte 1 Anhang 4. BImSchV
7.	**Ansprechstellen**	
7.1	**Betreiber**	Dupeg Tank Terminal, Tankweg 4, 21129 Hamburg, Herr Günther und Herr Ortmann
7.2	**Planungsbeteiligte**	siehe 7.1
7.3	**Genehmigungsbehörde**	Freie und Hansestadt Hamburg, Umweltbehörde
8.	**Bau**	
8.1	**Brandabschnitte**	Durch Brandschutzwände in der Lagerhalle
8.2	**Wände**	Stahlbeton
8.3	**Tore/Türe**	Entfällt
8.4	**Decken/Dächer**	Stahlblecheindeckung

8.5	**Lagerflächen/ Auffangräume**	Betonboden, ausgeblechte Lagerflächen und Auffangräume
8.6	**Löschwasserrückhalteeinrichtung**	Es stehen Tanks für die Aufnahme von Löschwasser zur Verfügung (mehrere 1000 m^3)
8.7	**Umschlags-/ Ladebereich**	Stahl- und Betonverladerampen, auf dem Verladebereich Betonverbundsteine, z. T. ausgeblecht oder mit Folie unterlegt
8.8	**Entwässerung/ Absperrung der Kanalisation**	Das gesamte Oberflächenwasser wird gesammelt, analysiert und je nach Belastung in der betriebseigenen Reinigungsanlage geklärt; danach Einleitung in die Kanalisation
9.	**Ausrüstung**	
9.1	**Blitzschutz**	Alle Stahlteile geerdet
9.2	**Einbruchschutz**	Die Anlage wird 24 Stunden pro Tag durch eigenes Personal betrieben und überwacht
9.3	**Feuer- und Rauchmeldeanlage**	Teilweise werden automatische Rauch- oder Flammenmelder eingesetzt
9.4	**Rauch- und Wärmeabzugseinrichtung**	Überall ausreichende Abzugsmöglichkeiten vorhanden
9.5	**Stationäre Feuerlöschanlage**	Schaumlöscheinrichtung
9.6	**Sonstige Feuerbekämpfungseinrichtungen**	Mobiler Feuerlöscher (Monitor) Für kleine Entstehungsbrände stehen eine große Zahl von Handfeuerlöschern zur Verfügung
9.7	**Gaswarnanlage/ Lüftung**	Nur in besonderen Fällen werden Gase mit mobilen Gaswarngeräten überwacht
9.8	**Notstromversorgung**	Nein
9.9	**Notfallausrüstung**	Sandsäcke, Ölsperren, Bindematerial, Werkzeug und sonstige Ausrüstung für die Schadensbekämpfung vorhanden

9.10	**Persönliche Schutz-ausrüstung/Rettungs-einrichtungen/1. Hilfe**	Preßluftatmer, Gas-Filter-Masken, Ganzkörperschutzanzug Alle Mitarbeiter sind für die 1. Hilfe ausgebildet. Verbandsmaterial ist vorhanden. Brandschutzdecken sind im Betrieb greifbar
10.	**Organisation**	
10.1	**Ein- und Ausgangs- sowie Bestands-kontrollen**	Jederzeit Bestandsabfragen möglich EDV-gestützte Mengenbuchhaltung
10.2	**Abstandsregelungen/ Zusammenlagerungs-verbote/Mengen-begrenzungen**	Leitung des Operating überwacht Abstände, Mengenbegrenzung und Zusammenlagerungsverbot
10.3	**Bestands-/ Einlagerungsplan/ Lagerverwaltung**	EDV-Einsatz weist jederzeit alle Mengenbewegungen aus. Ist-Kontrolle durch körperliche Aufnahmen nach Verladung
10.4	**Sicherung des Lager-gutes gegen Herab-fallen**	Entfällt
10.5	**Lagerung von brenn-baren Verpackungen, Paletten usw.**	Mit entsprechendem Abstand vom Faßlager wird eine Bevorratung durchgeführt
10.6	**Zugangsregelung/ Bewachung**	Auf dem Betriebsgelände werden die Fahrzeuge eingewiesen. Generell Meldung in der Expedition, s. auch Ziff. 9.2
10.7	**Betriebs-anweisungen/ Unterweisungen**	Alle erforderlichen Betriebsanweisungen sind vorhanden, liegen aus oder sind durch Schilder kenntlich gemacht
10.8	**Alarm- und Gefahrenabwehr-pläne**	Alarm- und Gefahrenabwehrpläne sind im Betrieb vorhanden. Alarmsirenen lösen diese aus
10.9	**Notfallübungen**	Notfallübungen werden 3 bis 4mal jährlich mit der Feuerwehr durchgeführt

10.10	**Notfallinformation für Einsatzkräfte**	Die Einsatzkräfte erhalten vom Betrieb Notfallinformationen und werden auch durch den Betrieb eingewiesen
10.11	**Überprüfung d. techn. Schutzvorkehrungen/ Sachverständigen-prüfungen**	EDV-gestützter Wartungs- und Inspektions-plan für den gesamten Betrieb mit Vorgabe der Prüffristen, Prüfungen durch Fremd-firmen und eigenes Personal, Dokumentation
10.12	**Gefahrgut-/Gewässer-schutz-/Störfall-/ sonstige Beauftragte**	Gefahrgut-/Abfall-/Störfall-/Datenschutz-beauftragte
10.13	**Dokumentation über Unfälle und Schäden**	Internes Störmeldungssystem mit Doku-mentation
10.14	**Management-/ Qualitätssicherungs-systeme**	Nach DIN ISO 9002
11.	**Besonderheiten**	Auch Umschlag von Flüssigprodukten und Chemikalien in Drums, IBC und größeren Einheiten
12.	**Quellenangaben**	[1] Betreiberangaben aus 1997

1.13 Lagercontaineranlage der Eurocargo GmbH in Hamburg		
1.	**Kurzbeschreibung**	Containerpackstation mit 47 ortsfesten Lagercontainern auf einer separaten Fläche
2.	**Zugelassene Stoffe**	Gefahrgutklassen nach IMDG-Code: 2, 3, 4, 6.1, 8 und 9
3.	**Lagergröße**	20-Fuß-Standard-Lagercontainer (47 Stück) Gesamte Lagerkapazität: ca. 540 t Gesamtfläche: ca. 488 m^2
4.	**Lagersystem**	Lagercontainer: Ortsfest genutzte Standardcontainer (20′), die nachträglich für die Gefahrgutlagerung speziell hergerichtet wurden
5.	**Standort und sicherheitsrelevante Infrastruktur**	Hafengebiet Hochwasserschutz durch Polder Nächste Wohnbebauung in über 1 km Entfernung
6.	**Zulassungen**	Keine spezielle Zulassung für die Lagercontainer
7.	**Ansprechstellen**	
7.1	**Betreiber**	Eurocargo Container Freight Station and Warehouse GmbH, Zellmannstraße 5, 21129 Hamburg, Herr Griese
7.2	**Planungsbeteiligte**	Eurocargo Container Freight Station and Warehouse GmbH, Zellmannstr. 5, 21129 Hamburg, H. Griese
7.3	**Genehmigungsbehörde**	Wasserrechtliche Anforderungen: Umweltbehörde Hamburg
8.	**Bau**	
8.1	**Brandabschnitte**	Entfällt
8.2	**Wände**	Entfällt
8.3	**Tore/Türen**	Entfällt

8.4	**Decken/Dächer**	Entfällt
8.5	**Lagerflächen/ Auffangräume**	Verschweißte Auffangwannen aus Stahl, die in Standardcontainer eingelegt wurden Gefällegebung durch Aufkanten der Container im Torbereich, d.h. evtl. Leckageflüssigkeit sammelt sich im hinteren Bereich des Containers
8.6	**Löschwasserrückhalteeinrichtung**	Kein definierter Löschwasserrückhalt, jedoch können die Auffangräume (s. Ziffer 8.5) und der Umschlagsbereich (s. Ziffer 8.7) herangezogen werden
8.7	**Umschlags-/ Ladebereich**	Gefällemäßig abgetrennte Aufstellfläche für die Lagercontainer, wo auch der gesamte Umschlag abgewickelt wird Flächenbefestigung: Asphalt und Betonplatten
8.8	**Entwässerung/ Absperrung der Kanalisation**	Fernbedienbarer Schnellschlußschieber für das Entwässerungssystem des gesamten Umschlags- und Ladebereiches
9.	**Ausrüstung**	
9.1	**Blitzschutz**	Entfällt
9.2	**Einbruchschutz**	Abschließen der Container außerhalb der Arbeitszeit Wachdienst
9.3	**Feuer- und Rauchmeldeanlage**	Entfällt
9.4	**Rauch- und Wärmeabzugseinrichtung**	Entfällt
9.5	**Stationäre Feuerlöschanlage**	Entfällt
9.6	**Sonstige Feuerbekämpfungseinrichtungen**	Kleinlöschgeräte

9.7	**Gaswarnanlage/ Lüftung**	Lüftung nur für den Container mit VbF-Ware
9.8	**Notstromversorgung**	Entfällt
9.9	**Notfallausrüstung**	Notfallcontainer mit Bindemittel, Bergefässer, Werkzeuge, persönliche Schutzausrüstung, Kanalisationspläne usw.
9.10	**Persönliche Schutzausrüstung/Rettungseinrichtungen/1. Hilfe**	Im Notfallcontainer, s. Ziffer 9.9
10.	**Organisation**	
10.1	**Ein- und Ausgangs- sowie Bestandskontrollen**	Sichtkontrolle beim Eingang Bestandskontrolle nach Bedarf
10.2	**Abstandsregelungen/ Zusammenlagerungsverbote/Mengenbegrenzungen**	Einhaltung durch Einlagerung in die Lagercontainer, wobei ein Container jeweils nur für eine Gefahrgutklasse benutzt wird
10.3	**Bestands-/Einlagerungsplan/Lagerverwaltung**	Bestands-/Einlagerungsplan wird durch die DV-gestützte Lagerverwaltung hergestellt
10.4	**Sicherung des Lagergutes gegen Herabfallen**	Entfällt
10.5	**Lagerung von brennbaren Verpackungen, Paletten usw.**	Außerhalb der Container
10.6	**Zugangsregelung/ Bewachung**	Zugang zum gesamten Betriebsgelände nur für Befugte Wachdienst außerhalb der Arbeitszeit
10.7	**Betriebsanweisungen/ Unterweisungen**	Vorhanden/durchgeführt

10.8	**Alarm- und Gefahrenabwehrpläne**	Vorhanden
10.9	**Notfallübungen**	Werden durchgeführt
10.10	**Notfallinformation für Einsatzkräfte**	Durch aktuelle EDV-Liste
10.11	**Überprüfung d. techn. Schutzvorkehrungen/ Sachverständigenprüfungen**	Wird durchgeführt
10.12	**Gefahrgut-/Gewässerschutz-/Störfall-sonstige Beauftragte**	Gefahrgutbeauftragter
10.13	**Dokumentation über Unfälle und Schäden**	Systematische Dokumentation mit Angaben über Datum und Uhrzeit, Schadensort, Beteiligte, Stoffe, Umfang des Schadens, Hergang des Schadens, eingeleitete Maßnahmen und Entsorgung
10.14	**Management-/ Qualitätssicherungssysteme**	Keine
11.	**Besonderheiten**	Entfällt
12.	**Quellenangaben**	Betreiberangaben aus 1998

1.14 Lagerhalle der Firma Lesch + Lübcke GmbH & Co. in Hamburg		
1.	**Kurzbeschreibung**	Eingeschossige Lageranlage in 3 Lagerhallen
2.	**Zugelassene Stoffe**	VbF-Stoffe Gefahrstoffe WGK-Stoffe
3.	**Lagergröße**	VbF-Halle: 800 m^2 Gefahrstoffhalle: 1200 m^2 WGK-Halle: 1500 m^2
4.	**Lagersystem**	Hochregal-Palettenlager
5.	**Standort und sicherheitsrelevante Infrastruktur**	Lager im Industriegebiet Abstand zur Wohnbebauung 1000 m Trockenlöschleitung vom angrenzenden Kanal mit Einspeisung durch Löschboot der Feuerwehr
6.	**Zulassungen**	BImSchG, Spalte 2 Anhang 4. BImSchV
7.	**Ansprechstellen**	
7.1	**Betreiber**	Lesch + Lübcke GmbH & Co Schmidts Breite 15 – 17, 21107 Hamburg Herr Goldenbogen
7.2	**Planungsbeteiligte**	UMCO, Georg-Wilhelm Str. 191, 21107 Hamburg, Herr Inzelmann
7.3	**Genehmigungs-behörde**	Umweltbehörde Hamburg
8.	**Bau**	
8.1	**Brandabschnitte**	3 Brandabschnitte (siehe Ziff. 3)
8.2	**Wände**	Zwischen den Brandabschnitten Brandwände aus Beton Außenwände: zur Nachbarbebauung F 90 (VbF) sonst F 30 Kalksandstein mit Trapezblech

8.3	**Tore/Türen**	In Brandwänden T 90 sonst T 30-Tore, die automatisch über die Brandmeldeanlage schließen
8.4	**Decken/Dächer**	Dachholzleimbinder F 30
8.5	**Lagerflächen/ Auffangräume**	Überall Betonkonstruktion VbF-Halle: Abdichtung durch IfBT-geprüfte Beschichtung Gefahrstoff-Halle: Stahlwanne unter den Regalen WGK-Halle: IfBT-geprüfte Folie unter dem Beton
8.6	**Löschwasserrückhalteeinrichtung**	Löschwasserrückhalt erfolgt über Löschwasserschotts in den Toren, die über die Brandmeldeanlage gesteuert werden
8.7	**Umschlags-/ Ladebereich**	Flächenbefestigung: Asphalt
8.8	**Entwässerung/ Absperrung der Kanalisation**	Umschlagsfläche ist von der übrigen Fläche durch eine ACO-Rinne abgetrennt, diese entwässert in ein gesondertes Auffangbecken. Das dort anfallende Wasser kann abgepumpt werden, wenn vorher sichergestellt wurde, daß kein Schadensfall eingetreten ist
9.	**Ausrüstung**	
9.1	**Blitzschutz**	Blitzschutz gemäß VDE-Richtlinie
9.2	**Einbruchschutz**	Elektronische Einbruchssicherungsanlage mit Aufschaltung beim Wachdienst
9.3	**Feuer- und Rauchmeldeanlage**	Über Rauchmelder und Sprinkleranlage erfolgt Alarmierung der Feuerwehr. Automatische Schließung der Brandschutzrolltore und Löschwasserschotts
9.4	**Rauch- und Wärmeabzugseinrichtung**	Sind in allen Hallen vorhanden und betragen 1,5% der Hallenfläche. Sind temperaturgesteuert. Schließen von Hand

9.5	**Stationäre Feuerlöschanlage**	3 Brandabschnitte mit stationärer Löschanlage, bestehend aus Decken- und Regalsprinklerung. Auslösung bei 68 °C. In der VbF-Halle mit AFFF-Schaumzumischung Besprinklerte Laderampe
9.6	**Sonstige Feuerbekämpfungseinrichtungen**	Feuerlöscher
9.7	**Gaswarnanlage/ Lüftung**	VbF-Halle: 5facher Luftwechsel und zusätzlich Gaswarnanlage Staplerladeraum: Fremdbelüftung Gefahrgut-Halle und WGK-Halle: natürliche Lüftung
9.8	**Notstromversorgung**	Über Dieselgenerator für ganzes Gelände
9.9	**Notfallausrüstung**	Notfallkiste
9.10	**Persönliche Schutzausrüstung/Rettungseinrichtungen/1. Hilfe**	Persönliche Schutzausrüstung für jeden Arbeitnehmer inkl. Atemschutz Mehrere ausgebildete Ersthelfer
10.	**Organisation**	
10.1	**Ein- und Ausgangs- sowie Bestandskontrollen**	Bestandsführung, Lagerplatzverwaltung und Versandabwicklung mit EDV Zusätzlich persönliche Warenkontrolle auf Beschädigungen
10.2	**Abstandsregelungen/ Zusammenlagerungsverbote/Mengenbegrenzungen**	Entsprechend den gesetzlichen Bestimmungen, insbesondere VbF, TRbF und TRGS 514 sowie VCI-Lagerkonzept und GMP-Richtlinien Mengenbegrenzung: giftige, sehr giftige, explosionsgefährliche und brandfördernde Stoffe: maximal 200 t
10.3	**Bestands-/ Einlagerungsplan/ Lagerverwaltung**	Kompletter Plan ist jeder Zeit über EDV abrufbar, kann im Bedarfsfall ausgedruckt werden Brandschutzplan mit Angaben der Lagerbereiche für Gefahrgut befindet sich am Schlüsselkasten

10.4	**Sicherung des Lagergutes gegen Herabfallen**	Durch Umbinden und Wickeln
10.5	**Lagerung von brennbaren Verpackungen, Paletten usw.**	Keine Lagerung in den Hallen Paletten auf dem Hof Verpackung in separater Halle
10.6	**Zugangsregelung/ Bewachung**	Sicherung der Zugangsbereiche der Lagerhalle durch Lichtschranken und Alarmgebung Siehe hierzu Ziff. 9.2
10.7	**Betriebsanweisungen/ Unterweisungen**	Lagerpersonal wird regelmäßig über das Verhalten bei Schadens- und Störfällen unterrichtet und geschult Betriebsanweisungen sind vorhanden
10.8	**Alarm- und Gefahrenabwehrpläne**	Sind vorhanden und hängen in Hallen und Büros aus
10.9	**Notfallübungen**	Werden regelmäßig durchgeführt
10.10	**Notfallinformation für Einsatzkräfte**	Liegen in Form von Plänen in der Brandmeldezentrale
10.11	**Überprüfung d. techn. Schutzvorkehrungen/ Sachverständigenprüfungen**	Für alle sicherheitstechnischen Anlagen sind feste Wartungsverträge abgeschlossen Regelmäßige Überprüfung zusätzlich durch den Betrieb Sachverständigenprüfung regelmäßig
10.12	**Gefahrgut-/ Gewässerschutz-/ Störfall-/sonstige Beauftragte**	Vorhanden
10.13	**Dokumentation über Unfälle und Schäden**	Wird im Betriebsbuch für außergewöhnliche Vorkommnisse festgehalten
10.14	**Management-/ Qualitätssicherungssysteme**	Im Qualitätsmanagementsystem der Einlagerer mitzertifiziert
11.	**Besonderheiten**	Kühlraum, Reinluftkabine
12.	**Quellenangaben**	Betreiberinformation aus 1998

1.15 Lagerhalle der Firma Lübker in Hamburg		
1.	**Kurzbeschreibung**	Hallenlager mit 5 Hallen: 2 VbF-Hallen, 1 Gefahrguthalle, 2 Umschlags- und Kommissionierhallen
2.	**Zugelassene Stoffe**	Gefahrgutklassen nach IMDG-Code: 2, 3, 4, 5.1, 5.2, 6.1, 8 und 9
3.	**Lagergröße**	Ca. 3000 Europalettenstellplätze Giftige, sehr giftige, brandfördernde und explosionsgefährliche Stoffe insgesamt nicht mehr als 200 t. Insgesamt ca. 5000 m^2
4.	**Lagersystem**	Regal- und Blocklagerung
5.	**Standort und sicherheitsrelevante Infrastruktur**	Industriegebiet Löschwasserteich Löschwasservorratstank 400 m^3 Feuerwehrumfahrt vorhanden
6.	**Zulassungen**	BImSchG-Genehmigung 1992, Spalte 2 Anhang 4. BImSchV Erweiterung der BImSchG-Genehmigung 1996
7.	**Ansprechstellen**	
7.1	**Betreiber**	Uwe Lübker, Auf der Hohen Schaar 5, 21107 Hamburg Ansprechpartner: Herr Lübker, Herr Scharrenweber
7.2	**Planungsbeteiligte**	Firma Aug. Prien, Dampfschiffsweg 3–9, 21079 Hamburg, Ansprechpartner: Herr Holländer Techn. Aufsicht des Amtes für Arbeitsschutz für Lüftung in der VbF-Halle, Adolph Schönfelder Str. 5, 22083 Hamburg, Ansprechpartner: Herr Puls
7.3	**Genehmigungs-behörde**	Umweltbehörde Hamburg

8.	Bau	
8.1	Brandabschnitte	5 Brandabschnitte (2 × Kommissionierzone, 3 × Regallagerung)
8.2	Wände	Innen: z. T. F90-Wände, z. T. Brandwände
8.3	Tore/Türen	T 30, T 90 in Brandwänden
8.4	Decken/Dächer	Dach isoliert mit nicht brennbarem Dämmstoff, widerstandsfähig gegen Flugfeuer und strahlende Wärme
8.5	Lagerflächen/ Auffangräume	Lagerräume für Gefahrgut sind mit IfBT-geprüfter Folie ausgestattet, als Wanne ausgebildet und damit als Auffangraum hergerichtet
8.6	Löschwasserrückhalteeinrichtung	In den Lagerhallen ist Löschwasserrückhalt durch Wannenausbildung des Fußbodens und über brandmeldeanlagegekoppelte automatisch schließende Löschwasserschotts gegeben
8.7	Umschlags-/ Ladebereich	Umschlagsbereich für Gefahrgut ist durch Aco-Drainrinne von übrigen Bereichen getrennt
8.8	Entwässerung/ Absperrung der Kanalisation	Umschlagsbereich für Gefahrgut: Wird über Sammelschacht mit Pumpe entwässert, die bei Umschlagstätigkeit ausgeschaltet ist
9.	Ausrüstung	
9.1	Blitzschutz	Vorhanden
9.2	Einbruchschutz	Einbruchmeldeanlage, die bei einer Notrufzentrale aufgeschaltet ist
9.3	Feuer- und Rauchmeldeanlage	Automatische Brandmeldeanlage in den Lagerhallen mit Durchschaltung zur Feuerwehr
9.4	Rauch- und Wärmeabzugseinrichtung	In allen Hallen vorhanden. Funktionieren automatisch und von Hand

9.5	**Stationäre Feuer-löschanlage**	Gefahrgutlagerhalle: Sprinklerung in jeder 2. Regalebene VbF-Hallen: brandmeldeunterstützte Trockensprinkleranlage mit Schnellentlüfter-einheiten, Zusatz von AFFF, in jeder Regalebene
9.6	**Sonstige Feuer-bekämpfungs-einrichtungen**	Kleinlöschgerät
9.7	**Gaswarnanlage/ Lüftung**	1. VbF-Raum (v.1992): 2,5facher Luftwechsel u.Gaswarnanlage 2. VbF-Raum (v.1996): 2facher Luftwechsel ohne Gaswarnanlage
9.8	**Notstromver-sorgung**	Durch Dieselaggregat vorhanden. Auch Sicherheitsbeleuchtung wird darüber betrieben
9.9	**Notfallausrüstung**	Extra-Raum für Notfallausrüstung, in jeder Halle Notfallboxen
9.10	**Persönliche Schutz-ausrüstung/Rettungs-einrichtungen/1. Hilfe**	Ist vorhanden. Interne Alarmanlage zur Alarmierung des Personals im Gefahrfall. Erste Hilfe-Raum im Bürogebäude
10.	**Organisation**	
10.1	**Ein- und Ausgangs-sowie Bestands-kontrollen**	Manuelle Prüfung der Papiere und der Verpackungen durch Büro- und Lager-personal
10.2	**Abstandsregelungen/ Zusammenlagerungs-verbote/Mengen-begrenzungen**	Gesteuert durch speziell für dieses Lager entwickelte EDV-Lagerlogistik
10.3	**Bestands-/ Einlage-rungsplan/ Lagerverwaltung**	siehe 10.2
10.4	**Sicherung des Lagergutes gegen Herabfallen**	Lagergut wird auf Paletten gelagert und ggf. eingeschrumpft

10.5	**Lagerung von brennbaren Verpackungen, Paletten usw.**	Nicht in den VbF-Räumen und im Freien, nicht im Bereich der Türen und Tore
10.6	**Zugangsregelung/ Bewachung**	Komplett eingezäunt Einbruchmeldeanlage bei Nachbarfirma aufgeschaltet Hallen sind auch tagsüber verschlossen und können nur mit Betriebspersonal betreten werden
10.7	**Betriebsanweisungen/ Unterweisungen**	Sind vorhanden und hängen im Betrieb aus Unterweisungen werden 1 mal jährlich durchgeführt
10.8	**Alarm- und Gefahrenabwehrpläne**	Sind vorhanden und hängen im Betrieb aus
10.9	**Notfallübungen**	Werden 1 mal jährlich durchgeführt
10.10	**Notfallinformation für Einsatzkräfte**	Vorhanden, in der Brandmeldezentrale
10.11	**Überprüfung d. techn. Schutzvorkehrungen/ Sachverständigenprüfungen**	Entsprechende Wartungsverträge
10.12	**Gefahrgut-/Gewässerschutz-/Störfall-/ sonstige Beauftragte**	Gefahrgutbeauftragter Gefahrstoffbeauftragter
10.13	**Dokumentation über Unfälle und Schäden**	Wird fortlaufend durch den Gefahrgutbeauftragten dokumentiert und im Jahresbericht zusammengefaßt
10.14	**Management-/ Qualitätssicherungssysteme**	ISO 9000
11.	**Besonderheiten**	Entfällt
12.	**Quellenangaben**	Genehmigungsunterlagen Betreiberangaben aus 1998

1.16 Lagerhalle von Sigma Coatings in Hamburg		
1.	**Kurzbeschreibung**	Eingeschossige Lagerhallen
2.	**Zugelassene Stoffe**	Gefahrgutklassen nach IMDG-Code: 3 und 6.1 Insbesondere: Schiffsfarben, u. a. auch Antifoulings; Lacke; sonstige Beschichtungsstoffe; Verdünner; Farbzubehörstoffe
3.	**Lagergröße**	Hauptlager: 200 t (750 m^2) VbF-Lager: 89 t entsprechend 100 m^3 (125 m^2) Mischraum: 0,1 t Maximale Lagermenge giftiger Stoffe und Zubereitungen: 200 t
4.	**Lagersystem**	Regale mit einer maximalen Stapelhöhe von 4 Paletten Blocklager Gebindegröße: Metallgebinde 1 bis 25 l, IBC 450 – 1000 l
5.	**Standort und sicherheitsrelevante Infrastruktur**	Abstand zur nächsten Wohnbebauung: mindestens 1000 m Keine eigene Löschwasserbevorratung 1 Feuerwehrzufahrt
6.	**Zulassungen**	Baugenehmigung, VbF-Genehmigung, Anzeige nach § 67 Abs. 2 BImSchG Genehmigung nach BImSchG, Ziff. 9.35, Spalte 2, Anhang 4. BImSchV
7.	**Ansprechstellen**	
7.1	**Betreiber**	Sigma Coatings Farben- und Lackwerk GmbH, Niederlassung Hamburg, Lager, Moorfleeter Straße 42, 22113 Hamburg, Herr Fischer
7.2	**Planungsbeteiligte**	Sigma Coatings Farben- und Lackwerk GmbH, Klüsenerstraße 54, 44855 Bochum, Stabsstelle HSEQ, Herr Bielefeld
7.3	**Genehmigungs-behörde**	Umweltbehörde Hamburg

8.	**Bau**	
8.1	**Brandabschnitte**	2 Brandabschnitte: Hauptlager: 750 m^2, VbF-Lager: 125 m^2
8.2	**Wände**	Innen F 90 Außen F 90, ausgenommen Front
8.3	**Tore/Türen**	Innen T 30
8.4	**Decken/Dächer**	Ausschmelzbare Lichtbänder, s. RWA-Anlage (Ziff. 9.4)
8.5	**Lagerflächen/ Auffangräume**	Flächenbefestigung: Epoxidharzbeschichtung (Eigenprodukt mit Eignungsfeststellung) Auffangvolumina: Hauptlager: 225 m^3, VbF-Lager: 12 m^3 Kombiniert mit Löschwasserrückhalteeinrichtung
8.6	**Löschwasserrückhalteeinrichtung**	In das Hauptlager integrierte LWRE mit festen Aufkantungen, einem angerampten Notausgang, einer steckbaren permanenten Barriere und einem automatischen überfahrbaren Klappschott Keine LWRE für das VbF-Lager (CO_2-Löschanlage) und für den Mischraum
8.7	**Umschlags-/ Ladebereich**	Flächenversiegelung mit Gußasphalt entsprechend der benötigten Fahrzeug-Aufstellfläche (5,0 × 5,50 m) Gefällemäßige Trennung von der übrigen Hoffläche durch Aufkantung
8.8	**Entwässerung/ Absperrung der Kanalisation**	Verschließbarer Ablauf der Umschlagsfläche wird bei jedem Ladevorgang aktiviert gemäß Betriebsanweisung
9.	**Ausrüstung**	
9.1	**Blitzschutz**	Vorhanden
9.2	**Einbruchschutz**	Keine Angaben
9.3	**Feuer- und Rauchmeldeanlage**	Automatische Brandmeldeanlage mit Durchschaltung zur Feuerwehr

9.4	**Rauch- und Wärme-abzugseinrichtung**	Automatisch und manuell im Dachlichtband
9.5	**Stationäre Feuer-löschanlage**	CO_2-Löschanlage für das VbF-Lager
9.6	**Sonstige Feuer-bekämpfungs-einrichtungen**	Kleinlöschgerät
9.7	**Gaswarnanlage/ Lüftung**	5facher Luftwechsel im VbF-Lager
9.8	**Notstromver-sorgung**	Für die Sicherheitsbeleuchtung und Brand-meldetechnik (Batterieversorgung)
9.9	**Notfallausrüstung**	Notfallkiste mit Geräten und Schutzaus-rüstungen für begrenzte Schadensfälle
9.10	**Persönliche Schutz-ausrüstung/Rettungs-einrichtungen/1. Hilfe**	Schutzschuhe, Schutzhandschuhe und Atem-schutz, die bei Bedarf auch im Normalbetrieb getragen werden Außerdem: Notfallkiste (siehe Ziff. 9.9) Außerdem: Notfall-Kit (Schutzanzug, Atem-schutzmaske, Schutzhandschuhe, Bindevlies)
10.	**Organisation**	
10.1	**Ein- und Ausgangs-sowie Bestands-kontrollen**	Eingangskontrolle: Überprüfung der Produkte (Sichtkontrolle) und der Angaben in den Lieferpapieren Ausgang: kommissioniert, mit Liefer- und Begleitpapieren
10.2	**Abstandsregelungen/ Zusammenlagerungs-verbote/Mengen-begrenzungen**	Zuordnung zu Lagerbereichen anhand eines Einlagerungsplans entsprechend Gefahren-merkmalen
10.3	**Bestands-/ Einlagerungsplan/ Lagerverwaltung**	EDV-gestützte Buchung/Registrierung der Produkte
10.4	**Sicherung des Lagergutes gegen Herabfallen**	Entfällt bei Großgebinden Gewickelt/gestretcht bei Kleingebinden

10.5	**Lagerung von brennbaren Verpackungen, Paletten usw.**	Geringe Mengen im Verladebereich
10.6	**Zugangsregelung/ Bewachung**	Nur Lagerpersonal ist zugangsberechtigt
10.7	**Betriebsanweisungen/ Unterweisungen**	Betriebsanweisungen zum Umgang mit Gefahrstoffen und wassergefährdenden Stoffen sind vorhanden Unterweisungen werden regelmäßig – basierend auf Brand- und Alarmplänen – durchgeführt
10.8	**Alarm- und Gefahrenabwehrpläne**	Brand- und Alarmplan vorhanden
10.9	**Notfallübungen**	Mindestens 1mal jährlich je eine Brand- und Gewässerschutzübung nach Übungsplan
10.10	**Notfallinformation für Einsatzkräfte**	Angaben über Art, Menge und Gefahrenmerkmale der gelagerten Produkte als Notfallinformation im Lagerbüro
10.11	**Überprüfung d. techn. Schutzvorkehrungen/ Sachverständigenprüfungen**	Prüfungen nach schriftlichen Unterlagen mit festgelegten Intervallen durch beauftragte Fachunternehmen Dokumentation der Prüfungen einschließlich Angaben über Wartungsarbeiten Quittierung durch den Verantwortlichen Beispiele für Prüfgegenstände: – mindestens jährliche Prüfung des Hallenbodens auf Beschädigung – mindestens halbjährliche Prüfung des Klappschotts
10.12	**Gefahrgut-/ Gewässerschutz-/ Störfall-/sonstige Beauftragte**	Stabstelle HSEQ (Health, Safety, Enviroment, Quality) Gefahrgutbeauftragter extern
10.13	**Dokumentation über Unfälle und Schäden**	Störungen und Ausfälle werden im Zusammenhang mit den Dokumentationen nach Ziff. 10.11 erfaßt

10.14 Management-/ Qualitätssicherungssysteme	Firmeneigenes Managementsystem HSEQ
11. Besonderheiten	Brandbekämpfung nicht mit Wasser! Löschschaum einsetzen!
12. Quellenangaben	Unterlagen des Betreibers aus 1996 Ergänzende Informationen des Betreibers aus 1998

1.17	Lagerboxenanlage der Firma Transbaltic Umschlag + Spedition GmbH in Hamburg	
1.	**Kurzbeschreibung**	Überdachtes Gefahrgutboxenlager für Paletten und Stückgut im Rahmen einer Containerpackstation
2.	**Zugelassene Stoffe**	Gefahrgutklassen nach IMDG Code: 2, 3, 4, 6.1, 8 und 9 Ausgeschlossen: organische Peroxide, explosionsgefährliche und radioaktive Stoffe
3.	**Lagergröße**	Überdachte Freifläche: 238 m^2 mit 8 Gefahrgutboxen 140 Palettenstellplätze
4.	**Lagersystem**	Boxenlager (Gefahrgutzellen)
5.	**Standort und sicherheitsrelevante Infrastruktur**	Industriegebiet Hochwassersicher
6.	**Zulassungen**	Genehmigung nach BImSchG, Spalte 2 Anhang der 4. BImSchV
7.	**Ansprechstellen**	
7.1	**Betreiber**	Transbaltic Umschlag + Spedition GmbH, Neue Wollkämmereistr. 4, 21107 Hamburg, Herr Slawski
7.2	**Planungsbeteiligte**	Fa. Dyckerhoff + Widmann AG und Herr Groß Ophoff (Architekt)
7.3	**Genehmigungsbehörde**	Umweltbehörde Hamburg
8.	**Bau**	
8.1	**Brandabschnitte**	8 Brandabschnitte, die nicht miteinander verbunden sind
8.2	**Wände**	F 90 u. F 30 (mit räumlichen Abstand)
8.3	**Tore/Türen**	T 90 u. T 30

8.4	**Decken/Dächer**	F 90 u. F 30
8.5	**Lagerflächen/ Auffangräume**	Überdachte Fläche ist mit IFBT-geprüfter Folie abgedichtet Zusätzlich befinden sich zugelassene Auffangwannen unter den einzelnen Boxen
8.6	**Löschwasserrückhalteeinrichtung**	Abdichtung siehe Ziff. 8.5 Löschwasserrückhalt wird durch Gefällegebung zur Mitte der Fläche gewährleistet
8.7	**Umschlags-/ Ladebereich**	Umschlag findet im überdachten Bereich statt
8.8	**Entwässerung/ Absperrung der Kanalisation**	Es fällt kein Regenwasser an (siehe Ziff. 8.7)
9.	**Ausrüstung**	
9.1	**Blitzschutz**	Vorhanden gem. VDE
9.2	**Einbruchschutz**	Einzäunung des Geländes mit Natozaun Überwachung durch externen Wachdienst Die Gefahrgutboxen sind durch Stahltüren verschlossen und können nur mit Schlüssel vom zugelassenen Personal geöffnet werden
9.3	**Feuer- und Rauchmeldeanlage**	In den Gefahrgutboxen Rauchmeldeanlage mit Aufschaltung zur Feuerwehr
9.4	**Rauch- und Wärmeabzugseinrichtung**	In den Gefahrgutboxen vorhanden
9.5	**Stationäre Feuerlöschanlage**	Entfällt
9.6	**Sonstige Feuerbekämpfungseinrichtungen**	Kleinlöschgeräte
9.7	**Gaswarnanlage/ Lüftung**	Permanente mechanische Lüftung in den Gefahrgutboxen
9.8	**Notstromversorgung**	Brandmeldeanlage über Notstrom gesichert

9.9	**Notfallausrüstung**	Gefahrgutkiste
9.10	**Persönliche Schutzausrüstung/ Rettungseinrichtungen/1. Hilfe**	Vorhanden
10.	**Organisation**	
10.1	**Ein- und Ausgangs- sowie Bestands- kontrollen**	Einlagerung nach vorherigem Abgleich von Sicherheitsdatenblättern, optischer Kontrolle (Verpackung, äußerer Zustand), Etikettierung und unter Berücksichtigung der Zusammenlagerungsverbote Auslagerung: Packen von Containern unter Beachtung der Zusammenlagerungsverbote und Beförderungsvorschriften
10.2	**Abstandsregelungen/ Zusammenlagerungs- verbote/Mengen- begrenzungen**	Durch die Struktur des Lagers (kleine Zellen) werden Zusammenlagerungsverbote eingehalten
10.3	**Bestands-/ Einlagerungsplan/ Lagerverwaltung**	EDV-Steuerung in Planung Z. Z. manuelle Regelung über Gefahrgutdokumente
10.4	**Sicherung des Lagergutes gegen Herabfallen**	Entfällt
10.5	**Lagerung von brennbaren Verpackungen, Paletten usw.**	Werden im Lagerboxenbereich nicht gelagert
10.6	**Zugangsregelung/ Bewachung**	Die Gefahrgutboxen können nur von zugelassenem Personal mittels Schlüssel geöffnet werden Die Bewachung erfolgt durch einen externen Wachdienst
10.7	**Betriebs- anweisungen/ Unterweisungen**	Sind vorhanden

10.8 Alarm- und Gefahrenabwehrpläne	Sind vorhanden
10.9 Notfallübungen	Werden einmal jährlich durchgeführt
10.10 Notfallinformation für Einsatzkräfte	Erfolgt über Sicherheitsdatenblätter, die den Gefahrgutzetteln beigefügt sind und in der Hebestelle ausliegen
10.11 Überprüfung d. techn. Schutzvorkehrungen/ Sachverständigenprüfungen	Durch Fachfirmen
10.12 Gefahrgut-/Gewässerschutz-/Störfall-/ sonstige Beauftragte	Gefahrgutbeauftragter und Sicherheitsbeauftragter
10.13 Dokumentation über Unfälle und Schäden	Betriebsbuch, in dem nicht meldepflichtige Störfälle und die getroffenen Maßnahmen dokumentiert werden
10.14 Management-/ Qualitätssicherungssysteme	Entfällt
11. Besonderheiten	Entfällt
12. Quellenangaben	Betreiberangaben aus 1998

1.18 Lagerhalle der Firma Rhenus AG & Co. in Hannover, Am Lindener Hafen 18		
1.	**Kurzbeschreibung**	Eingeschossige Lagerhalle
2.	**Zugelassene Stoffe**	Gefahrgutklassen nach IMDG-Code: 2, 3, und 6.1 VbF-Klassen: A I, A II und B
3.	**Lagergröße**	Gesamte Lagergröße: 800 m^2 Palettenstellplätze: 680
4.	**Lagersystem**	Regallager und Blocklager
5.	**Standort und sicherheitsrelevante Infrastruktur**	Gewerbegebiet Wohnbebauung ca. 200 m entfernt Löschwasserversorgung: spezieller Anschluß an die städtische Wasserversorgung, Vorratstank für die Sprinkleranlage Die Lagerhalle kann auf allen Seiten von der Feuerwehr umfahren werden
6.	**Zulassungen**	Genehmigung nach dem BImSchG, Spalte 1, Ziffer 9.9 Anhang 4. BImSchV
7.	**Ansprechstellen**	
7.1	**Betreiber**	Rhenus AG & Co., Fössestr. 110, 30453 Hannover, Herr Politz
7.2	**Planungsbeteiligte**	Firmeninterne
7.3	**Genehmigungs-behörde**	Gewerbeaufsichtsamt Hannover
8.	**Bau**	
8.1	**Brandabschnitte**	3 Brandabschnitte mit 120 m^2, 200 m^2 und 480 m^2
8.2	**Wände**	Brandwände zwischen den drei Lager-bereichen/Brandabschnitten Außenwände: F 90

8.3	**Tore/Türen**	Keine Tore/Türen zwischen den Brandabschnitten/Lagerbereichen Tore/Türen nach außen: T 90
8.4	**Decken/Dächer**	Eternitdach
8.5	**Lagerflächen/ Auffangräume**	Auffangraum mit Löschwasserrückhalteeinrichtung kombiniert: in die Hallenbereiche integrierter Auffangraum/Löschwasserrückhalt durch abgesenkte Lagerbereiche. In den Torbereichen: Rampen nach innen Abdichtsystem: verschweißtes Stahlblech
8.6	**Löschwasserrückhalteeinrichtung**	s. Ziff. 8.5
8.7	**Umschlags-/ Ladebereich**	Flächenbefestigung durch bewehrte Großbetonplatten mit Fugenverguß, z.T. auch Bitumen
8.8	**Entwässerung/ Absperrung der Kanalisation**	Gullyklappe, die im Notfall mit einer Stange von Hand geschlossen wird
9.	**Ausrüstung**	
9.1	**Blitzschutz**	Vorhanden
9.2	**Einbruchschutz**	Vorhanden, einschließlich Brandmeldezentrale
9.3	**Feuer- und Rauchmeldeanlage**	Vorhanden
9.4	**Rauch- und Wärmeabzugseinrichtung**	Entfällt
9.5	**Stationäre Feuerlöschanlage**	Pulverlöschanlage, selbstauslösend, pneumatische Steuerelemente
9.6	**Sonstige Feuerkämpfungseinrichtungen**	Kleinlöschgeräte einschließlich fahrbare Feuerlöscher

9.7	**Gaswarnanlage/ Lüftung**	Gaswarnanlage: Gasschnüffler im unteren Hallenbereich, 2 Alarmstufen: 1. Alarm: Auslösung der Lüftung, 2. Alarm: zusätzlich Anzeige der Türschilder, Meldung des Alarms u. a. durch außen angebrachte Blinklichter Lüftung springt nur im Alarmfall an, 5facher Luftwechsel
9.8	**Notstromversorgung**	Entfällt
9.9	**Notfallausrüstung**	Berge-/Überfässer, Sandsäcke, Bindemittel u. ä.
9.10	**Persönliche Schutzausrüstung/Rettungseinrichtungen/1. Hilfe**	Vorhanden, einschließlich Atemschutz
10.	**Organisation**	
10.1	**Ein- und Ausgangs- sowie Bestandskontrollen**	Ablauf und Verantwortlichkeiten sind eindeutig festgelegt, siehe Ziff. 10.14 Bestandsverwaltung durch DV-System
10.2	**Abstandsregelungen/ Zusammenlagerungsverbote/Mengenbegrenzungen**	Die Einhaltung der Regelungen/Verbote wird durch die DV-Software geleistet. Platzzuweisung durch DV-Verwaltung
10.3	**Bestands-/ Einlagerungsplan/ Lagerverwaltung**	Durch die DV-Verwaltung
10.4	**Sicherung des Lagergutes gegen Herabfallen**	Für alle Regalebenen, außer der untersten, gilt: die Transportfähigkeit für LKW/Bahn ist gewährleistet – damit auch die Sicherung gegen Herabfallen
10.5	**Lagerung von brennbaren Verpackungen, Paletten usw.**	Außerhalb der Halle
10.6	**Zugangsregelung/ Bewachung**	Zugang nur für Befugte Wachdienst außerhalb der Arbeitszeit

10.7	**Betriebsanweisungen/ Unterweisungen**	Detaillierte Regelungen siehe Ziff. 10.14
10.8	**Alarm- und Gefahrenabwehrpläne**	Vorhanden
10.9	**Notfallübungen**	Werden durchgeführt, z. T. auch zusammen mit der Feuerwehr und/oder Herstellerfirmen von Löschgeräten, z. T. auch ohne vorherige Ankündigung
10.10	**Notfallinformation für Einsatzkräfte**	In der Betriebszentrale vorhanden
10.11	**Überprüfung d. techn. Schutzvorkehrungen/ Sachverständigenprüfungen**	Intern, durch Fachfirmen und Überwachungsorganisationen DV-gestützte Systematik, die der Firma eine vollständige Übersicht über alle Prüfgegenstände ermöglicht und zur Terminverfolgung herangezogen wird. Zuweisung klarer Verantwortlichkeiten, siehe Ziff. 10.14
10.12	**Gefahrgut-/ Gewässerschutz-/ Störfall-/sonstige Beauftragte**	Gefahrgutbeauftragter Störfallbeauftragter
10.13	**Dokumentation über Unfälle und Schäden**	Vorhanden
10.14	**Management-/ Qualitätssicherungssysteme**	Nach DIN ISO 9001
11.	**Besonderheiten**	Heizung zur Temperaturhaltung von mindestens 5 °C
12.	**Quellenangaben**	[1] Betreiberangaben aus 1998

1.19 Hochregallager der Firma Rhenus AG & Co. in Hannover, Davenstedter Str. 106

1.	**Kurzbeschreibung**	Hochregallager
2.	**Zugelassene Stoffe**	Gefahrgutklassen nach IMDG-Code: 2, 3, 4, 5, 6, 8 und 9 VbF-Klassen: nur A III
3.	**Lagergröße**	Gesamtlagerfläche: 3300 m^2 Palettenstellplätze: 6200
4.	**Lagersystem**	Hochregallager mit induktiv geführten Staplern, Fahrer fährt mit dem Lagergut hoch
5.	**Standort und sicherheitsrelevante Infrastruktur**	Gewerbegebiet Wohnbebauung ca. 200 m entfernt Löschwasserversorgung: spezieller Anschluß an die städtische Wasserversorgung, Vorratstank für die Sprinkleranlage 2 getrennte Feuerwehrzufahrten
6.	**Zulassungen**	Genehmigung nach dem BImSchG, Spalte 1, Ziffer 9.9 Anhang 4. BImSchV
7.	**Ansprechstellen**	
7.1	**Betreiber**	Rhenus AG & Co., Fössestr. 110, 30453 Hannover, Herr Politz
7.2	**Planungsbeteiligte**	Firmeninterne
7.3	**Genehmigungsbehörde**	Gewerbeaufsichtsamt Hannover
8.	**Bau**	
8.1	**Brandabschnitte**	2 Brandabschnitte: 1 × 1600 m^2, 1 × 1700 m^2
8.2	**Wände**	Brandwand zwischen den beiden Lagerabschnitten
8.3	**Tore/Türen**	1 Tür und 1 Tor in der Brandwand: beides T 90
8.4	**Decken/Dächer**	Trapezblech, isoliert

8.5	**Lagerflächen/ Auffangräume**	Fußboden: Vakuumbeton mit hoher Flüssigkeitsresistenz Auffangraum und Löschwasserrückhalteeinrichtung kombiniert: Lagerhalle als Auffangwanne hergerichtet durch Anrampung der Außentore, außerdem: abgedecktes außenliegendes Speicherbecken (Inhalt: 100 m^3)
8.6	**Löschwasserrückhalteeinrichtung**	s. Ziff. 8.5
8.7	**Umschlags-/ Ladebereich**	Z.T. mit einem Kragdach überdacht Flächenbefestigung: Bitumen
8.8	**Entwässerung/Absperrung der Kanalisation**	Absperrung der Entwässerung im Umschlagsbereich durch 2 handbetriebene Kanalschieber möglich
9.	**Ausrüstung**	
9.1	**Blitzschutz**	Vorhanden
9.2	**Einbruchschutz**	Vorhanden, einschließlich Brandmeldezentrale
9.3	**Feuer- und Rauchmeldeanlage**	Vorhanden
9.4	**Rauch- und Wärmeabzugseinrichtung**	Vorhanden, Steuerung in Brandmeldezentrale möglich
9.5	**Stationäre Feuerlöschanlage**	Regalsprinkleranlage ohne Löschmittelzusatz
9.6	**Sonstige Feuerkämpfungseinrichtungen**	Kleinlöschgeräte einschließlich fahrbare Feuerlöscher
9.7	**Gaswarnanlage/ Lüftung**	Entfällt
9.8	**Notstromversorgung**	Notstromaggregat für die Sprinkleranlage
9.9	**Notfallausrüstung**	Berge-/Überfässer, Sandsäcke, Bindemittel u. ä.

9.10	**Persönliche Schutzausrüstung/ Rettungseinrichtungen/1. Hilfe**	Vorhanden, einschließlich Atemschutz
10.	**Organisation**	
10.1	**Ein- und Ausgangs- sowie Bestands- kontrollen**	Ablauf und Verantwortlichkeiten sind eindeutig festgelegt, siehe Ziff. 10.14 Bestandsverwaltung durch DV-System
10.2	**Abstandsregelungen/ Zusammenlagerungs- verbote/Mengen- begrenzungen**	Die Einhaltung der Regelungen/Verbote wird durch die DV-Software geleistet. Platzzuweisung durch DV-Verwaltung
10.3	**Bestands-/ Einlagerungsplan/ Lagerverwaltung**	Durch die DV-Verwaltung
10.4	**Sicherung des Lagergutes gegen Herabfallen**	Für alle Regalebenen, außer der untersten, gilt: die Transportfähigkeit für LKW/Bahn ist gewährleistet – damit auch die Sicherung gegen Herabfallen
10.5	**Lagerung von brenn- baren Verpackungen, Paletten usw.**	Außerhalb der Halle
10.6	**Zugangsregelung/ Bewachung**	Zugang nur für Befugte Wachdienst außerhalb der Arbeitszeit
10.7	**Betriebs- anweisungen/ Unterweisungen**	Detaillierte Regelungen siehe Ziff. 10.14
10.8	**Alarm- und Gefahrenabwehr- pläne**	Vorhanden
10.9	**Notfallübungen**	Werden durchgeführt, z.T. auch zusammen mit der Feuerwehr und/oder Herstellerfirmen von Löschgeräten, z.T. auch ohne vorherige Ankündigung

10.10	**Notfallinformation für Einsatzkräfte**	In der Betriebszentrale vorhanden
10.11	**Überprüfung d. techn. Schutzvorkehrungen/ Sachverständigen-prüfungen**	Intern, durch Fachfirmen und Überwachungsorganisationen DV-gestützte Systematik, die der Firma eine vollständige Übersicht über alle Prüfgegenstände ermöglicht und zur Terminverfolgung herangezogen wird. Zuweisung klarer Verantwortlichkeiten, siehe Ziff. 10.14
10.12	**Gefahrgut-/ Gewässerschutz-/ Störfall-/sonstige Beauftragte**	Gefahrgutbeauftragter Störfallbeauftragter
10.13	**Dokumentation über Unfälle und Schäden**	Vorhanden
10.14	**Management-/ Qualitätssicherungs-systeme**	Nach DIN ISO 9001
11.	**Besonderheiten**	Heizung zur Temperaturhaltung von mindestens 5 °C
12.	**Quellenangaben**	[1] Betreiberangaben aus 1998

1.20 Lagerhalle der Firma Dachser GmbH & Co. in Neuss		
1.	**Kurzbeschreibung**	Eingeschossige Lagerhalle
2.	**Zugelassene Stoffe**	Gefahrgutklassen nach IMDG-Code: 2, 3 und 8
3.	**Lagergröße**	Insgesamt: 2000 m², 3500 Palettenstellplätze Aerosol-Lager: 30 t brennbare Gase in Behältnissen
4.	**Lagersystem**	Regallager
5.	**Standort und sicherheitsrelevante Infrastruktur**	Industriegebiet 2 Feuerwehrzufahrten
6.	**Zulassungen**	Genehmigung nach BImSchG, Ziff. 9.1, Spalte 1, Anhang 4. BImschV mit Erlaubnis nach § 9 Abs. 4 VbF
7.	**Ansprechstellen**	
7.1	**Betreiber**	Dachser GmbH & Co, Am Hochofen 50–64, 41460 Neuss, Frau Bissel
7.2	**Planungsbeteiligte**	ICS Consult Köln Architekturbüro A. Stegers, Korschenbroich
7.3	**Genehmigungsbehörde**	Bezirksregierung Düsseldorf Staatl. Amt f. Arbeitsschutz, Mönchengladbach
8.	**Bau**	
8.1	**Brandabschnitte**	2 Brandabschnitte mit je 1000 m²
8.2	**Wände**	F 90, nicht brennbar
8.3	**Tore/Türen**	T 90 Automatisches Schließsystem
8.4	**Decken/Dächer**	Flugfeuerbeständig
8.5	**Lagerflächen/ Auffangräume**	Bodenversiegelung durch folgenden Flächenaufbau: Elektroableitfähige Epoxidharzbeschichtung (mehrlagig)

8.6	**Löschwasserrück-halteeinrichtung**	Löschwasserauffangbecken: Außerhalb der Lagerhalle in ca. 50 m Entfernung, Zulauf über Ringleitung, Auffangvolumen: 342 m^3
8.7	**Umschlags-/ Ladebereich**	Flüssigkeitsdichte Fläche: Beton mit Fugenverguß und Asphalt
8.8	**Entwässerung/ Absperrung der Kanalisation**	Gefällemäßige Trennung des Umschlags-/ Ladebereiches von restlicher Fläche Absperrschieber, die im Notfall zugedreht werden
9.	**Ausrüstung**	
9.1	**Blitzschutz**	Vorhanden
9.2	**Einbruchschutz**	Feuerwehrschlüsselkasten Einbruchmeldeanlage mit Durchschaltung zur Feuerwehr, Pförtnerdienst
9.3	**Feuer- und Rauchmeldeanlage**	Brandmeldeanlage vorhanden mit Durchschaltung zur Feuerwehr
9.4	**Rauch- und Wärmeabzugseinrichtung**	Vorhanden
9.5	**Stationäre Feuerlöschanlage**	CO_2- Löschanlage für den VbF-Bereich und für die BImSchG-Lagerung
9.6	**Sonstige Feuerbekämpfungseinrichtungen**	Kleinlöschgeräte: fahrbare Feuerlöscher und Handfeuerlöscher
9.7	**Gaswarnanlage/ Lüftung**	Gaswarnanlage mit 24 Gasmeldern, die im Bodenbereich der Regale angeordnet sind Lüftungsanlage mit 2,5fachem stündlichen Luftwechsel, im Alarmfall: 5facher stündlicher Luftwechsel
9.8	**Notstromversorgung**	Vorhanden
9.9	**Notfallausrüstung**	Bergefässer, Chemikalienbinder, Faßhebegeschirr usw.

9.10	**Persönliche Schutzausrüstung/Rettungseinrichtungen/1. Hilfe**	Notdusche, Augendusche usw. Rettungskombination (Chemikalienschutzanzüge)
10.	**Organisation**	
10.1	**Ein- und Ausgangs- sowie Bestandskontrollen**	Ein- und Ausgangskontrollen in Arbeitsanweisungen geregelt Bestandskontrollen: EDV-gesteuert, tägliche Kontrollgänge, Inventuren
10.2	**Abstandsregelungen/Zusammenlagerungsverbote/Mengenbegrenzungen**	Grundlage: Sicherheitsdatenblätter Trennung/Abstände durch Lagerung in verschiedenen Brandabschnitten VbF-Lager: Behältnisse mit max. Inhalt von 1 m^3 der Gefahrenklasse AI
10.3	**Bestands-/Einlagerungsplan/Lagerverwaltung**	EDV-gesteuert
10.4	**Sicherung des Lagergutes gegen Herabfallen**	Umreifen bzw. Umwickeln mit Folie
10.5	**Lagerung von brennbaren Verpackungen, Paletten usw.**	Ausschließlich außerhalb des Lagerbereiches
10.6	**Zugangsregelung/Bewachung**	Zutrittsverbot für Betriebsfremde (Hinweis durch Beschilderung)
10.7	**Betriebsanweisungen/Unterweisungen**	Betriebsanweisungen vorhanden Unterweisungen werden ständig vorgenommen
10.8	**Alarm- und Gefahrenabwehrpläne**	Vorhanden
10.9	**Notfallübungen**	Werden in regelmäßigen Abständen (1 bis 2mal jährlich durchgeführt)
10.10	**Notfallinformation für Einsatzkräfte**	Liegen ständig aktuell im Betrieb vor: Feuerwehrlaufkarten, Lagerbestandslisten

10.11	**Überprüfung d. techn. Schutzvorkehrungen/ Sachverständigen-prüfungen**	Mind. einmal jährlich durch VdS Entsprechend den vorgeschriebenen Intervallen durch TÜV Fachfirmen im Rahmen von Wartungsverträgen
10.12	**Gefahrgut-/Gewässer-schutz-/Störfall-/ sonstige Beauftragte**	1 Gefahrgutbeauftragter 1 Störfallbeauftragter/Sicherheitsbeauftragter
10.13	**Dokumentation über Unfälle und Schäden**	Betriebstagebuch
10.14	**Management-/ Qualitätssicherungs-systeme**	Entfällt
11.	**Besonderheiten**	Entfällt
12.	**Quellenangaben**	[1] Betreiberangaben aus 1998

1.21 Lagerhalle der Emons-Spedition in Nürnberg		
1.	**Kurzbeschreibung**	Regallager
2.	**Zugelassene Stoffe**	Feste und flüssige VbF-Stoffe
3.	**Lagergröße**	Lagerbereich für 415 Palettenstellplätze = 100 m^3 brennbare Flüssigkeiten Lagerbereich für 494 Palettenstellplätze = 100 t brennbare Feststoffe und Flüssigkeiten
4.	**Lagersystem**	Regallager mit bis zu 5 Regalebenen
5.	**Standort und sicherheitsrelevante Infrastruktur**	Gewerbegebiet Abstand zur nächsten Wohnbebauung: mehrere 100 m Mehrere Feuerwehrzufahrten vorhanden
6.	**Zulassungen**	Baugenehmigung Genehmigung nach VbF
7.	**Ansprechstellen**	
7.1	**Betreiber**	Emons Spedition GmbH, Lindberghstr. 6, 85399 Hallbergmoos, Herr Gebert
7.2	**Planungsbeteiligte**	Herr H. J. Sidon, Breitengraserstr. 8, 90482 Nürnberg
7.3	**Genehmigungs-behörde**	Stadt Nürnberg, Bauordnungsbehörde
8.	**Bau**	
8.1	**Brandabschnitte**	2 Brandabschnitte
8.2	**Wände**	Stahlbetonfertigteilwand
8.3	**Tore/Türen**	T-90-Schiebetor mit Haftmagnet
8.4	**Decken/Dächer**	Trapezblech mit Wärmedämmung mit Folienabdichtung (= harte Bedachung)

8.5	**Lagerflächen/ Auffangräume**	Metallische Auffangwannen direkt unter den Palettenstellplätzen Rückhaltevolumen: über 10% der Gesamtlagermenge
8.6	**Löschwasserrückhalteeinrichtung**	Löschwasserableitung über Einläufe zu einem unterirdischen doppelwandigen Löschwasserrückhaltetank (DIN 6608/D), 50 m^3 Inhalt
8.7	**Umschlags-/ Ladebereich**	Flächenbefestigung: Betonverbundsteinpflaster
8.8	**Entwässerung/ Absperrung der Kanalisation**	Gefällemäßige Trennung vom übrigen Hof
9.	**Ausrüstung**	
9.1	**Blitzschutz**	Vorhanden
9.2	**Einbruchschutz**	Keine Angaben
9.3	**Feuer- und Rauchmeldeanlage**	Ionisations- und Wärmedifferenzmelder in beiden Lagerbereichen Automatische Brandmeldung direkt an die Feuerwehr
9.4	**Rauch- und Wärmeabzugseinrichtung**	Vorhanden
9.5	**Stationäre Feuerlöschanlage**	CO_2-Löschanlage, Vorrat: 7,5 t
9.6	**Sonstige Feuerbekämpfungseinrichtungen**	Kleinlöschgeräte
9.7	**Gaswarnanlage/ Lüftung**	Lüftungsanlage mit ca. 5fachem stündlichen Luftwechsel bezogen auf die unterste Lagerebene mit kontinuierlicher Überwachung der Umluft durch eine Gasmeldezentrale als Frühwarnsystem

9.8	**Notstromversorgung**	Entfällt
9.9	**Notfallausrüstung**	Bindemittel, Überfässer, Gullyabdeckungen usw.
9.10	**Persönliche Schutzausrüstung/Rettungseinrichtungen/1. Hilfe**	Persönliche Schutzausrüstung und Verbandskasten vorhanden
10.	**Organisation**	
10.1	**Ein- und Ausgangs- sowie Bestandskontrollen**	Werden durchgeführt
10.2	**Abstandsregelungen/Zusammenlagerungsverbote/Mengenbegrenzungen**	Werden eingehalten
10.3	**Bestands-/Einlagerungsplan/Lagerverwaltung**	Werden eingehalten
10.4	**Sicherung des Lagergutes gegen Herabfallen**	Keine Kragregale
10.5	**Lagerung von brennbaren Verpackungen, Paletten usw.**	Nein
10.6	**Zugangsregelung/Bewachung**	Zugangsregelung vorhanden
10.7	**Betriebsanweisungen/Unterweisungen**	Betriebsanweisungen vorhanden
10.8	**Alarm- und Gefahrenabwehrpläne**	Entfällt, weil Direktleitung zur Feuerwehr
10.9	**Notfallübungen**	Entfällt, weil Direktleitung zur Feuerwehr

10.10 Notfallinformation für Einsatzkräfte	Entfällt, weil Direktleitung zur Feuerwehr
10.11 Überprüfung d. techn. Schutzvorkehrungen/ Sachverständigen-prüfungen	Regelmäßige Überprüfung der Anlage nach VAwS und VbF
10.12 Gefahrgut-/ Gewässerschutz-/ Störfall-/sonstige Beauftragte	Gefahrgutbeauftragter vorhanden
10.13 Dokumentation über Unfälle und Schäden	Bei Bedarf
10.14 Management-/ Qualitätssicherungs-systeme	Nein
11. Besonderheiten	Entfällt
12. Quellenangaben	Infoschrift des Betreibers aus 1997 Zusätzliche Betreiberangaben aus 1998

1.22 Lagerhalle der Firma Transbest in Offenbach/Main		
1.	**Kurzbeschreibung**	Eingeschossige Lageranlage
2.	**Zugelassene Stoffe**	Gefahrgutklassen nach IMDG-Code: 2, 3, 6.1, 8 u. 9 Keine flüssigen Stoffe außer Kl. 3
3.	**Lagergröße**	Gesamtlagerfläche: 7500 m^2
4.	**Lagersystem**	Blocklager
5.	**Standort und sicherheits relevante Infrastruktur**	Nächste Wohnbebauung: ca. 40 m entfernt Gewerbegebiet Hochwassersicher Löschwasservorrat: 520 m^3
6.	**Zulassungen**	Baugenehmigung VbF-Genehmigung TRGS-Genehmigung
7.	**Ansprechstellen**	
7.1	**Betreiber**	Transbest, Senefelder Straße 176–178, 63069 Offenbach/Main, Herr Nikolajew
7.2	**Planungsbeteiligte**	Architekturbüro Guthmann-Bohne, Neu-Isenburg
7.3	**Genehmigungs-behörde**	Baugenehmigung durch Stadt Offenbach
8.	**Bau**	
8.1	**Brandabschnitte**	8 Brandabschnitte
8.2	**Wände**	F 90
8.3	**Tore/Türen**	Trennung der Brandabschnitte durch Feuerschleusen und Sicherheitstüren
8.4	**Decken/Dächer**	Teilweise Beton Teilweise Trapezblech
8.5	**Lagerflächen/ Auffangräume**	Chemikalienresistente Bodenbeschichtung

8.6	**Löschwasserrückhalteeinrichtung**	Rückhaltung in den Lagerräumen durch Aufkantungen, Dammbalken und elektrisch betriebene Löschwasserschotts
8.7	**Umschlags-/ Ladebereich**	Auffangwannen für Flüssigkeiten, die ein Ablaufen von Schadstoffen bei evtl. Leckagen in die Kanalisation verhindern
8.8	**Entwässerung/ Absperrung der Kanalisation**	Absperrschieber mit vorgeschaltetem Auffangbehälter für 3,5 m^3 Volumen
9.	**Ausrüstung**	
9.1	**Blitzschutz**	Vorhanden
9.2	**Einbruchschutz**	Wachdienst
9.3	**Feuer- und Rauchmeldeanlage**	Brandmeldeanlage vorhanden
9.4	**Rauch- und Wärmeabzugseinrichtung**	RWA vorhanden
9.5	**Stationäre Feuerlöschanlage**	CO_2-Löschanlage mit 2,3 t Löschmittel für den VbF-Bereich. Für die übrigen Lagerräume: Sprinkleranlage, die so gesteuert ist, daß sie nur den Brandbereich gezielt löscht
9.6	**Sonstige Feuerbekämpfungseinrichtungen**	Feuerlöscher Wandhydranten
9.7	**Gaswarnanlage/ Lüftung**	Lüftung für Teilbereiche
9.8	**Notstromversorgung**	2 Dieselmotoren für die Sprinkleranlage
9.9	**Notfallausrüstung**	Nach Maßgabe der Berufsgenossenschaft und der Gewerbeaufsicht

9.10	**Persönliche Schutzausrüstung/Rettungseinrichtungen/1. Hilfe**	Nach Maßgabe der Berufsgenossenschaft und der Gewerbeaufsicht
10.	**Organisation**	
10.1	**Ein- und Ausgangs- sowie Bestandskontrollen**	Werden durchgeführt
10.2	**Abstandsregelungen/Zusammenlagerungsverbote/Mengenbegrenzungen**	Werden beachtet
10.3	**Bestands-/Einlagerungsplan/Lagerverwaltung**	EDV-Bestandsführung mit Gefahrgutdatenbank
10.4	**Sicherung des Lagergutes gegen Herabfallen**	Durch sorgfältiges Stapeln, teilweise Bändern oder Wickeln
10.5	**Lagerung von brennbaren Verpackungen, Paletten usw.**	Nur in geringem Umfang
10.6	**Zugangsregelung/Bewachung**	Wachdienst
10.7	**Betriebsanweisungen/Unterweisungen**	Vorhanden
10.8	**Alarm- und Gefahrenabwehrpläne**	Vorhanden
10.9	**Notfallübungen**	Werden durchgeführt
10.10	**Notfallinformation für Einsatzkräfte**	Vorhanden

10.11	**Überprüfung d. techn. Schutzvorkehrungen/ Sachverständigen-prüfungen**	Werden durchgeführt
10.12	**Gefahrgut-/Gewässer-schutz-/Störfall-/ sonstige Beauftragte**	2 Gefahrgutbeauftragte
10.13	**Dokumentation über Unfälle und Schäden**	Vorhanden
10.14	**Management-/ Qualitätssicherungs-systeme**	ISO 9002 in Vorbereitung
11.	**Besonderheiten**	Entfällt
12.	**Quellenangaben**	[1], [3] Betreiberangaben aus 1998

1.23 Lagerhalle der Donau-Speditions-Gesellschaft Kießling in Regenstauf		
1.	Kurzbeschreibung	Hochregal- und Blocklager
2.	Zugelassene Stoffe	Gefahrgutklassen nach IMDG-Code: 2, 3, 4, 5, 6.1, 8 und 9
3.	Lagergröße	10 Lagerabschnitte Umschlags- und Kommissionierlager/Logistikzentrum 12 500 Palettenplätze, 9 275 t max. Gefahrgutlagermenge 7000 m^2 Gesamtgrundfläche
4.	Lagersystem	Hochregallager, oberste Regalauflage: 11,10 m Blocklager
5.	Standort und sicherheitsrelevante Infrastruktur	Industriegebiet Freiwillige Feuerwehr 1,2 km entfernt Löschwasservorratstank (900 m^3)
6.	Zulassungen	Genehmigung nach BImSchG, Spalte 1, Anhang 4. BImSchV
7.	Ansprechstellen	
7.1	Betreiber	Donau-Speditions-Gesellschaft Kießling mbH & Co.KG, Gutenbergstraße 15, 93128 Regenstauf, Herr Kießling und Herr Seitz
7.2	Planungsbeteiligte	Entfällt
7.3	Genehmigungsbehörde	Landratsamt Regensburg
8.	Bau	
8.1	Brandabschnitte	3 Brandabschnitte für Blocklagerung, 7 Brandabschnitte für Hochregallagerung
8.2	Wände	Zu anderen Brandabschnitten: F 90
8.3	Tore/Türen	Zu anderen Brandabschnitten: T 90 Fluchttüren ins Freie: T 30

8.4	**Decken/Dächer**	Nichtbrennbare Dachhaut
8.5	**Lagerflächen/ Auffangräume**	Regalauffangwannen mit Prüfzeichen Wasserrechtliche Eignungsfeststellung für Säuren
8.6	**Löschwasserrückhalteeinrichtung**	3000 m^3 Löschwasserrückhaltevolumen durch Aktivierung automatischer Löschwasserschotts, Abfließen in außenliegendes Löschwasserentsorgungsbecken und Kanalabschieberungen
8.7	**Umschlags-/ Ladebereich**	Entwässerung des Ladebereiches in Rückhaltetanks für Leckageflüssigkeit (27,6 m^3)
8.8	**Entwässerung/ Absperrung der Kanalisation**	Kanal-Absperrungen mit 7 Handschiebern und 1 automatische Abschieberung, die bei/nach Schäden zugedreht werden
9.	**Ausrüstung**	
9.1	**Blitzschutz**	Vorhanden
9.2	**Einbruchschutz**	Umzäunung und Schranken an der Einfahrt Personenzutrittskontrolle Zufahrt/Zutritt nur mit Magnetkarte Tür-Zu-Kontrolle für die Hallen mit Alarmmeldung Video-Überwachungsanlage für Freiflächen und Hallen
9.3	**Feuer- und Rauchmeldeanlage**	Brandmeldeanlage mit 628 Brandmeldern und Direktleitung zur Feuerwehr
9.4	**Rauch- und Wärmeabzugseinrichtung**	Auslösung durch Feuerwehr
9.5	**Stationäre Feuerlöschanlage**	Sprinkleranlage mit 4431 Sprinklerköpfen, jede Regalebene wird gesprinklert Automatische Pulverlöschanlage VbF-Bereich: Automatische Schaumlöschanlage

9.6	**Sonstige Feuerbekämpfungseinrichtungen**	Kleinlöschgeräte Zentrale Stromabschaltung außerhalb der Betriebszeiten Feuerwehr-Not-Aus-Schalter für Strom
9.7	**Gaswarnanlage/ Lüftung**	Lüftung mit 5fachem Luftwechsel, gesteuert durch Gaswarnanlage Die Luftabsaugrohre werden durch die Regale geführt
9.8	**Notstromversorgung**	Notstromaggregate sind vorhanden Zusätzlich: Unterbrechungsfreie Stromversorgung z. B. für die EDV
9.9	**Notfallausrüstung**	Sicherheitsecken an verschiedenen geeigneten Stellen im Betrieb mit: Universalbinder, Überfässer, Telefon, Alarmplan usw.
9.10	**Persönliche Schutzausrüstung/Rettungseinrichtungen/1. Hilfe**	Umfangreiche persönliche Schutzausrüstung einschließlich Chemikalienschutzanzüge vorhanden Sanitätsraum mit speziellen Medikamenten im Betrieb vorhanden
10.	**Organisation**	
10.1	**Ein- und Ausgangssowie Bestandskontrollen**	Eingang: Eingabe der notwendigen Daten mit Checkliste (u. a. VbF-Klasse, Einstufung nach Gefahrstoffverordnung) zur Aufnahme in die EDV mit Barcode-Steuerung Ausgang: u. a. Kontrolle der ausfahrenden LKW durch die Firma Kießling Bestandskontrollen: durch EDV-Lagerstellplatzverwaltung
10.2	**Abstandsregelungen/ Zusammenlagerungs verbote/Mengenbegrenzungen**	Automatische Produkttrennung nach Gefahrstoffverordnung und VbF durch EDV-System
10.3	**Bestands-/ Einlagerungsplan/ Lagerverwaltung**	Über o. g. EDV-Lagerstellplatzverwaltung DFÜ-Kommunikation in das Kießling-System ist möglich

10.4	**Sicherung des Lagergutes gegen Herabfallen**	Fahrer des Hochregalstaplers fährt mit hoch, prüft Lagerung und kann ggf. einwirken Durchschubsicherung bei Erfordernis
10.5	**Lagerung von brennbaren Verpackungen, Paletten usw.**	Nicht im Gefahrstofflager
10.6	**Zugangsregelung/ Bewachung**	Störmeldeanlage Kontrollgänge durch einen Wachdienst Ansonsten: s. Ziffer 9.2
10.7	**Betriebsanweisungen/ Unterweisungen**	Vorhanden
10.8	**Alarm- und Gefahrenabwehrpläne**	Vorhanden
10.9	**Notfallübungen**	Übungen werden z. T. zusammen mit der Feuerwehr durchgeführt
10.10	**Notfallinformation für Einsatzkräfte**	In der Brandmeldezentrale
10.11	**Überprüfung d. techn. Schutzvorkehrungen/ Sachverständigenprüfungen**	Umfangreiche Prüfungen durch eigenes Personal und Sachverständige Dokumentation in Prüfbüchern und Wartungslisten
10.12	**Gefahrgut-/Gewässerschutz-/Störfall-/ sonstige Beauftragte**	Störfallbeauftragter, Gewässerschutzbeauftragter, Brandschutzfachkraft und Sicherheitsfachkraft vorhanden
10.13	**Dokumentation über Unfälle und Schäden**	Wird durchgeführt, ist vorgeschrieben
10.14	**Management-/ Qualitätssicherungssysteme**	Nach DIN ISO 9002 in Vorbereitung

11.	**Besonderheiten**	Induktiv geführte Hochregalstapler mit Barcode-Steuerung Störungs-/Brandmeldezentrale Störungsmeldeanlage für alle wichtigen Sicherheitsvorkehrungen auf dem Betriebsgelände mit automatischer Alarmierung von Betriebsangehörigen außerhalb der Arbeitszeit
12.	**Quellenangaben**	[1] Firmenprospekt Vortrag bei den 6. Münchner Gefahrguttagen (13. bis 15. 05. 1996) Betreiberangaben aus 1998

1.24 Lagerhalle der Lehnkering AG in Schönebeck

1.	**Kurzbeschreibung**	Eingeschossige Lagerhalle
2.	**Zugelassene Stoffe**	Gefahrgutklassen nach IMDG-Code: 2, 3, 4.1, 5.1, 6.1, 8 u. 9
3.	**Lagergröße**	Gesamtfläche: 6000 m²/5000 Palettenstellplätze Umschlagshalle: 450 m²
4.	**Lagersystem**	Regallager in drei Lagerebenen
5.	**Standort und sicherheitsrelevante Infrastruktur**	Industriegebiet
6.	**Zulassungen**	Genehmigung nach BImSchG, Spalte 1 Anhang 4. BImSchV
7.	**Ansprechstellen**	
7.1	**Betreiber**	Lehnkering AG, Geschwister-Scholl-Str. 127, 39218 Schönebeck, Herr Sperling
7.2	**Planungsbeteiligte**	Intern
7.3	**Genehmigungsbehörde**	STAU Magdeburg
8.	**Bau**	
8.1	**Brandabschnitte**	9 Brandabschnitte verteilt auf 3 Bauabschnitte
8.2	**Wände**	Stahlbeton, F 90, als Brandwände Gasbeton, F 30, als Außenwände
8.3	**Tore/Türen**	Automatisches Schließsystem der Brandschutztore über Rauchmelder oder Gaswarnanlage
8.4	**Decken/Dächer**	Stahlbetonunterkonstruktion Dacheindeckung beständig gegen Flugfeuer und strahlende Wärme

8.5	**Lagerflächen/ Auffangräume**	Auffangkapazität: 10 % des Lagervolumens Chemikalienbeständige Bodenbeschichtung mit DIBt-Prüfzeichen
8.6	**Löschwasserrückhalteeinrichtung**	Beschichtetes Löschwasserauffangsystem außerhalb des Lagers Kapazität: 0,18 m^3 pro eingelagerte Tonne
8.7	**Umschlags-/ Ladebereich**	Aufgekantete Betonfläche, 1 m^3 Speichervolumen je Torbereich
8.8	**Entwässerung/ Absperrung der Kanalisation**	Absperrvorrichtung für Außenentwässerung
9.	**Ausrüstung**	
9.1	**Blitzschutz**	Vorhanden
9.2	**Einbruchschutz**	Einbruchmeldeanlage
9.3	**Feuer- und Rauchmeldeanlage**	Vorhanden, Durchschaltung zur Feuerwehr
9.4	**Rauch- und Wärmeabzugseinrichtung**	RWA-Anlage vorhanden
9.5	**Stationäre Feuerlöschanlage**	Sprinkleranlage mit Netzmittelzudosierung Schwerschaumanlage
9.6	**Sonstige Feuerbekämpfungseinrichtungen**	Kleinlöschgeräte
9.7	**Gaswarnanlage/ Lüftung**	Gaswarn- und Schnüffelanlage Lüftungsanlage mit 5fachem stündlichen Luftwechsel
9.8	**Notstromversorgung**	Diesel-Notstromaggregat vorhanden
9.9	**Notfallausrüstung**	Bergefässer, Chemikalienbinder usw.
9.10	**Persönliche Schutzausrüstung/Rettungseinrichtungen/1. Hilfe**	Vorhanden

10.	**Organisation**	
10.1	**Ein- und Ausgangs- sowie Bestands- kontrollen**	Durchgängiges Lagerstellplatzverwaltungs- system
10.2	**Abstandsregelungen/ Zusammenlagerungs- verbote/Mengen- begrenzungen**	DV-System
10.3	**Bestands-/ Einlagerungsplan/ Lagerverwaltung**	DV-System mit Feuerwehrliste
10.4	**Sicherung des Lagergutes gegen Herabfallen**	Mit Bändern und Stretchen Regalbediengerät mit fahrbarem Bedienerstand
10.5	**Lagerung von brenn- baren Verpackungen, Paletten usw.**	Separate Lagerung
10.6	**Zugangsregelung/ Bewachung**	Zugang nur für berechtigte Personen, für fremde Personen nur in Begleitung Bewachung durch externe Firma
10.7	**Betriebs- anweisungen/ Unterweisungen**	Betriebsanweisungen vorhanden Regelmäßige Durchführung von Unter- weisungen mit Dokumentation
10.8	**Alarm- und Gefahrenabwehr- pläne**	Vorhanden
10.9	**Notfallübungen**	Regelmäßige Durchführung
10.10	**Notfallinformation für Einsatzkräfte**	Sicherheitsdatenblätter vorhanden
10.11	**Überprüfung d. techn. Schutzvorkehrungen/ Sachverständigen- prüfungen**	Regelmäßig, Wartungsverträge vorhanden

10.12 Gefahrgut-/Gewässerschutz-/Störfall-/ sonstige Beauftragte	Gefahrgut- und Störfallbeauftragter
10.13 Dokumentation über Unfälle und Schäden	Vorhanden in Anlehnung an DIN ISO 14001
10.14 Management-/ Qualitätssicherungssysteme	Nach DIN ISO 9002 + 14001
11. Besonderheiten	Entfällt
12. Quellenangaben	[1] Betreiberangaben aus 1998

1.25 Lagerhalle der GELO Gefahrgut-Logistik GmbH & Co. KG in Schüttorf		
1.	Kurzbeschreibung	Hallenlager mit 10 Lagerabschnitten und einem Kommissionierraum
2.	Zugelassene Stoffe	Alle Gefahrgutklassen nach IMDG-Code außer: 1, 6.2 und 7
3.	Lagergröße	15000 t Lagerkapazität für Gefahrgut
4.	Lagersystem	Hochregallager
5.	Standort und sicherheitsrelevante Infrastruktur	Industriegebiet
6.	Zulassungen	Genehmigung nach BImSchG, Spalte 1 Anhang 4. BImSchV
7.	Ansprechstellen	
7.1	Betreiber	Fa. GELO Gefahrgut-Logistik GmbH & Co. KG, Textilstr. 8, 48465 Schüttorf, Herr Hannich
7.2	Planungsbeteiligte	TÜV Hannover Sachsen-Anhalt
7.3	Genehmigungs-behörde	Bezirksregierung Weser-Ems
8.	Bau	
8.1	Brandabschnitte	Max. Brandabschnittsgröße ca. 300 m^2
8.2	Wände	F 150
8.3	Tore/Türen	Feuerschutztüren vor allen Brandabschnitten
8.4	Decken/Dächer	Trapezbleche in Sandwichbauweise, schwer entflammbar
8.5	Lagerflächen/ Auffangräume	Fußbodenabdichtung mit dem System: Stahlbeton – Stahlblech – Stahlbeton

8.6	**Löschwasserrück-halteeinrichtung**	Löschwasserrückhalt innerhalb der einzelnen Brandabschnitte Löschwasserschotts werden von Hand vor den einzelnen Hallenabschnitten eingesetzt Löschwasserschotts auch vor Räumen mit CO_2-Löschsystem
8.7	**Umschlags-/ Ladebereich**	Teilüberdachung durch Kragdach Flüssigkeitsdichte Flächenbefestigung
8.8	**Entwässerung/ Absperrung der Kanalisation**	Entwässerung des Ladebereiches in einen unterirdischen Speichertank Schieber in der Regenwasserkanalisations-leitung
9.	**Ausrüstung**	
9.1	**Blitzschutz**	Blitzableiter auf dem Dach und an der Fassade, Installation durch Fachbetrieb
9.2	**Einbruchschutz**	Privates Wachunternehmen
9.3	**Feuer- und Rauch-meldeanlage**	Vorhanden
9.4	**Rauch- und Wärme-abzugseinrichtung**	Über Umluftklappe (in Gifträumen mit zusätzlichem Aktivkohlefilter) und Dach-kuppeln
9.5	**Stationäre Feuer-löschanlage**	VbF-Räume: CO_2-Anlage Übrige Räume: Sprühnebel-Löschanlage
9.6	**Sonstige Feuer-bekämpfungs-einrichtungen**	Kleinfeuerlöscher, fahrbare Feuerlöscher (100 kg), Motorspritze
9.7	**Gaswarnanlage/ Lüftung**	Gaswarnanlage Absauganlage mit Aktivkohlefilter für die Gifträume
9.8	**Notstromver-sorgung**	Notstromaggregat
9.9	**Notfallausrüstung**	Havariebecken, Bergungsfässer, Bindemittel und Reserveemballagen

9.10	**Persönliche Schutzausrüstung/Rettungseinrichtungen/1. Hilfe**	Persönliche Schutzausrüstung für jeden Lagerarbeiter Rettungskörbe und Abseilhilfe für Regalanlage Notarztstation in unmittelbarer Nachbarschaft
10.	**Organisation**	
10.1	**Ein- und Ausgangs- sowie Bestandskontrollen**	Warenein- und -ausgang über Barcode Bestandskontrollen über EDV
10.2	**Abstandsregelungen/Zusammenlagerungsverbote/Mengenbegrenzungen**	Abstandsregelungen und Zusammenlagerungsverbote entfallen, weil nur solche Stoffe in einem Hallenabschnitt zusammengelagert werden, die keinen Abstand untereinander erforderlich machen
10.3	**Bestands-/Einlagerungsplan/Lagerverwaltung**	Mit EDV-Verwaltung
10.4	**Sicherung des Lagergutes gegen Herabfallen**	Alternativ: Folie oder Gurte
10.5	**Lagerung von brennbaren Verpackungen, Paletten usw.**	Keine Lagerung in den Brandabschnitten
10.6	**Zugangsregelung/Bewachung**	Besonderer Verschluß für die Gifträume Privates Wachunternehmen
10.7	**Betriebsanweisungen/Unterweisungen**	Sind als Teil des Handbuches und der Verfahrensanweisungen gemäß ISO 9002 vorhanden
10.8	**Alarm- und Gefahrenabwehrpläne**	Wurden als Broschüre zur Information der Nachbarschaft und umliegenden Betrieben erstellt und verteilt. Liegen ferner bei der Gemeinde und der Kreisverwaltung zur Abgabe bereit
10.9	**Notfallübungen**	Notfallübungen werden mit der örtlichen Feuerwehr durchgeführt

10.10	**Notfallinformation für Einsatzkräfte**	Regelmäßige Abstimmung über Lagermengen und Gefahrklassen mit der Feuerwehr und der Rettungsleitstelle in der Kreisverwaltung
10.11	**Überprüfung d. techn. Schutzvorkehrungen/ Sachverständigen-prüfungen**	Wartungs- und Prüfungsintervalle aller sicherheitsrelevanten Bauteile und Geräte werden über Wartungsverträge von externen Dienstleistern eingehalten und durchgeführt
10.12	**Gefahrgut-/Gewässer-schutz-/Störfall-/ sonstige Beauftragte**	Störfall-/Gefahrgutbeauftragte sind intern benannt
10.13	**Dokumentation über Unfälle und Schäden**	Dokumentationswesen vorhanden
10.14	**Management-/ Qualitätssicherungs-systeme**	Zertifiziert nach ISO 9002. Erweitert um die Sicherheitsvorschriften Hoechst, BASF und Clariant
11.	**Besonderheiten**	Havarieplatz (30 m^3 Auffangvolumen) vorhanden Die Firma leistet auch Hilfe bei externen Unfällen Prämiensystem für das Lagerpersonal zur Qualitätssicherung vorhanden
12.	**Quellenangaben**	Vortrag auf den 6. Münchner Gefahrguttagen vom 13. – 15.05.96 Firmenprospekt Betreiberangaben aus 1998

2
Wichtige Einzelmerkmale im Vergleich

Die folgenden Matrizen zeigen die Einzelmerkmale aller Referenzanlagen aus Kap. 1 jeweils für sich. Dadurch lassen sich die wesentlichen Merkmale von Chemikalienlägern einfach vergleichen, und besondere Lösungen treten hervor.

Wenn eine einzelne Maßnahme bei einer anderen – z.B. neu zu konzipierenden – Anlage übernommen werden soll, sollte an folgendes gedacht werden: Ein modernes Chemikalienlager ist ein komplexes Sicherheitssystem, bei dem manchmal einzelne Maßnahmen ineinandergreifen und aufeinander aufbauen. Es sollten also eventuelle Konsequenzen für andere Merkmale überlegt werden.

Der direkte Vergleich folgender Merkmale unterbleibt: Lagersystem, Zulassungen, Betreiber, Genehmigungsbehörde, Blitzschutz, sonstige Feuerbekämpfungseinrichtungen, Gefahrgut-/Gewässerschutz-/Störfall-/sonstige Beauftragte, Management-/Qualitätssicherungssysteme, Besonderheiten und Quellenangaben. Dieser Vergleich liefert keine wesentlichen Erkenntnisse. Für die Übersichtlichkeit und einen einfachen Wechsel zwischen den Kap. 1 und 2 werden aber die Überschriften dieser Merkmale mit einem entsprechenden Hinweis übernommen.

2.1 Kurzbeschreibung		
1.	**Lagerräume der Firma Dettmer Container Packing in Bremen**	Gefahrgutlagerräume und -boxen in einem Containerpackbetrieb
2.	**Hochregallager der Firma Merck KG aA in Darmstadt**	Eingeschossiges Hochregallager mit unterkellerter Vorzone und Anbau zum Be- und Entladen
3.	**Lageranlagen von Cretschmar/Henkel in Düsseldorf**	Regal- u. Hochregallager mit Versand- und Kommissionierbereich
4.	**Lagerhalle der Heinrich Scheren Spedition in Düsseldorf**	Eingeschossiges Hochregallager
5.	**Lagerhalle der HoechstSchering AgrEvo GmbH in Frankfurt/M.**	Eingeschossige Lageranlage Im Untergeschoß Kommissionierung
6.	**Containerlager der Infra Serv GmbH & Co. Hoechst KG in Frankfurt/M.**	Lagerung von Gefahrgutcontainern in Containerblöcken, die untereinander durch Leercontainer bzw. Container ohne Gefahrgut getrennt werden Umschlag: ca. 13000 TEU/a
7.	**Lagerhalle der Thyssen Haniel Safety First GmbH & Co. KG in Frankfurt/M.**	Eingeschossiges Hochregal-Palettenlager
8.	**Lagerhalle der Firma Rhenus Kleyling in Freiburg**	Sicherheitslager für Gefahrstoffe
9.	**Lagerhalle der Firma Andreas Schmid in Gersthofen**	Lagerhallen für Gefahrstoffe und Pflanzenschutzmittel

10.	**Lagerhalle der Buss Logistik Terminal GmbH in Hamburg**	Eingeschossige Lagerhalle
11.	**Hochregallager von Buss Logistik Terminal Neuhof in Hamburg**	Vollautomatisches Hochregallager mit angegliedertem Distributionsgebäude
12.	**Dupeg Tank Terminal in Hamburg**	Lagerhalle, überdachtes Faßlager und Freilager für Fässer
13.	**Lagercontaineranlage der Eurocargo GmbH in Hamburg**	Containerpackstation mit 47 ortsfesten Lagercontainern auf einer separaten Fläche
14.	**Lagerhalle der Firma Lesch + Lübcke GmbH & Co. in Hamburg**	Eingeschossige Lageranlage in 3 Lagerhallen
15.	**Lagerhalle der Firma Lübker in Hamburg**	Hallenlager mit 5 Hallen: 2 VbF-Hallen, 1 Gefahrguthalle, 2 Umschlags- und Kommissionierhallen
16.	**Lagerhalle von Sigma Coatings in Hamburg**	Eingeschossige Lagerhallen
17.	**Lagerboxenanlage der Firma Transbaltic Umschlag + Spedition GmbH in Hamburg**	Überdachtes Gefahrgutboxenlager für Paletten und Stückgut im Rahmen einer Containerpackstation
18.	**Lagerhalle der Firma Rhenus AG & Co. in Hannover, Am Lindener Hafen**	Eingeschossige Lagerhalle
19.	**Hochregallager der Firma Rhenus AG & Co. in Hannover, Davenstedter Str.**	Hochregallager

20.	**Lagerhalle der Firma Dachser GmbH & Co. in Neuss**	Eingeschossige Lagerhalle
21.	**Lagerhalle der Emons Spedition in Nürnberg**	Regallager
22.	**Lagerhalle der Firma Transbest in Offenbach/Main**	Eingeschossige Lageranlage
23.	**Lagerhalle der Donau-Speditions-Gesellschaft Kießling in Regenstauf**	Hochregal-Blocklager
24.	**Lagerhalle der Lehnkering AG in Schönebeck**	Eingeschossige Lagerhalle
25.	**Lagerhalle der GELO Gefahrgut-Logistik GmbH & Co. KG in Schüttorf**	Hallenlager mit 10 Lagerabschnitten und einem Kommissionierraum

2.2 Zugelassene Stoffe

Als Ordnungsmerkmal wurde, wenn möglich, der IMDG-Code gewählt, von Fall zu Fall ergänzt durch andere Angaben, durch Hinweise auf eventuell zugelassene Abfallagerung oder spezielle Stoffe bzw. Stoffgruppen.

1.	**Lagerräume der Firma Dettmer Container Packing in Bremen**	Alle Gefahrgutklassen nach IMDG-Code mit Ausnahme von: Klassen 1 und 7
2.	**Hochregallager der Firma Merck KG aA in Darmstadt**	Gefahrgutklassen nach IMDG-Code: 3, 6, 8 und 9
3.	**Lageranlagen von Cretschmar/Henkel in Düsseldorf**	Gefahrgutklassen nach IMDG-Code: 3, 8 und 9 VbF-Klassen: AI, AII, und B sowie Aerosole
4.	**Lagerhalle der Heinrich Scheren Spedition in Düsseldorf**	Gefahrgutklassen nach IMDG-Code: 2, 3, 4, 5, 6.1, 8 und 9
5.	**Lagerhalle der Hoechst Schering AgrEvo GmbH in Frankfurt/M.**	Pflanzenschutz- und Schädlingsbekämpfungsmittel sowie deren Wirkstoffe, Roh- und Hilfsstoffe
6.	**Containerlager der Infra Serv GmbH & Co. Hoechst KG in Frankfurt/M.**	Gefahrgutklassen nach IMDG-Code: 2, 3 a, 3 b, 6.1 und 8 VCI-Klassen 8–10
7.	**Lagerhalle der Thyssen Haniel Safety First GmbH & Co. KG in Frankfurt/M.**	Gefahrgutklassen nach IMDG-Code: 2, 3, 4, 5.1, 6.1, 8 und 9 Temperaturgeführte Produkte Ausgeschlossen: mit Dioxin verunreinigte Elektroisolierflüssigkeiten und elektrische Betriebsmittel, Kalziumkarbid und Düngemittel
8.	**Lagerhalle der Firma Rhenus Kleyling in Freiburg**	Gefahrgüter der IMDG-Klassen: 3, 4.1 b, 4.2, 5.1, 6.1, 8 und 9

9.	**Lagerhalle der Firma Andreas Schmid in Gersthofen**	VCI Konzept: 2 B, 3 A, 3 B, 4.1 B, 6.1, 8, 10, 11, 12 und 13 VbF-Klassen: A I, A II, B
10.	**Lagerhalle der Buss Logistik Terminal GmbH in Hamburg**	Alle Gefahrgutklassen nach IMDG-Code mit Ausnahme von: Klassen 1.1 – 1.3, 6.2 und 7 sowie Gase, die nicht in Druckgaspackungen vorhanden sind; organische Peroxide, die der Temperaturführung bedürfen; PCB und Dioxine Abfälle mit den o. g. Einschränkungen
11.	**Hochregallager von Buss Logistik Terminal Neuhof in Hamburg**	Mineralölprodukte (WGK 0, 1, 2) Gefahrgutklassen nach IMDG-Code: 2, 3, 4.1, 6.1, 8 und 9
12.	**Dupeg Tank Terminal in Hamburg**	Gefahrgutklassen nach IMDG-Code: 3, 6 u. 8
13.	**Lagercontaineranlage der Eurocargo GmbH in Hamburg**	Gefahrgutklassen nach IMDG-Code: 2, 3, 4, 6.1, 8 und 9
14.	**Lagerhalle der Firma Lesch + Lübcke GmbH & Co. in Hamburg**	VbF-Stoffe Gefahrstoffe WGK-Stoffe
15.	**Lagerhalle der Firma Lübker in Hamburg**	Gefahrgutklassen nach IMDG-Code: 2, 3, 4, 5.1, 5.2, 6.1, 8 und 9
16.	**Lagerhalle von Sigma Coatings in Hamburg**	Gefahrgutklassen nach IMDG-Code: 3 und 6.1 Insbesondere Schiffsfarben, u. a. auch Antifoulings; Lacke; sonstige Beschichtungsstoffe; Verdünner; Farbzubehörstoffe
17.	**Lagerboxenanlage der Firma Transbaltic Umschlag + Spedition GmbH in Hamburg**	Gefahrgutklassen nach IMDG-Code: 2, 3, 4, 6.1, 8 und 9 Ausgeschlossen: organische Peroxide, explosionsgefährliche und radioaktive Stoffe

18.	**Lagerhalle der Firma Rhenus AG & Co. in Hannover, Am Lindener Hafen**	Gefahrgutklassen nach IMDG-Code: 2, 3 und 6.1 VbF-Klassen: A I, A II und B
19.	**Hochregallager der Firma Rhenus AG & Co. in Hannover, Davenstedter Str.**	Gefahrgutklassen nach IMDG-Code: 2, 3, 4, 5, 6, 8 und 9 VbF-Klassen: nur A III
20.	**Lagerhalle der Firma Dachser GmbH & Co. in Neuss**	Gefahrgutklassen nach IMDG-Code: 2, 3 und 8
21.	**Lagerhalle der Emons Spedition in Nürnberg**	Feste und flüssige VbF-Stoffe
22.	**Lagerhalle der Firma Transbest in Offenbach/Main**	Gefahrgutklassen nach IMDG-Code: 2, 3, 6.1, 8 und 9 Keine flüssigen Stoffe außer Kl. 3
23.	**Lagerhalle der Donau-Speditions-Gesellschaft Kießling in Regenstauf**	Gefahrgutklassen nach IMDG-Code: 2, 3, 4, 5, 6.1, 8 und 9
24.	**Lagerhalle der Lehnkering AG in Schönebeck**	Gefahrgutklassen nach IMDG-Code: 2, 3, 4.1, 5.1, 6.1, 8 und 9
25.	**Lagerhalle der GELO Gefahrgut-Logistik GmbH & Co. KG in Schüttorf**	Alle Gefahrgutklassen nach IMDG-Code außer: 1, 6.2 und 7

2.3 Lagergröße		
1.	**Lagerräume der Firma Dettmer Container Packing in Bremen**	1 Gefahrgutraum mit 41,4 m^2/186 m^3 7 Gefahrguträume mit jeweils 32,0 m^2/144 m^3 3 Gefahrgutboxen mit jeweils 5,8 m^2/26 m^3 max. Lagerkapazität: 200 t
2.	**Hochregallager der Firma Merck KG aA in Darmstadt**	6 Lagergassen mit je 2650 Palettenstellplätzen Insgesamt: 15900 Palettenstellplätze
3.	**Lageranlagen von Cretschmar/Henkel in Düsseldorf**	4 VbF-Lagerhallen, insgesamt: 4000 Palettenstellplätze Konventionelles (manuelles) Lager: 17600 Palettenstellplätze Hochregallager: 49200 Palettenstellplätze Gesamtzahl Palettenstellplätze: 70800 Gesamtlagerfläche: 26700 m^2
4.	**Lagerhalle der Heinrich Scheren Spedition in Düsseldorf**	Aerosole: 1800 t VbF-Stoffe: 2400 t Giftstoffe: 500 t Diphenylmethandiisocyanat (MDI): 100 t Insgesamt: 24800 Palettenstellplätze
5.	**Lagerhalle der Hoechst Schering AgrEvo GmbH in Frankfurt/M.**	Gesamte Grundfläche einschließlich Verkehrswege: ca. 10000 m^2, 5300 t Lagerkapazität
6.	**Containerlager der Infra Serv GmbH & Co. Hoechst KG in Frankfurt/M.**	1. Lagerblock: IMDG-Code-Klasse 2: 54 TEU (davon 27 voll) 2. Lagerblock: IMDG-Code-Klassen 3a und 3b: 54 TEU (auch voll) 3. Lagerblock: IMDG-Code-Klassen 6.1 und 3b: 40 TEU 4. Lagerblock: IMDG-Code-Klasse 8: 14 TEU 5. Lagerblock: VCI-Klassen 8–10: 120 TEU
7.	**Lagerhalle der Thyssen Haniel Safety First GmbH & Co. KG in Frankfurt/M.**	7 Hallen mit je 824 m^2 Umschlagshalle mit ca. 2500 m^2 Insgesamt: 21540 Palettenstellplätze/ ca. 10000 t

8.	**Lagerhalle der Firma Rhenus Kleyling in Freiburg**	4000 m^2
9.	**Lagerhalle der Firma Andreas Schmid in Gersthofen**	8000 m^2 16 Brandabschnitten, 500 m^2 Kommissionier- und Verpackungsfläche 3000 m^2 Freifläche
10.	**Lagerhalle der Buss Logistik Terminal GmbH in Hamburg**	VbF-Räume: 1 × 725 m^2 und 1 × 520 m^2 Sondergefahrgut (z. B. organische Peroxide): 4 × 135 m^2 Sonstige Gefahrgüter: 2 × 2080 m^2 Räume, die nicht für Gefahrgut oder wassergefährdende Stoffe vorgesehen sind: 1 × 2160 m^2 und 1 × 2600 m^2 Gesamtfläche einschl. Kommissionierbereich: 12 800 m^2
11.	**Hochregallager von Buss Logistik Terminal Neuhof in Hamburg**	Mineralölprodukte: Im Endausbau 11 232 Europalettenstellplätze Wassergefährdende Stoffe: Bis ca. 100 Tonnen
12.	**Dupeg Tank Terminal in Hamburg**	Lagerhalle: 1375 m^2 Überdachtes Faßlager: 420 m^2 Freilager für Fässer: 700 m^2
13.	**Lagercontaineranlage der Eurocargo GmbH in Hamburg**	20-Fuß-Standard-Lagercontainer (47 Stück) Gesamte Lagerkapazität: ca. 540 t Gesamtfläche: ca. 488 m^2
14.	**Lagerhalle der Firma Lesch + Lübcke GmbH & Co. in Hamburg**	VbF-Halle: 800 m^2 Gefahrstoffhalle: 1200 m^2 WGK-Halle: 1500 m^2
15.	**Lagerhalle der Firma Lübker in Hamburg**	Ca. 3000 Europalettenstellplätze giftige, sehr giftige, brandfördernde und explosionsgefährliche Stoffe insgesamt nicht mehr als 200 t. Insgesamt ca. 5000 m^2

16.	**Lagerhalle von Sigma Coatings in Hamburg**	Hauptlager: 200 t (750 m^2) VbF-Lager: 89 t entsprechend 100 m^3 (125 m^2) Mischraum: 0,1 t Maximale Lagermenge giftiger Stoffe und Zubereitungen: 200 t
17.	**Lagerboxenanlage der Firma Transbaltic Umschlag + Spedition GmbH in Hamburg**	Überdachte Freifläche: 238 m^2 mit 8 Gefahrgutboxen 140 Palettenstellplätze
18.	**Lagerhalle der Firma Rhenus AG & Co. in Hannover, Am Lindener Hafen**	Gesamte Lagergröße: 800 m^2 Palettenstellplätze: 680
19.	**Hochregallager der Firma Rhenus AG & Co. in Hannover, Davenstedter Str.**	Gesamtlagerfläche: 3300 m^2 Palettenstellplätze: 6200
20.	**Lagerhalle der Firma Dachser GmbH & Co. in Neuss**	Insgesamt: 2000 m^2, 3500 Palettenstellplätze Aerosol-Lager: 30 t brennb. Gase in Behältnissen
21.	**Lagerhalle der Emons Spedition in Nürnberg**	Lagerbereich für 415 Palettenstellplätze = 100 m^3 brennbare Flüssigkeiten Lagerbereich für 494 Palettenstellplätze = 100 t brennbare Feststoffe und Flüssigkeiten
22.	**Lagerhalle der Firma Transbest in Offenbach/Main**	Gesamtlagerfläche: 7500 m^2
23.	**Lagerhalle der Donau-Speditions-Gesellschaft Kießling in Regenstauf**	10 Lagerabschnitte Umschlags- und Kommissionierlager/ Logistikzentrum 12500 Palettenplätze, 9275 t max. Gefahrgutlagermenge 7000 m^2 Gesamtgrundfläche

24.	**Lagerhalle der Lehnkering AG in Schönebeck**	Gesamtfläche: 6000 m^2/5000 Palettenstellplätze Umschlagshalle: 450 m^2
25.	**Lagerhalle der GELO Gefahrgut-Logistik GmbH & Co. KG in Schüttorf**	15000 t Lagerkapazität für Gefahrgut

2.4 Lagersystem

Dieses Merkmal dient zur Gesamtdarstellung der jeweiligen Referenzanlage in Kap. 1. An dieser Stelle hat eine Gegenüberstellung der individuellen Ausgestaltung dieses Merkmals aber wenig praktischen Nutzen.

2.5 Standort und sicherheitsrelevante Infrastruktur		
Sofern Angaben verfügbar sind, wird hier eingegangen auf die Gebietsnutzung, in der die Anlage liegt, auf den Abstand zur nächsten Wohnbebauung (das ist wichtig z.B. bei der Freisetzung giftiger Gase), auf den Hochwasserschutz, sofern die Anlage an einem hochwasserführenden Gewässer liegt, auf die Löschwasserversorgung sowie auf die Feuerwehrzufahrten.		
1.	**Lagerräume der Firma Dettmer Container Packing in Bremen**	Der Containerpackbetrieb ist in einem Güterverkehrszentrum angesiedelt. Abstand zur nächsten Wohnbebauung: mehr als 1 km Löschwasserversorgung: Stadtwasser u. eigene Brunnen
2.	**Hochregallager der Firma Merck KG aA in Darmstadt**	Lageranlage im Werksgebiet Abstand zur nächsten Wohnbebauung: 650 m Löschwasserversorgung: 2 Löschwassertanks (je 1400 m^3) Werksfeuerwehr und übrige für ein Chemiewerk übliche Infrastruktur
3.	**Lageranlagen von Cretschmar/Henkel in Düsseldorf**	Gewerbegebiet Wohnbebauung ca. 600 m entfernt Löschwasserversorgung: Spezieller Anschluß an die städtische Wasserversorgung, Vorratstank für Sprinkleranlage (2200 m^3) 3 getrennte Feuerwehrzufahrten Das Lager befindet sich in unmittelbarer Nähe zum Werksgelände der Fa. Henkel
4.	**Lagerhalle der Heinrich Scheren Spedition in Düsseldorf**	Industriegebiet Abstand zur nächsten Wohnbebauung: ca. 300 m Löschwasserversorgung: 500 m^3-Reservoir 2 Feuerwehrzufahrten
5.	**Lagerhalle der Hoechst Schering AgrEvo GmbH in Frankfurt/M.**	Lageranlage inmitten des Industrieparks Abstand zur Wohnbebauung: mehr als 1000 m Lagerebene ist ca. 0,70 m über dem höchsten Hochwasserspiegel 2 Zufahrten von Werksstraße aus Löschwasserversorgung: Hochdruck-Löschwasserleitung (15 bar) sowie Hydranten auf Flußwasserleitung (2 bar) in unmittelbarer Nähe. Alle übrigen für ein Chemiewerk übliche Infrastruktur – einschließlich Werksfeuerwehr – ist vorhanden

6.	**Containerlager der Infra Serv GmbH & Co. Hoechst KG in Frankfurt/M.**	Lageranlage im Werksgelände am Main Abstand zur Wohnbebauung: ca. 500 m Lagerebene über dem höchsten Hochwasserspiegel Löschwasserversorgung: Hydranten in unmittelbarer Nähe der Lagerfläche, Feuerwehrzufahrt aus mehreren Richtungen möglich, Feuerlöschboot der Werksfeuerwehr Für ein Chemiewerk übliche Infrastruktur ist vorhanden
7.	**Lagerhalle der Thyssen Haniel Safety First GmbH & Co. KG in Frankfurt/M.**	Industriegebiet Hochwassersicher Abstand zur nächsten Wohnbebauung: einige 100 m Löschwasserversorgung über öffentliches Netz und zusätzlichen Löschwassertank (470 m^3) 2 Zufahrten zur öffentlichen Straße
8.	**Lagerhalle der Firma Rhenus Kleyling in Freiburg**	Gewerbegebiet Abstand zur nächsten Wohnbebauung: ca. 50 m
9.	**Lagerhalle der Firma Andreas Schmid in Gersthofen**	Rettungskräfteeinsatz innerhalb 5 Min. (Feuerwehr, Notarzt, Polizei)
10.	**Lagerhalle der Buss Logistik Terminal GmbH in Hamburg**	Hafengebiet mit 750 m Abstand zur nächsten Wohnbebauung Hochwasserschutz durch Geländeaufhöhung Feuerlöschringleitung
11.	**Hochregallager von Buss Logistik Terminal Neuhof in Hamburg**	Die Lageranlage liegt auf dem Werksgelände eines Mineralölkonzerns Hochwassersicherheit durch Einpolderung Abstand zur nächsten Wohnbebauung: ca. 200 m Zwei unabhängige Feuerwehrzufahrten Löschwasserversorgung durch das Leitungssystem des Mineralölwerkes
12.	**Dupeg Tank Terminal in Hamburg**	Hafengebiet Hochwassersicher

13.	**Lagercontaineranlage der Eurocargo GmbH in Hamburg**	Hafengebiet Hochwasserschutz durch Polder Nächste Wohnbebauung in über 1 km Entfernung
14.	**Lagerhalle der Firma Lesch + Lübcke GmbH & Co. in Hamburg**	Lager im Industriegebiet Abstand zur Wohnbebauung 1000 m Trockenlöschleitung vom angrenzenden Kanal mit Einspeisung durch Löschboot der Feuerwehr
15.	**Lagerhalle der Firma Lübker in Hamburg**	Industriegebiet Löschwasserteich Löschwasservorratstank 400 m^3 Feuerwehrumfahrt vorhanden
16.	**Lagerhalle von Sigma Coatings in Hamburg**	Abstand zur nächsten Wohnbebauung: mindestens 1000 m Keine eigene Löschwasserbevorratung 1 Feuerwehrzufahrt
17.	**Lagerboxenanlage der Firma Transbaltic Umschlag + Spedition GmbH in Hamburg**	Industriegebiet Hochwassersicher
18.	**Lagerhalle der Firma Rhenus AG & Co. in Hannover, Am Lindener Hafen**	Gewerbegebiet Wohnbebauung ca. 200 m entfernt Löschwasserversorgung: spezieller Anschluß an die städtische Wasserversorgung, Vorratstank für die Sprinkleranlage Die Lagerhalle kann auf allen Seiten von der Feuerwehr umfahren werden
19.	**Hochregallager der Firma Rhenus AG & Co. in Hannover, Davenstedter Str.**	Gewerbegebiet Wohnbebauung ca. 200 m entfernt Löschwasserversorgung: spezieller Anschluß an die städtische Wasserversorgung, Vorratstank für die Sprinkleranlage 2 getrennte Feuerwehrzufahrten
20.	**Lagerhalle der Firma Dachser GmbH & Co. in Neuss**	Industriegebiet 2 Feuerwehrzufahrten

21. Lagerhalle der Emons Spedition in Nürnberg	Gewerbegebiet Abstand zur nächsten Wohnbebauung: mehrere 100 m Mehrere Feuerwehrzufahrten vorhanden
22. Lagerhalle der Firma Transbest in Offenbach/Main	Nächste Wohnbebauung: ca. 40 m entfernt Gewerbegebiet Hochwassersicher Löschwasservorrat: 520 m^3
23. Lagerhalle der Donau-Speditions-Gesellschaft Kießling in Regenstauf	Industriegebiet Freiwillige Feuerwehr 1,2 km entfernt Löschwasservorratstank (900 m^3)
24. Lagerhalle der Lehnkering AG in Schönebeck	Industriegebiet
25. Lagerhalle der GELO Gefahrgut-Logistik GmbH & Co. KG in Schüttorf	Industriegebiet

2.6 Zulassungen

Dieses Merkmal dient zur Gesamtdarstellung der jeweiligen Referenzanlage in Kap. 1. An dieser Stelle hat eine Gegenüberstellung der individuellen Ausgestaltung dieses Merkmals aber wenig praktischen Nutzen.

2.7 Ansprechstellen

2.7.1 Betreiber

Dieses Merkmal dient zur Gesamtdarstellung der jeweiligen Referenzanlage in Kap. 1. An dieser Stelle hat eine Gegenüberstellung der individuellen Ausgestaltung dieses Merkmals aber wenig praktischen Nutzen.

2.7.2 Planungsbeteiligte

1.	**Lagerräume der Firma Dettmer Container Packing in Bremen**	Firmeninterne Planung u. Ingenieurbüro u. Sachverständiger
2.	**Hochregallager der Firma Merck KG aA in Darmstadt**	Konzept und Projektleitung: Merck KG aA Architekt u. Bauleitung: Arch.büro Fay, Bingen Logistik, DV: agiplan, Mühlheim
3.	**Lageranlagen von Cretschmar/Henkel in Düsseldorf**	Im Auftrag der Fa. Henkel KGaA: Firma TNT Logistik GmbH, Troisdorf – Konzeption, Planung, Implementierung Planbeteiligt u. a. agiplan AG, Mühlheim a. d. Ruhr (während der Errichtungsphase unter dem Namen „integral") als Architekt
4.	**Lagerhalle der Heinrich Scheren Spedition in Düsseldorf**	Entfällt
5.	**Lagerhalle der Hoechst Schering AgrEvo GmbH in Frankfurt/M.**	Ingenieurtechnik Hoechst AG

6.	**Containerlager der Infra Serv GmbH & Co. Hoechst KG in Frankfurt/M.**	ISG, Butzbacherweg 6, 64289 Darmstadt, Herr Dr. Reymondt (Planung) KTI, Kieler Str. 163, 22525 Hamburg, Herr Beerenkraut (Sicherheitsanalyse) InfraServ Hoechst, TWK, 65926 Frankfurt/M., Herr Fritze Clariant GmbH, Vertrieb, 65926 Frankfurt/M., Herr Hoyer (Mowilith-Beton) HR & T, 65926 Frankfurt/M., Herr Nowroth
7.	**Lagerhalle der Thyssen Haniel Safety First GmbH & Co. KG in Frankfurt/M.**	Konzerninterne Stellen Batelle-Institut für die Sicherheitsanalyse
8.	**Lagerhalle der Firma Rhenus Kleyling in Freiburg**	Entfällt
9.	**Lagerhalle der Firma Andreas Schmid in Gersthofen**	Keine Angaben
10.	**Lagerhalle der Buss Logistik Terminal GmbH in Hamburg**	Planungsbüro: WTM, Jungfernstieg 49, 20354 Hamburg, Herren Dr. Timm und Sperhake Anfertigung der Sicherheitsanalyse: UMCO, Georg-Wilhelm-Str. 191, 21107 Hamburg, Herr Inzelmann
11.	**Hochregallager von Buss Logistik Terminal Neuhof in Hamburg (in Bau)**	Bauherr: Buss Logistik Terminal GmbH & Co. Neuhof KG, Am Fährkanal 2, 20457 Hamburg, Herr Dr. Killinger Planung: Windels, Timm, Morgen, Beratende Ingenieure im Bauwesen VBI, Jungfernstieg 49, 20354 Hamburg, Herr Hermann Brandschutzsachverständiger: Herr Peter Heitmann, Dipl.-Ing., Garleff-Bindt-Weg 39, 22399 Hamburg Sicherheitstechnische Beratung: UMCO, Georg-Wilhelm-Str. 191, 21107 Hamburg, Herr Inzelmann Fachplanung Logistik: Industrieplanung + Organisation GmbH, Römerstr. 245, 69126 Heidelberg, Herr Becker

12.	**Dupeg Tank Terminal in Hamburg**	Dupeg Tank Terminal, Tankweg 4, 21129 Hamburg, Herr Günther und Herr Ortmann
13.	**Lagercontaineranlage der Eurocargo GmbH in Hamburg**	Eurocargo Container Freight Station and Warehouse GmbH, Zellmannstr. 5, 21129 Hamburg, Herr Griese
14.	**Lagerhalle der Firma Lesch + Lübcke GmbH & Co. in Hamburg**	UMCO, Georg-Wilhelm-Str. 191, 21107 Hamburg, Herr Inzelmann
15.	**Lagerhalle der Firma Lübker in Hamburg**	Firma Aug. Prien, Dampfsschiffsweg 3–9, 21079 Hamburg, Ansprechpartner: Herr Holländer Techn. Aufsicht des Amtes für Arbeitsschutz für Lüftung in der VbF-Halle, Adolph Schönfelder Str. 5, 22083 Hamburg, Ansprechpartner: Herr Puls
16.	**Lagerhalle von Sigma Coatings in Hamburg**	Sigma Coatings Farben- und Lackwerk GmbH, Klüsenerstr. 54, 44855 Bochum, Stabstelle HSEQ, Herr Bielefeld
17.	**Lagerboxenanlage der Firma Transbaltic Umschlag + Spedition GmbH in Hamburg**	Fa. Dyckerhoff + Widmann AG und Herr Groß Ophoff (Architekt)
18.	**Lagerhalle der Firma Rhenus AG & Co. in Hannover, Am Lindener Hafen**	Firmeninterne
19.	**Hochregallager der Firma Rhenus AG & Co. in Hannover, Davenstedter Str.**	Firmeninterne
20.	**Lagerhalle der Firma Dachser GmbH & Co. in Neuss**	ICS Consult Köln Architekturbüro A. Stegers, Korschenbroich

21.	**Lagerhalle der Emons Spedition in Nürnberg**	Herr H. J. Sidon, Breitengraserstr. 8, 90482 Nürnberg
22.	**Lagerhalle der Firma Transbest in Offenbach/Main**	Architekturbüro Guthmann-Bohne, Neu-Isenburg
23.	**Lagerhalle der Donau-Speditions-Gesellschaft Kießling in Regenstauf**	Entfällt
24.	**Lagerhalle der Lehnkering AG in Schönebeck**	Intern
25.	**Lagerhalle der GELO Gefahrgut-Logistik GmbH & Co. KG in Schüttorf**	TÜV Hannover Sachsen-Anhalt

2.7.3 Genehmigungsbehörde

Dieses Merkmal dient zur Gesamtdarstellung der jeweiligen Referenzanlage in Kap. 1. An dieser Stelle hat eine Gegenüberstellung der individuellen Ausgestaltung dieses Merkmals aber wenig praktischen Nutzen.

2.8 Bau

2.8.1 Brandabschnitte

1.	**Lagerräume der Firma Dettmer Container Packing in Bremen**	11 Brandabschnitte, d.h. jeder Gefahrgutraum stellt einen gesonderten Brandabschnitt dar
2.	**Hochregallager der Firma Merck KG aA in Darmstadt**	Jede der 6 Lagergassen ist ein Brandabschnitt Trennung durch Stahlbetonwände als Brandwände
3.	**Lageranlagen von Cretschmar/Henkel in Düsseldorf**	4 Brandabschnitte im VbF-Bereich 2 Brandabschnitte Reserve- und Kommissionierlager 1 Brandabschnitt Hochregallager
4.	**Lagerhalle der Heinrich Scheren Spedition in Düsseldorf**	7 Brandabschnitte
5.	**Lagerhalle der Hoechst Schering AgrEvo GmbH in Frankfurt/M.**	Unterteilung in 8 Brandabschnitte für Lagergüter unterschiedlicher Gefahrenklassen Maximalgröße: 800 m^2
6.	**Containerlager der Infra Serv GmbH & Co. Hoechst KG in Frankfurt/M.**	Ergeben sich durch die Aufteilung des Lagers in Containerblöcke
7.	**Lagerhalle der Thyssen Haniel Safety First GmbH & Co. KG in Frankfurt/M.**	7 Brandabschnitte (Hallen), die nicht miteinander verbunden sind
8.	**Lagerhalle der Firma Rhenus Kleyling in Freiburg**	9 Brandabschnitte (Hallen)

9.	**Lagerhalle der Firma Andreas Schmid in Gersthofen**	16 Brandabschnitte mit automatischer Schließvorrichtung
10.	**Lagerhalle der Buss Logistik Terminal GmbH in Hamburg**	Alle Lagerräume (s. Ziff. 2.3) sind je ein Brandabschnitt
11.	**Hochregallager von Buss Logistik Terminal Neuhof in Hamburg**	2 Brandabschnitte im Hochregallager im Endausbau (jeweils 95 × 25 m) Distributionsgebäude als gesonderter Brandabschnitt
12.	**Dupeg Tank Terminal in Hamburg**	Durch Brandschutzwände in der Lagerhalle
13.	**Lagercontaineranlage der Eurocargo GmbH in Hamburg**	Entfällt
14.	**Lagerhalle der Firma Lesch + Lübcke GmbH & Co. in Hamburg**	3 Brandabschnitte, siehe Ziff. 2.3
15.	**Lagerhalle der Firma Lübker in Hamburg**	5 Brandabschnitte (2 × Kommissionierzone, 3 × Regallagerung)
16.	**Lagerhalle von Sigma Coatings in Hamburg**	2 Brandabschnitte: Hauptlager: 750 m^2, VbF-Lager: 125 m^2
17.	**Lagerboxenanlage der Firma Transbaltic Umschlag + Spedition GmbH in Hamburg**	8 Brandabschnitte, die nicht miteinander verbunden sind
18.	**Lagerhalle der Firma Rhenus AG & Co. in Hannover, Am Lindener Hafen**	3 Brandabschnitte mit 120 m^2, 200 m^2 und 480 m^2
19.	**Hochregallager der Firma Rhenus AG & Co. in Hannover, Davenstedter Str.**	2 Brandabschnitte: 1 × 1600 m^2, 1 × 1700 m^2

20.	**Lagerhalle der Firma Dachser GmbH & Co. in Neuss**	2 Brandabschnitte mit je 1000 m^2
21.	**Lagerhalle der Emons Spedition in Nürnberg**	2 Brandabschnitte
22.	**Lagerhalle der Firma Transbest in Offenbach/Main**	8 Brandabschnitte
23.	**Lagerhalle der Donau-Speditions-Gesellschaft Kießling in Regenstauf**	3 Brandabschnitte für Blocklagerung, 7 Brandabschnitte für Hochregallagerung
24.	**Lagerhalle der Lehnkering AG in Schönebeck**	9 Brandabschnitte verteilt auf 3 Bauabschnitte
25.	**Lagerhalle der GELO Gefahrgut-Logistik GmbH & Co. KG in Schüttorf**	Max. Brandabschnittsgröße ca. 300 m^2

2.8.2 Wände		
1.	Lagerräume der Firma Dettmer Container Packing in Bremen	Alle Wände, auch die Außenwände in F 90
2.	Hochregallager der Firma Merck KG aA in Darmstadt	Brandwände: Stahlbeton F 180 Außenwände: s. o.
3.	Lageranlagen von Cretschmar/Henkel in Düsseldorf	VbF-, Reserve- und Kommissionierbereiche des manuellen Lagers sowie Innenwände Hochregallager: Stahlbetonfertigteile (F 90/Brandwände) Außenwände: doppelschalige Trapezblechkonstruktion
4.	Lagerhalle der Heinrich Scheren Spedition in Düsseldorf	Brandwände in F 90
5.	Lagerhalle der Hoechst Schering AgrEvo GmbH in Frankfurt/M.	Tragwerkkonstruktion: Stahlbeton-Fertigteile Brandwände in F 90. Weitestgehende Verwendung von nichtbrennbaren Baumaterialien Östliche Außenwand: keine Brandwand, sondern PVC. Dadurch gezielte großflächige Öffnungen im Brandfall und massiver Löscheinsatz von außen möglich
6.	Containerlager der Infra Serv GmbH & Co. Hoechst KG in Frankfurt/M.	Entfällt
7.	Lagerhalle der Thyssen Haniel Safety First GmbH & Co. KG in Frankfurt/M.	Die Hallenzwischenwände sind in F 90-Ausführung, Brandwände 60 cm über Dach geführt
8.	Lagerhalle der Firma Rhenus Kleyling in Freiburg	F 90

9.	**Lagerhalle der Firma Andreas Schmid in Gersthofen**	Stahlbeton, feuerbeständig; Gasbetonbausteine, feuerbeständig
10.	**Lagerhalle der Buss Logistik Terminal GmbH in Hamburg**	F 90-Außenwände aus Gasbetonplatten für den Lagerraum für organische Peroxide F 30-Außenwände aus Gasbetonplatten für die VbF-Räume und unter den Rampendächern Sonstige Außenwände in Trapezblech mit Wärmedämmung Brandwände zwischen den Lagerräumen entspr. Ziff. 2.3, mit feuerbeständigem Brandüberschlagsbereich von 5 m Breite in der Dachebene
11.	**Hochregallager von Buss Logistik Terminal Neuhof in Hamburg (in Bau)**	Außenwände: Ausführung in Stahlkassetten mit Wellblechverkleidung im Distributionszentrum, mit Trapezblech im Hochregallager
12.	**Dupeg Tank Terminal in Hamburg**	Stahlbeton
13.	**Lagercontaineranlage der Eurocargo GmbH in Hamburg**	Entfällt
14.	**Lagerhalle der Firma Lesch + Lübcke GmbH & Co. in Hamburg**	Zwischen den Brandabschnitten Brandwände aus Beton Außenwände: zur Nachbarbebauung F 90 (VbF) sonst F 30 Kalksandstein mit Trapezblech
15.	**Lagerhalle der Firma Lübker in Hamburg**	Innen: z. T. F 90-Wände, z. T. Brandwände
16.	**Lagerhalle von Sigma Coatings in Hamburg**	Innen F 90 Außen F 90, ausgenommen Front
17.	**Lagerboxenanlage der Firma Transbaltic Umschlag + Spedition GmbH in Hamburg**	F 90 u. F 30 (mit räumlichen Abstand)

18.	**Lagerhalle der Firma Rhenus AG & Co. in Hannover, Am Lindener Hafen**	Brandwände zwischen den drei Lagerbereichen/Brandabschnitten Außenwände: F 90
19.	**Hochregallager der Firma Rhenus AG & Co. in Hannover, Davenstedter Str.**	Brandwand zwischen den beiden Lagerabschnitten
20.	**Lagerhalle der Firma Dachser GmbH & Co. in Neuss**	F 90, nicht brennbar
21.	**Lagerhalle der Emons Spedition in Nürnberg**	Stahlbetonfertigteilwand
22.	**Lagerhalle der Firma Transbest in Offenbach/Main**	F 90
23.	**Lagerhalle der Donau-Speditions-Gesellschaft Kießling in Regenstauf**	Zu anderen Brandabschnitten: F 90
24.	**Lagerhalle der Lehnkering AG in Schönebeck**	Stahlbeton, F 90, als Brandwände Gasbeton, F 30, als Außenwände
25.	**Lagerhalle der GELO Gefahrgut-Logistik GmbH & Co. KG in Schüttorf**	F 150

2.8.3	Tore/Türen	
1.	**Lagerräume der Firma Dettmer Container Packing in Bremen**	T 90-Tore für jeden Lagerraum Keine Verbindungstore oder -türen zwischen den Lagerräumen
2.	**Hochregallager der Firma Merck KG aA in Darmstadt**	Keine Tore/Türen zwischen den Brandabschnitten Außentore/-türen im Lager: T 90, in der Vorzone T 30
3.	**Lageranlagen von Cretschmar/Henkel in Düsseldorf**	Alle Tore und Türen in T 90 außer den Überladebrücken mit Rolltoren
4.	**Lagerhalle der Heinrich Scheren Spedition in Düsseldorf**	T 90
5.	**Lagerhalle der Hoechst Schering AgrEvo GmbH in Frankfurt/M.**	Alle Verbindungstore und Rolltore in T 30 mit automatischem Schließsystem über Rauchmelder
6.	**Containerlager der Infra Serv GmbH & Co. Hoechst KG in Frankfurt/M.**	Entfällt
7.	**Lagerhalle der Thyssen Haniel Safety First GmbH & Co. KG in Frankfurt/M.**	Rolltore/Fluchttüren an jeder Längsseite der Anlage
8.	**Lagerhalle der Firma Rhenus Kleyling in Freiburg**	T 90 und T 30
9.	**Lagerhalle der Firma Andreas Schmid in Gersthofen**	8 Tore mit Rampen bzw. Abfahrt/2 Tore mit Bahnrampe 9 Außentüren/9 Innentüren bzw. -tore mit automatischer Schließvorrichtung

10.	**Lagerhalle der Buss Logistik Terminal GmbH in Hamburg**	T 90-Schiebetor im Lagerraum für organische Peroxide T 30-Schiebetore in den sonstigen Sondergefahrguträumen und in den VbF-Räumen Sonst wärmegedämmte Sektionaltore
11.	**Hochregallager von Buss Logistik Terminal Neuhof in Hamburg**	Tore und Türen in Brandwänden in T 90-Ausführung mit Rauchmeldersteuerung für das Schließen im Brandfall
12.	**Dupeg Tank Terminal in Hamburg**	Entfällt
13.	**Lagercontaineranlage der Eurocargo GmbH in Hamburg**	Entfällt
14.	**Lagerhalle der Firma Lesch + Lübcke GmbH & Co. in Hamburg**	In Brandwänden T 90 sonst T 30-Tore, die automatisch über die Brandmeldeanlage schließen
15.	**Lagerhalle der Firma Lübker in Hamburg**	T 30, T 90 in Brandwänden
16.	**Lagerhalle von Sigma Coatings in Hamburg**	Innen T 30
17.	**Lagerboxenanlage der Firma Transbaltic Umschlag + Spedition GmbH in Hamburg**	T 90 u. T 30
18.	**Lagerhalle der Firma Rhenus AG & Co. in Hannover, Am Lindener Hafen**	Keine Tore/Türen zwischen den Brandabschnitten/Lagerbereiche Tore/Türen nach außen: T 90
19.	**Hochregallager der Firma Rhenus AG & Co. in Hannover, Davenstedter Str.**	1 Tür und 1 Tor in der Brandwand: beides T 90

20.	**Lagerhalle der Firma Dachser GmbH & Co. in Neuss**	T 90 Automatisches Schließsystem
21.	**Lagerhalle der Emons Spedition in Nürnberg**	T-90-Schiebetor mit Haftmagnet
22.	**Lagerhalle der Firma Transbest in Offenbach/Main**	Trennung der Brandabschnitte durch Feuerschleusen und Sicherheitstüren
23.	**Lagerhalle der Donau-Speditions-Gesellschaft Kießling in Regenstauf**	Zu anderen Brandabschnitten: T 90 Fluchttüren ins Freie: T 30
24.	**Lagerhalle der Lehnkering AG in Schönebeck**	Automatisches Schließsystem der Brandschutztore über Rauchmelder oder Gaswarnanlage
25.	**Lagerhalle der GELO Gefahrgut-Logistik GmbH & Co. KG in Schüttorf**	Feuerschutztüren vor allen Brandabschnitten

2.8.4 Decken/Dächer		
1.	**Lagerräume der Firma Dettmer Container Packing in Bremen**	Flachdach aus Stahl-Betonfertigteilen (15 cm), mineralische Dämmung (8 cm) u. Stahltrapezblech als wasserführende Eindeckung
2.	**Hochregallager der Firma Merck KG aA in Darmstadt**	Stahlbetondecke im Lager
3.	**Lageranlagen von Cretschmar/Henkel in Düsseldorf**	Trapezblech mit RWA
4.	**Lagerhalle der Heinrich Scheren Spedition in Düsseldorf**	Brandwände über Dach geführt bzw. als gleichwertig anerkannter Schutzstreifen auf dem Dach
5.	**Lagerhalle der Hoechst Schering AgrEvo GmbH in Frankfurt/M.**	Stahltrapezprofile mit Warmdachaufbau Unbrennbare Isolierung 2 Trennstreifen im Dach aus Bimsbetonplatten mit je 2,5 m Breite
6.	**Containerlager der Infra Serv GmbH & Co. Hoechst KG in Frankfurt/M.**	Entfällt
7.	**Lagerhalle der Thyssen Haniel Safety First GmbH & Co. KG in Frankfurt/M.**	Das Hallendach besteht aus nichtbrennbaren Baustoffen mit Lichtkuppeln und Rauch- und Wärmeabzugseinrichtung (siehe 2.9.4)
8.	**Lagerhalle der Firma Rhenus Kleyling in Freiburg**	Feuerfest
9.	**Lagerhalle der Firma Andreas Schmid in Gersthofen**	Stahlbeton-Pfetten auf Stahlbetonbindern mit Ytongplatten, Trapezbleche mit Lichtkuppeln als Rauch- und Wärmeabzugseinrichtung

10.	**Lagerhalle der Buss Logistik Terminal GmbH in Hamburg**	Einschaliges Trapezblech- Warmdach mit integrierten Oberlichtern, nicht brennbar, widerstandsfähig gegen Flugfeuer und strahlende Wärme Im Bereich der Sondergefahrguträume in F 90 Feuerbeständiger Brandüberschlagsbereich von 5 m neben den Brandwänden (s. Ziff. 2.8.2)
11.	**Hochregallager von Buss Logistik Terminal Neuhof in Hamburg**	Ausführung in Trapezblech Im Hochregallager: Wärmedämmung und flugfeuerbeständige Abdichtung Im Distributionszentrum: im Anschlußbereich zum Hochregallager, auf 12 m Breite, feuerbeständige Ausführung
12.	**Dupeg Tank Terminal in Hamburg**	Stahlblecheindeckung
13.	**Lagercontaineranlage der Eurocargo GmbH in Hamburg**	Entfällt
14.	**Lagerhalle der Firma Lesch + Lübcke GmbH & Co. in Hamburg**	Dachholzleimbinder F 30
15.	**Lagerhalle der Firma Lübker in Hamburg**	Dach isoliert mit nicht brennbarem Dämmstoff: widerstandsfähig gegen Flugfeuer und strahlende Wärme
16.	**Lagerhalle von Sigma Coatings in Hamburg**	Ausschmelzbare Lichtbänder, s. RWA-Anlage (Ziff. 2.9.4)
17.	**Lagerboxenanlage der Firma Transbaltic Umschlag + Spedition GmbH in Hamburg**	F 90 u. F 30
18.	**Lagerhalle der Firma Rhenus AG & Co. in Hannover, Am Lindener Hafen**	Eternitdach

19.	**Hochregallager der Firma Rhenus AG & Co. in Hannover, Davenstedter Str.**	Tapezblech, isoliert
20.	**Lagerhalle der Firma Dachser GmbH & Co. in Neuss**	Flugfeuerbeständig
21.	**Lagerhalle der Emons Spedition in Nürnberg**	Trapezblech mit Wärmedämmung mit Folienabdichtung (= harte Bedachung)
22.	**Lagerhalle der Firma Transbest in Offenbach/Main**	Teilweise Beton Teilweise Trapezblech
23.	**Lagerhalle der Donau-Speditions-Gesellschaft Kießling in Regenstauf**	Nichtbrennbare Dachhaut
24.	**Lagerhalle der Lehnkering AG in Schönebeck**	Stahlbetonunterkonstruktion Dacheindeckung beständig gegen Flugfeuer und strahlende Wärme
25.	**Lagerhalle der GELO Gefahrgut-Logistik GmbH & Co. KG in Schüttorf**	Trapezbleche in Sandwichbauweise, schwer entflammbar

2.8.5 Lagerflächen/Auffangräume		
Im Rahmen dieses Merkmals wird der Rückhalt von wassergefährdender Flüssigkeit, die aus beschädigten Behältern austreten kann, betrachtet.		
1.	**Lagerräume der Firma Dettmer Container Packing in Bremen**	Abdichtung der Lagerräume durch Stahlblech, das an den Wänden ca. 10 cm hochgezogen wurde Separater Auffangraum in jedem Gefahrgut--raum, der ebenfalls mit Stahlblech ausgekleidet ist (Inhalt: $1 \times 8{,}2\ m^3$; $7 \times 6{,}3\ m^3$; $3 \times 2{,}8\ m^3$)
2.	**Hochregallager der Firma Merck KG aA in Darmstadt**	Bodenbereich jeder Lagergasse als Auffangwanne aus wasserundurchlässigem Stahlbeton ausgebildet Beschichtung der Auffangwannen mit undurchlässigem chemikalienbeständigen Kunststoff Gefälle des Wannenbodens zu einem tiefsten Punkt mit Leckage-Detektor. Der Leckagedetektor löst bei Kontakt mit Flüssigkeit Alarm aus
3.	**Lageranlagen von Cretschmar/Henkel in Düsseldorf**	Hochregallager: 1 m Betonbodenplatte, unterhalb: Folie Manuelles Lager, VbF-, Reserve- und Kommissionnierbereich: Industrieboden normale Stärke, ebenfalls Folie Auffangräume: die Lagerbereiche sind alle als Wannen ausgelegt, d.h. der Boden ist in Abhängigkeit von jeweiligen Lagervolumen zur Mitte leicht abgesenkt
4.	**Lagerhalle der Heinrich Scheren Spedition in Düsseldorf**	Chemikalienresistente HDPE-Folie incl. Prüfgutachten
5.	**Lagerhalle der Hoechst Schering AgrEvo GmbH in Frankfurt/M.**	Lagerflächen: Stahlbeton ohne besondere Abdichtung Auffangräume: Die Anlage wurde mit Stahlblechwannen (verzinkt) nachgerüstet, in die die Stahlregale gestellt wurden

6.	**Containerlager der Infra Serv GmbH & Co. Hoechst KG in Frankfurt/M.**	Für die Gefahrgut-Containerblöcke: Spezial-Beton, Fugenausbildung mit Dichtband Für Nicht-Gefahrgut-Containerblöcke: Asphalt, spezielle Auflagerplatten für die Eckpunkte der Container Ableitung von Leckageflüssigkeit und Löschwasser durch offene Edelstahl-Rinne in abflußlose Rückhaltebecken (Auskleidung mit Edelstahl, gesamtes Speichervolumen: 1014 m^3) Bemessung: 10 % des Lagervolumens + Löschwasserrückhaltevolumen nach LöRüRl
7.	**Lagerhalle der Thyssen Haniel Safety First GmbH & Co. KG in Frankfurt/M.**	Alle Hallenfußböden sind mit einem Kunststoff-Metallfolien- System abgedichtet, zusätzlich: Leckage-Spür-Systeme über und unter der Sperrschicht Außerdem: 21 separate Auffangtanks unterhalb des Rampenbereiches, miteinander flammendurchschlagssicher verbunden, mit Folie ausgekleidet Kombination von Leckageauffangräumen und Löschwasserrückhaltung mit insgesamt 1270 m^3 Auffangkapazität
8.	**Lagerhalle der Firma Rhenus Kleyling in Freiburg**	Beschichtete Betonböden bzw. Zwischenfolie Vakuumboden
9.	**Lagerhalle der Firma Andreas Schmid in Gersthofen**	Mit Sperrschicht versehen
10.	**Lagerhalle der Buss Logistik Terminal GmbH in Hamburg**	Abdichtung mit 3 mm starker HDPE-Kunststoffdichtungsbahn mit DIBT-Zulassung Auffangraum durch Gefällegebung innerhalb der Lagerräume

11.	**Hochregallager von Buss Logistik Terminal Neuhof in Hamburg**	Auffangwanne ist in das Hochregallager integriert (1,40 m unter Oberkante Sohle), dient zugleich als Löschwasserrückhalt Ausführung der Auffangwanne aus Stahlbeton *ohne* weitere Dichtelemente (Kunststoffolie, Stahlbleche o. ä.) entsprechend der Richtlinie des Deutschen Ausschusses für Stahlbeton "Betonbau beim Umgang mit wassergefährdenden Stoffen", Teil 1 bis 6, Ausgabe September 1996
12.	**Dupeg Tank Terminal in Hamburg**	Betonboden, ausgeblechte Lagerflächen und Auffangräume
13.	**Lagercontaineranlage der Eurocargo GmbH in Hamburg**	Verschweißte Auffangwannen aus Stahl, die in Standardcontainer eingelegt wurden Gefällegebung durch Aufkanten der Container im Torbereich, d. h. evtl. Leckageflüssigkeit sammelt sich im hinteren Bereich des Containers
14.	**Lagerhalle der Firma Lesch + Lübcke GmbH & Co. in Hamburg**	Überall Betonkonstruktion VbF-Halle: Abdichtung durch IfBT-geprüfte Beschichtung Gefahrstoff-Halle: Stahlwanne unter den Regalen WGK-Halle: IfBT-geprüfte Folie unter dem Beton
15.	**Lagerhalle der Firma Lübker in Hamburg**	Lagerräume für Gefahrgut sind mit IfBT-geprüfter Folie ausgestattet, als Wanne ausgebildet und damit als Auffangraum hergerichtet
16.	**Lagerhalle von Sigma Coatings in Hamburg**	Flächenbefestigung: Epoxidharzbeschichtung (Eigenprodukt mit Eignungsfeststellung) Auffangvolumina: Hauptlager: 225 m^3, VbF-Lager: 12 m^3 Kombiniert mit Löschwasserrückhalteeinrichtung
17.	**Lagerboxenanlage der Firma Transbaltic Umschlag + Spedition GmbH in Hamburg**	Überdachte Fläche ist mit IFBT-geprüfter Folie abgedichtet. Zusätzlich befinden sich zugelassene Auffangwannen unter den einzelnen Boxen

18.	**Lagerhalle der Firma Rhenus AG & Co. in Hannover, Am Lindener Hafen**	Auffangraum mit Löschwasserrückhalte-einrichtung kombiniert: in die Hallenbereiche integrierter Auffangraum/Löschwasser-rückhalt durch abgesenkte Lagerbereiche. In den Torbereichen: Rampen nach innen Abdichtsystem: verschweißtes Stahlblech
19.	**Hochregallager der Firma Rhenus AG & Co. in Hannover, Davenstedter Str.**	Fußboden: Vakuumbeton mit hoher Flüssigkeitsresistenz Auffangraum und Löschwasserrückhalte-einrichtung kombiniert: Lagerhalle als Auffangwanne hergerichtet durch Anrampung der Außentore, außerdem: abgedecktes außenliegendes Speicherbecken (Inhalt: 100 m^3)
20.	**Lagerhalle der Firma Dachser GmbH & Co. in Neuss**	Bodenversiegelung durch folgenden Flächenaufbau: Elektroableitfähige Epoxidharzbeschichtung (mehrlagig)
21.	**Lagerhalle der Emons Spedition in Nürnberg**	Metallische Auffangwannen direkt unter den Palettenstellplätzen Rückhaltevolumen: über 10% der Gesamt-lagermenge
22.	**Lagerhalle der Firma Transbest in Offenbach/Main**	Chemikalienresistente Bodenbeschichtung
23.	**Lagerhalle der Donau-Speditions-Gesellschaft Kießling in Regenstauf**	Regalauffangwannen mit Prüfzeichen Wasserrechtliche Eignungsfeststellung für Säuren
24.	**Lagerhalle der Lehnkering AG in Schönebeck**	Auffangkapazität: 10% des Lagervolumens Chemikalienbeständige Bodenbeschichtung mit DIBt-Prüfzeichen
25.	**Lagerhalle der GELO Gefahrgut-Logistik GmbH & Co. KG in Schüttorf**	Fußbodenabdichtung mit dem System: Stahlbeton-Stahlblech-Stahlbeton

2.8.6 Löschwasserrückhalteeinrichtung

Beim Löscheinsatz wird das Wasser – insbesondere beim Beginn der Brandbekämpfung – durch Brandrückstände oder auslaufende unverbrannte Stoffe stark verunreinigt. Um zu verhindern, daß diese Flüssigkeit in die Kanalisation, in ein Gewässer oder in den Boden gelangt, gibt es Löschwasserrückhalteeinrichtungen.

1.	**Lagerräume der Firma Dettmer Container Packing in Bremen**	Die Auffangräume nach Ziff. 2.8.5 werden z. T. zur Löschwasserrückhaltung mit herangezogen Außerdem: Löschwasserschotts, die im Brandfall vor dem betroffenen Lagerraum von Hand eingesetzt und festgeklemmt werden (Serienanfertigung)
2.	**Hochregallager der Firma Merck KG aA in Darmstadt**	Die Auffangwannen (s.Ziff. 2.8.5) dienen auch der Löschwasserrückhaltung. Diese beträgt 1500 m^3 pro Gasse. Davon ist ein Teil zur Produktrückhaltung beschichtet
3.	**Lageranlagen von Cretschmar/Henkel in Düsseldorf**	VbF-, Reserve- und Kommissionierbereich: alle Tore sind mit Löschwasserschotts ausgerüstet; im VbF-Bereich mit chemikalienresistenten Dichtgummis
4.	**Lagerhalle der Heinrich Scheren Spedition in Düsseldorf**	Löschwasserschotts Volumen größer als Forderung gem. LöRüRl Leckage-Rückhaltung durch Absenkung des Hallenfußbodens
5.	**Lagerhalle der Hoechst Schering AgrEvo GmbH in Frankfurt/M.**	Fußbodenabsenkung um 0,25 m, getrennt für die einzelnen Lagerabschnitte Außerdem dient die Freifläche (ebenfalls abgesenkt) einschließlich des dortigen Entwässerungssystems mit Rinnen und Tanks als Löschwasserrückhalteeinrichtung. Gesamtrückhaltekapazität: ca. 3500 m^3; erfüllt die Anforderungen der LöRüRl. Entnahmemöglichkeit von Löschwasser zu einem erneuten Löscheinsatz
6.	**Containerlager der Infra Serv GmbH & Co. Hoechst KG in Frankfurt/M.**	Kombiniert mit Auffangräumen, siehe Ziff. 2.8.5

7.	**Lagerhalle der Thyssen Haniel Safety First GmbH & Co. KG in Frankfurt/M.**	siehe Ziffer 2.8.5
8.	**Lagerhalle der Firma Rhenus Kleyling in Freiburg**	Löschwasserrückhaltebecken
9.	**Lagerhalle der Firma Andreas Schmid in Gersthofen**	Größere Dimensionierung als nach LöRüRl erforderlich 1200 m^2 beschichtete Betonauffangwanne 30 000 l Auffangtank
10.	**Lagerhalle der Buss Logistik Terminal GmbH in Hamburg**	Löschwasserauffangwanne (300 m^3) unterhalb der LKW-Rampe Berechnung nach Löschwasserrückhalte-richtlinie Einläufe durch Syphons gesichert
11.	**Hochregallager von Buss Logistik Terminal Neuhof in Hamburg**	Kombination mit dem Auffangraum entsprechend Ziff. 2.8.5
12.	**Dupeg Tank Terminal in Hamburg**	Es stehen Tanks für die Aufnahme von Löschwasser zur Verfügung (mehrere 1000 m^3)
13.	**Lagercontaineranlage der Eurocargo GmbH in Hamburg**	Kein definierter Löschwasserrückhalt, jedoch können die Auffangräume (s. Ziff. 2.8.5) und der Umschlagsbereich (s. Ziff. 2.8.7) herangezogen werden
14.	**Lagerhalle der Firma Lesch + Lübcke GmbH & Co. in Hamburg**	Löschwasserrückhalt erfolgt über Löschwasserschotts in den Toren, die über die Brandmeldeanlage gesteuert werden
15.	**Lagerhalle der Firma Lübker in Hamburg**	In den Lagerhallen ist Löschwasserrückhalt durch Wannenausbildung des Fußbodens und über brandmeldeanlagegekoppelte automatisch schließende Löschwasserschotts gegeben

16.	**Lagerhalle von Sigma Coatings in Hamburg**	In das Hauptlager integrierte LWRE mit festen Aufkantungen, einem angerampten Notausgang, einer steckbaren permanenten Barriere und einem automatischen überfahrbaren Klappschott Keine LWRE für das VbF-Lager (CO_2-Löschanlage) und für den Mischraum
17.	**Lagerboxenanlage der Firma Transbaltic Umschlag + Spedition GmbH in Hamburg**	Abdichtung siehe Ziff. 2.8.5 Löschwasserrückhalt wird durch Gefällegebung zur Mitte der Fläche gewährleistet
18.	**Lagerhalle der Firma Rhenus AG & Co. in Hannover, Am Lindener Hafen**	s. Ziff. 2.8.5
19.	**Hochregallager der Firma Rhenus AG & Co. in Hannover, Davenstedter Str.**	s. Ziff. 2.8.5
20.	**Lagerhalle der Firma Dachser GmbH & Co. in Neuss**	Löschwasserauffangbecken: Außerhalb der Lagerhalle in ca. 50 m Entfernung, Zulauf über Ringleitung, Auffangvolumen: 342 m^3
21.	**Lagerhalle der Emons Spedition in Nürnberg**	Löschwasserableitung über Einläufe zu einem unterirdischen doppelwandigen Löschwasserrückhaltetank (DIN 6608/D), 50 m^3 Inhalt
22.	**Lagerhalle der Firma Transbest in Offenbach/Main**	Rückhaltung in den Lagerräumen durch Aufkantungen, Dammbalken und elektrisch betriebene Löschwasserschotts
23.	**Lagerhalle der Donau-Speditions-Gesellschaft Kießling in Regenstauf**	3000 m^3 Löschwasserrückhaltevolumen durch Aktivierung automatischer Löschwasserschotts Abfließen in außenliegendes Löschwasserentsorgungsbecken und Kanalabschieberungen

24.	**Lagerhalle der Lehnkering AG in Schönebeck**	Beschichtetes Löschwasserauffangsystem außerhalb des Lagers Kapazität: 0,18 m^3 pro eingelagerte Tonne
25.	**Lagerhalle der GELO Gefahrgut-Logistik GmbH & Co. KG in Schüttorf**	Löschwasserrückhalt innerhalb der einzelnen Brandabschnitte Löschwasserschotts werden von Hand vor den einzelnen Hallenabschnitten eingesetzt. Löschwasserschotts auch vor Räumen mit CO_2-Löschsystem

2.8.7 Umschlags-/Ladebereich

Bei diesem Merkmal ist die Fläche, auf der die Transportfahrzeuge be- und entladen werden, gemeint. Meistens handelt es sich um eine Hoffläche.

1.	**Lagerräume der Firma Dettmer Container Packing in Bremen**	Flächenbefestigung in bituminöser Straßenbauweise Gefällemäßige Trennung vom übrigen Hofbereich Auf dem Umschlags-/Ladebereich kann an einigen LKW bzw. Containern gleichzeitig gearbeitet werden (Gesamtfläche: 3000 m^2)
2.	**Hochregallager der Firma Merck KG aA in Darmstadt**	Flächenbefestigung des Umschlags- bzw. Ladebereiches: Die Flächen bestehen aus Stahlbeton und haben ein Gefälle zu beschichteten Auffangräumen. Gefällemäßige Trennung dieses Bereiches von der übrigen Hoffläche
3.	**Lageranlagen von Cretschmar/Henkel in Düsseldorf**	Alle Ladetore (Überladebrücken) sind sowohl für An- als auch für Auslieferung vorgesehen. Keine Überdachung, Fahrzeuge setzen rückwärts an die Tore an Ausnahme:Wareneingang des Hochregallagers. Hier gibt es drei geschlossene Tore, jeweils mit Ein- und Ausfahrt, die längsseits an Hochregallager angebaut sind. Diese sind ausschließlich für Anlieferungen aus dem Henkelwerk gedacht (Spezialfahrzeuge mit Seitenentladung)
4.	**Lagerhalle der Heinrich Scheren Spedition in Düsseldorf**	Trennung von der öffentlichen Kanalisation
5.	**Lagerhalle der Hoechst Schering AgrEvo GmbH in Frankfurt/M.**	Der gesamte Flächenbereich ist gegenüber dem Geländeniveau abgesenkt und entwässert in ein spezielles Sammeltank-System. Flächenbefestigung mit bewehrtem, wasserundurchlässigem Beton Fugenabdichtung mit Spezialkunststoffsystem

6.	**Containerlager der Infra Serv GmbH & Co. Hoechst KG in Frankfurt/M.**	Umschlagsflächen: Spezialbeton mit Walzbetonoberfläche, Fugenausbildung mit Vergußmasse
7.	**Lagerhalle der Thyssen Haniel Safety First GmbH & Co. KG in Frankfurt/M.**	3 m breiter Sicherheitsstreifen im Ladebereich mit gefällemäßig abgetrennter Entwässerung in Rückhaltebecken Übriger Umschlags-/Ladebereich: Entwässerung in die öffentliche Kanalisation
8.	**Lagerhalle der Firma Rhenus Kleyling in Freiburg**	Überdachter Bereich Beschichteter Betonboden bzw. mit Folie
9.	**Lagerhalle der Firma Andreas Schmid in Gersthofen**	500 m^2 Kommissionier- und Umschlagsfläche inkl. LKW- bzw. Bahnrampen und Staplerabfahrt
10.	**Lagerhalle der Buss Logistik Terminal GmbH in Hamburg**	Flächenbefestigung in bituminöser Straßenbauweise Flüssigkeitsdichter Aufbau nach einheitlichen Vorgaben für Hamburger Hafenbetriebe
11.	**Hochregallager von Buss Logistik Terminal Neuhof in Hamburg**	Die Lade- und Umschlagsbereiche vor den Rampen sind gefällemäßig von der übrigen Hoffläche getrennt und gekennzeichnet. Flächenbefestigung dort mit flüssigkeitsdichtem Asphaltaufbau
12.	**Dupeg Tank Terminal in Hamburg**	Stahl- und Betonverladerampen, auf dem Verladebereich Betonverbundsteine, z. T. ausgeblecht oder mit Folie unterlegt
13.	**Lagercontaineranlage der Eurocargo GmbH in Hamburg**	Gefällemäßig abgetrennte Aufstellfläche für die Lagercontainer, wo auch der gesamte Umschlag abgewickelt wird Flächenbefestigung: Asphalt und Betonplatten
14.	**Lagerhalle der Firma Lesch + Lübcke GmbH & Co. in Hamburg**	Flächenbefestigung: Asphalt

15.	**Lagerhalle der Firma Lübker in Hamburg**	Umschlagsbereich für Gefahrgut ist durch Aco-Drainrinne von übrigen Bereichen getrennt.
16.	**Lagerhalle von Sigma Coatings in Hamburg**	Flächenversiegelung mit Gußasphalt entsprechend der benötigten Fahrzeug-Aufstellfläche (5,0 × 5,50 m) Gefällemäßige Trennung von der übrigen Hoffläche durch Aufkantung
17.	**Lagerboxenanlage der Firma Transbaltic Umschlag + Spedition GmbH in Hamburg**	Umschlag findet im überdachten Bereich statt
18.	**Lagerhalle der Firma Rhenus AG & Co. in Hannover, Am Lindener Hafen**	Flächenbefestigung durch bewehrte Großbetonplatten mit Fugenverguß, z. T. auch Bitumen
19.	**Hochregallager der Firma Rhenus AG & Co. in Hannover, Davenstedter Str.**	Z. T. mit einem Kragdach überdacht Flächenbefestigung: Bitumen
20.	**Lagerhalle der Firma Dachser GmbH & Co. in Neuss**	Flüssigkeitsdichte Fläche: Beton mit Fugenverguß und Asphalt
21.	**Lagerhalle der Emons Spedition in Nürnberg**	Flächenbefestigung: Betonverbundsteinpflaster
22.	**Lagerhalle der Firma Transbest in Offenbach/Main**	Auffangwannen für Flüssigkeiten, die ein Ablaufen von Schadstoffen bei evtl. Leckagen in die Kanalisation verhindern
23.	**Lagerhalle der Donau-Speditions-Gesellschaft Kießling in Regenstauf**	Entwässerung des Ladebereiches in Rückhaltetanks für Leckageflüssigkeit (27,6 m^3)
24.	**Lagerhalle der Lehnkering AG in Schönebeck**	Aufgekantete Betonfläche, 1 m^3 Speichervolumen je Torbereich

25.	**Lagerhalle der GELO Gefahrgut-Logistik GmbH & Co. KG in Schüttorf**	Teilüberdachung durch Kragdach Flüssigkeitsdichte Flächenbefestigung

2.8.8 Entwässerung/Absperrung der Kanalisation

Für die Entwässerung des Umschlags-/Ladebereichs (Ziffer 2.8.7) werden häufig besondere Maßnahmen vorgesehen.

1.	**Lagerräume der Firma Dettmer Container Packing in Bremen**	Der in Ziff. 2.8.7 genannte Bereich entwässert in mehrere Gullys, die angeschlossene Kanalisationsleitung wird im Leckagefall durch einen motorbetriebenen Schnellschlußschieber geschlossen Auslösung des Schiebers durch mehrere zentral angebrachte Taster Bei Stromausfall kann der Schieber von Hand geschlossen werden
2.	**Hochregallager der Firma Merck KG aA in Darmstadt**	Entleerung der Auffangräume mittels Pumpe nach Kontrolle
3.	**Lageranlagen von Cretschmar/Henkel in Düsseldorf**	Kompletter Ladehof: Absperrschieber für die Kanalisation
4.	**Lagerhalle der Heinrich Scheren Spedition in Düsseldorf**	Vohanden
5.	**Lagerhalle der Hoechst Schering AgrEvo GmbH in Frankfurt/M.**	Entwässerung des Außenbereiches in einen unterirdischen 100 m^3-Tank. Von dort über Pumpen in 2 je 150 m^3-Tanks (oberirdisch) Analyse des Wassers auf Daphnientoxizität und DOC. Dann Ablassen dieser Tanks in das Regenwasser-Kanalisationssystem entsprechend detaillierter Betriebsanweisung
6.	**Containerlager der Infra Serv GmbH & Co. Hoechst KG in Frankfurt/M.**	Alle Gefahrgutlager- und Umschlagsflächen entwässern in die abflußlosen Auffangbecken Vor dem Abpumpen: Beprobung auf Kontamination Zusätzlicher Absperrschieber im Ablauf des Havarieplatzes

7.	**Lagerhalle der Thyssen Haniel Safety First GmbH & Co. KG in Frankfurt/M.**	Motorbetriebene Absperrschieber (Auslösung durch eine Alarmtaste), die die Umschlagsfläche bei einem Unfall sichern
8.	**Lagerhalle der Firma Rhenus Kleyling in Freiburg**	Entfällt, da überdacht
9.	**Lagerhalle der Firma Andreas Schmid in Gersthofen**	Über Auffangbecken bzw. Auffangtank
10.	**Lagerhalle der Buss Logistik Terminal GmbH in Hamburg**	Gefällemäßige Abtrennung der Lade-/ Umschlagsbereiche Dort Rückhaltemöglichkeit für Leckagen durch einen Schnellschlußschieber am Ende der Sammelleitung Dieser Schieber ist während der Betriebszeit ständig geschlossen und bei Betriebsstillstand geöffnet. Bei Starkregen wird der Umschlagsbetrieb kurzfristig eingestellt und der Schieber kurz geöffnet, damit das Regenwasser abfließt
11.	**Hochregallager von Buss Logistik Terminal Neuhof in Hamburg**	Entwässerung der Umschlags- und Ladebereiche über einen fernbedienbaren und schnellschließenden Kanalschieber, der im Schadensfall geschlossen wird Abpumpmöglichkeit zur Entsorgung von Leckageflüssigkeit vor dem Schieber Schnelle Erreichbarkeit des Bedienelementes des Schiebers in der Verladezone Möglichkeit zum Handabschiebern bei Ausfall der Elektrik
12.	**Dupeg Tank Terminal in Hamburg**	Das gesamte Oberflächenwasser wird gesammelt, analysiert und je nach Belastung in der betriebseigenen Reinigungsanlage geklärt; danach Einleitung in die Kanalisation
13.	**Lagercontaineranlage der Eurocargo GmbH in Hamburg**	Fernbedienbarer Schnellschlußschieber für das Entwässerungssystem des gesamten Umschlags- und Ladebereiches

14.	**Lagerhalle der Firma Lesch + Lübcke GmbH & Co. in Hamburg**	Umschlagsfläche ist von der übrigen Fläche durch eine ACO-Rinne abgetrennt, diese entwässert in ein gesondertes Auffangbecken. Das dort anfallende Wasser kann abgepumpt werden, wenn vorher sichergestellt wurde, daß kein Schadensfall eingetreten ist
15.	**Lagerhalle der Firma Lübker in Hamburg**	Umschlagsbereich für Gefahrgut: Wird über Sammelschacht mit Pumpe entwässert, die bei Umschlagstätigkeit ausgeschaltet ist
16.	**Lagerhalle von Sigma Coatings in Hamburg**	Verschließbarer Ablauf der Umschlagsfläche wird bei jedem Ladevorgang aktiviert gemäß Betriebsanweisung
17.	**Lagerboxenanlage der Firma Transbaltic Umschlag + Spedition GmbH in Hamburg**	Es fällt kein Regenwasser an (siehe Ziff. 2.8.7)
18.	**Lagerhalle der Firma Rhenus AG & Co. in Hannover, Am Lindener Hafen**	Gullyklappe, die im Notfall mit einer Stange von Hand geschlossen wird
19.	**Hochregallager der Firma Rhenus AG & Co. in Hannover, Davenstedter Str.**	Absperrung der Entwässerung im Umschlagsbereich durch 2 handbetriebene Kanalschieber möglich
20.	**Lagerhalle der Firma Dachser GmbH & Co. in Neuss**	Gefällemäßige Trennung des Umschlags-/Ladebereiches von restlicher Fläche Absperrschieber, die im Notfall zugedreht werden
21.	**Lagerhalle der Emons Spedition in Nürnberg**	Gefällemäßige Trennung vom übrigen Hof
22.	**Lagerhalle der Firma Transbest in Offenbach/Main**	Absperrschieber mit vorgeschaltetem Auffangbehälter für 3,5 m^3 Volumen

23.	**Lagerhalle der Donau-Speditions-Gesellschaft Kießling in Regenstauf**	Kanal-Absperrungen mit 7 Handschiebern und 1 automatische Abschieberung, die bei/nach Schäden zugedreht werden
24.	**Lagerhalle der Lehnkering AG in Schönebeck**	Absperrvorrichtung für Außenentwässerung
25.	**Lagerhalle der GELO Gefahrgut-Logistik GmbH & Co. KG in Schüttorf**	Entwässerung des Ladebereiches in einen unterirdischen Speichertank Schieber in der Regenwasserkanalisationsleitung

2.9 Ausrüstung

2.9.1 Blitzschutz

Dieses Merkmal dient zur Gesamtdarstellung der jeweiligen Referenzanlage in Kap. 1. An dieser Stelle hat eine Gegenüberstellung der individuellen Ausgestaltung dieses Merkmals aber wenig praktischen Nutzen.

2.9.2 Einbruchschutz

1.	**Lagerräume der Firma Dettmer Container Packing in Bremen**	Umzäunung Betriebsgelände und separater Verschluß der Gefahrguträume
2.	**Hochregallager der Firma Merck KG aA in Darmstadt**	Vorhanden
3.	**Lageranlagen von Cretschmar/Henkel in Düsseldorf**	Alarmanlage mit Durchschaltung zum Henkel-Werksschutz
4.	**Lagerhalle der Heinrich Scheren Spedition in Düsseldorf**	Hausmeister wohnt auf der Anlage
5.	**Lagerhalle der Hoechst Schering AgrEvo GmbH in Frankfurt/M.**	Systematische Kontrollgänge durch den Werksschutz während der arbeitsfreien Zeit. Einbindung in das Sicherheitssystem des Industrieparks (z. B. Einzäunung, Kontrolle an den Toren, Werksschutz)
6.	**Containerlager der Infra Serv GmbH & Co. Hoechst KG in Frankfurt/M.**	Entfällt

7.	**Lagerhalle der Thyssen Haniel Safety First GmbH & Co. KG in Frankfurt/M.**	Objekt-Überwachungs-Zentrale mit Meldung an Feuerwehr bzw. Polizei bzw. Mitarbeiter Sicherung von Toren und Türen der Hallen Umzäunung des Betriebsgeländes
8.	**Lagerhalle der Firma Rhenus Kleyling in Freiburg**	Alarmanlage
9.	**Lagerhalle der Firma Andreas Schmid in Gersthofen**	Einbruchmeldeanlage
10.	**Lagerhalle der Buss Logistik Terminal GmbH in Hamburg**	Einbruchsicherungsanlage mit Standleitung zur Polizei Optische Überwachung der Laderampen
11.	**Hochregallager von Buss Logistik Terminal Neuhof in Hamburg**	Vorhanden
12.	**Dupeg Tank Terminal in Hamburg**	Anlage wird 24 Stunden pro Tag durch eigenes Personal betrieben und überwacht
13.	**Lagercontaineranlage der Eurocargo GmbH in Hamburg**	Abschließen der Container außerhalb der Arbeitszeit Wachdienst
14.	**Lagerhalle der Firma Lesch + Lübcke GmbH & Co. in Hamburg**	Elektronische Einbruchssicherungsanlage mit Aufschaltung beim Wachdienst
15.	**Lagerhalle der Firma Lübker in Hamburg**	Einbruchmeldeanlage, die bei einer Notrufzentrale aufgeschaltet ist
16.	**Lagerhalle von Sigma Coatings in Hamburg**	Keine Angaben

17.	**Lagerboxenanlage der Firma Transbaltic Umschlag + Spedition GmbH in Hamburg**	Einzäunung des Geländes mit Natozaun Überwachung durch externen Wachdienst Die Gefahrgutboxen sind durch Stahltüren verschlossen und können nur mit Schlüssel vom zugelassenen Personal geöffnet werden
18.	**Lagerhalle der Firma Rhenus AG & Co. in Hannover, Am Lindener Hafen**	Vorhanden, einschließlich Brandmeldezentrale
19.	**Hochregallager der Firma Rhenus AG & Co. in Hannover, Davenstedter Str.**	Vorhanden, einschließlich Brandmeldezentrale
20.	**Lagerhalle der Firma Dachser GmbH & Co. in Neuss**	Feuerwehrschlüsselkasten Einbruchmeldeanlage mit Durchschaltung zur Feuerwehr Pförtnerdienst
21.	**Lagerhalle der Emons Spedition in Nürnberg**	Keine Angaben
22.	**Lagerhalle der Firma Transbest in Offenbach/Main**	Wachdienst
23.	**Lagerhalle der Donau-Speditions-Gesellschaft Kießling in Regenstauf**	Umzäunung und Schranken an der Einfahrt Personenzutrittskontrolle Zufahrt/Zutritt nur mit Magnetkarte Tür-Zu-Kontrolle für die Hallen mit Alarmmeldung Video-Überwachungsanlage für Freiflächen und Hallen
24.	**Lagerhalle der Lehnkering AG in Schönebeck**	Einbruchmeldeanlage
25.	**Lagerhalle der GELO Gefahrgut-Logistik GmbH & Co. KG in Schüttorf**	Privates Wachunternehmen

2.9.3 Feuer- und Rauchmeldeanlage

1.	**Lagerräume der Firma Dettmer Container Packing in Bremen**	Rauchmelder in jedem Lageraum mit Alarmmeldung durch akustisches und optisches Signal Durchschaltung zur Feuerwehr ist auf bestehende Anlage aufgeschaltet
2.	**Hochregallager der Firma Merck KG aA in Darmstadt**	Über 3000 Rauchmelder, die in fast jeder Regalebene angeordnet sind Alarmmeldung läuft in der Zentrale der Werksfeuerwehr mit Registrierung des betroffenen Bereiches auf
3.	**Lageranlagen von Cretschmar/Henkel in Düsseldorf**	Über Brandmeldezentrale durchgeschaltet auf Henkel-Werksfeuerwehr
4.	**Lagerhalle der Heinrich Scheren Spedition in Düsseldorf**	Rauchmelder Im Bereich der CO_2-Löschanlage sind Wärmemelder installiert Auslösung der Sprinkleranlage wird über Wasserflußschalter detektiert. Brandmeldezentrale mit direkter Anbindung an die Berufsfeuerwehr der Stadt Düsseldorf
5.	**Lagerhalle der Hoechst Schering AgrEvo GmbH in Frankfurt/M.**	Über 600 Rauchmelder vorhanden. Durchschaltung zur Werksfeuerwehr Automatisches Schließen der Brandschutzrolltore im Brandfall. Brandmeldung durch Sprinkleranlage
6.	**Containerlager der Infra Serv GmbH & Co. Hoechst KG in Frankfurt/M.**	Feuermelder im Betriebsbereich, ggf. auch regelmäßige Kontrolle, ggf. Überwachung durch Video-Kamera
7.	**Lagerhalle der Thyssen Haniel Safety First GmbH & Co. KG in Frankfurt/M.**	Optische Rauchmelder unter der Hallendecke, in ca. 8 m Höhe und in ca. 4 m Höhe in der Regalanlage, insgesamt 96 Brandmelder pro Halle Brandmeldezentrale und dezentrale Datenauswertung mit Lageplantableaus vor den Hallentoren

8.	**Lagerhalle der Firma Rhenus Kleyling in Freiburg**	Brandmeldeanlage
9.	**Lagerhalle der Firma Andreas Schmid in Gersthofen**	Brandfrüherkennungsanlage (Ionisationsmelder) und Brandmeldeanlage
10.	**Lagerhalle der Buss Logistik Terminal GmbH in Hamburg**	Ionisations-Brandmelde-Anlage für alle Brandabschnitte gemäß VDE, DIN, VdS Die Meldungen laufen bei der Feuerwehr und der betrieblichen Brandmeldezentrale auf
11.	**Hochregallager von Buss Logistik Terminal Neuhof in Hamburg**	Manuelle Brandmeldeanlage mit Druckknopfmeldern in Flucht- und Rettungswegen sowie an den Ausgängen, direkte Weiterleitung des Brandalarms an die ständig besetzte Pförtnerstation des Mineralölkonzerns sowie Aufschaltung auf das Feuerwehr-Einsatzlenkungssystem Brandmeldeanlage nach DIN 14675 mit Feuerwehrbedienfeld nach DIN 14661 Akustischer Brandalarm in allen Räumen
12.	**Dupeg Tank Terminal in Hamburg**	Teilweise werden automatische Rauch- oder Flammenmelder eingesetzt
13.	**Lagercontaineranlage der Eurocargo GmbH in Hamburg**	Entfällt
14.	**Lagerhalle der Firma Lesch + Lübcke GmbH & Co. in Hamburg**	Über Rauchmelder und Sprinkleranlage erfolgt Alarmierung der Feuerwehr. Automatische Schließung der Brandschutzrolltore und Löschwasserschotts
15.	**Lagerhalle der Firma Lübker in Hamburg**	Automatische Brandmeldeanlage in den Lagerhallen mit Durchschaltung zur Feuerwehr
16.	**Lagerhalle von Sigma Coatings in Hamburg**	Automatische Brandmeldeanlage mit Durchschaltung zur Feuerwehr

17.	**Lagerboxenanlage der Firma Transbaltic Umschlag + Spedition GmbH in Hamburg**	In den Gefahrgutboxen Rauchmeldeanlage mit Aufschaltung zur Feuerwehr
18.	**Lagerhalle der Firma Rhenus AG & Co. in Hannover, Am Lindener Hafen**	Vorhanden
19.	**Hochregallager der Firma Rhenus AG & Co. in Hannover, Davenstedter Str.**	Vorhanden
20.	**Lagerhalle der Firma Dachser GmbH & Co. in Neuss**	Brandmeldeanlage vorhanden mit Durchschaltung zur Feuerwehr
21.	**Lagerhalle der Emons Spedition in Nürnberg**	Ionisations- und Wärmedifferenzmelder in beiden Lagerbereichen Automatische Brandmeldung direkt an die Feuerwehr
22.	**Lagerhalle der Firma Transbest in Offenbach/Main**	Brandmeldeanlage vorhanden
23.	**Lagerhalle der Donau-Speditions-Gesellschaft Kießling in Regenstauf**	Brandmeldeanlage mit 628 Brandmeldern und Direktleitung zur Feuerwehr
24.	**Lagerhalle der Lehnkering AG in Schönebeck**	Vorhanden, Durchschaltung zur Feuerwehr
25.	**Lagerhalle der GELO Gefahrgut-Logistik GmbH & Co. KG in Schüttorf**	Vorhanden

2.9.4 Rauch- und Wärmeabzugseinrichtung		
1.	Lagerräume der Firma Dettmer Container Packing in Bremen	Entfällt
2.	Hochregallager der Firma Merck KG aA in Darmstadt	Vorhanden
3.	Lageranlagen von Cretschmar/Henkel in Düsseldorf	Automatische brandmeldergesteuerte RWA Handauslösung möglich
4.	Lagerhalle der Heinrich Scheren Spedition in Düsseldorf	Automatische sowie Handauslösung der RWA, im Bereich der CO_2-Löschanlage nur Handauslösung möglich
5.	Lagerhalle der Hoechst Schering AgrEvo GmbH in Frankfurt/M.	Dachentlüftung vorhanden, 50 % der Entlüftungsfläche handbedient. Die andere Hälfte wird temperaturgesteuert ausgelöst. Auslösetemperatur ist kleiner als die für die Sprinkleranlage
6.	Containerlager der Infra Serv GmbH & Co. Hoechst KG in Frankfurt/M.	Entfällt
7.	Lagerhalle der Thyssen Haniel Safety First GmbH & Co. KG in Frankfurt/M.	Automatische thermische Auslösung bei 93 °C in den 6 Hallen mit Sprinkleranlage für 50 % der Öffnungsfläche Die übrigen 50 % werden durch Handsteuerung ausgelöst Die Halle mit CO_2-Löschanlage wird nur per Hand gesteuert
8.	Lagerhalle der Firma Rhenus Kleyling in Freiburg	Im VbF-Lager vorhanden
9.	Lagerhalle der Firma Andreas Schmid in Gersthofen	Vollautomatische Lichtkuppeln

10.	**Lagerhalle der Buss Logistik Terminal GmbH in Hamburg**	RWA für ca. 1,8% der Dachgrundfläche Fernauslösung nach DIN 18323, Teil 2, Bedienung durch die Feuerwehr
11.	**Hochregallager von Buss Logistik Terminal Neuhof in Hamburg**	RWA-Anlage nach DIN 18332 Die Auslösung erfolgt automatisch über Thermoelemente in jedem Rauch- und Wärmeabzugsgerät sowie über Handauslöseeinrichtungen in Gruppen Die RWA-Anlage ist auf die Brandmeldeanlage aufgeschaltet und leitet die Auslösung somit automatisch entsprechend Ziff. 2.9.3 weiter Hochregallager: Abzugsfaktor: 2% als aerodynamisch freier Querschnitt Zuluftgeräte mit einfachem Querschnitt der RWA-Flächen in den beiden Giebelwänden, Auslösung zusammen mit RWA Distributionszentrum: Abzugsfaktor: 1,56% Zuluft über Tore im Bereich der Andockplätze
12.	**Dupeg Tank Terminal in Hamburg**	Überall ausreichende Abzugsmöglichkeiten vorhanden
13.	**Lagercontaineranlage der Eurocargo GmbH in Hamburg**	Entfällt
14.	**Lagerhalle der Firma Lesch + Lübcke GmbH & Co. in Hamburg**	Sind in allen Hallen vorhanden und betragen 1,5% der Hallenfläche. Sind temperaturgesteuert. Schließen von Hand
15.	**Lagerhalle der Firma Lübker in Hamburg**	In allen Hallen vorhanden. Funktionieren automatisch und von Hand
16.	**Lagerhalle von Sigma Coatings in Hamburg**	Automatisch und manuell im Dachlichtband
17.	**Lagerboxenanlage der Firma Transbaltic Umschlag + Spedition GmbH in Hamburg**	In den Gefahrgutboxen vorhanden

18.	**Lagerhalle der Firma Rhenus AG & Co. in Hannover, Am Lindener Hafen**	Entfällt
19.	**Hochregallager der Firma Rhenus AG & Co. in Hannover, Davenstedter Str.**	Vorhanden, Steuerung in Brandmeldezentrale möglich
20.	**Lagerhalle der Firma Dachser GmbH & Co. in Neuss**	Vorhanden
21.	**Lagerhalle der Emons Spedition in Nürnberg**	Vorhanden
22.	**Lagerhalle der Firma Transbest in Offenbach/Main**	RWA vorhanden
23.	**Lagerhalle der Donau-Speditions-Gesellschaft Kießling in Regenstauf**	Auslösung durch Feuerwehr
24.	**Lagerhalle der Lehnkering AG in Schönebeck**	RWA-Anlage vorhanden
25.	**Lagerhalle der GELO Gefahrgut-Logistik GmbH & Co. KG in Schüttorf**	Über Umluftklappe (in Gifträumen mit zusätzlichem Aktivkohlefilter) und Dachkuppeln

2.9.5 Stationäre Feuerlöschanlage

1.	**Lagerräume der Firma Dettmer Container Packing in Bremen**	Entfällt
2.	**Hochregallager der Firma Merck KG aA in Darmstadt**	Sprinkleranlage mit über 11 000 Sprinklerköpfen, d.h. fast jede Palette wird durch einen Sprinklerkopf überwacht Auslösung bei 68 °C, schnellansprechend CO_2-Löschanlage, die durch die Rauchmelder ausgelöst wird Schaumlöschanlage für den Bodenbereich, Auslösung durch Rauchmelder und Sprinkleranlage Zusatz von AFFF zum Sprinklerwasser In jeder Gasse sind alle drei Löschanlagen vorhanden
3.	**Lageranlagen von Cretschmar/Henkel in Düsseldorf**	Regalsprinkleranlage in verschiedenen Regalebenen Löschmittelzusatz: AFFF in den VbF-Lägern
4.	**Lagerhalle der Heinrich Scheren Spedition in Düsseldorf**	Sprinkleranlage mit AFFF-Schäumung für Hallen 1, 3 und 7 (3800 m^2), zusätzlich CO_2-Löschanlage für die Halle 1 und 3 (2200 m^2), 50 t tiefkaltes CO_2
5.	**Lagerhalle der Hoechst Schering AgrEvo GmbH in Frankfurt/M.**	3 Brandabschnitte: Halbstationäre Schaumlöschanlage (Feuerwehr speist das Schaummittel-Wassergemisch von außen ein) 5 Brandabschnitte: Sprinkleranlage entsprechend den Vorschriften des VdS. Decken- und Regalsprinkler. Auslösung bei 68 °C. Trockensprinkleranlage im Vordachbereich und entlang der nichtwärmegedämmten Ostwand (Einfriergefahr)
6.	**Containerlager der Infra Serv GmbH & Co. Hoechst KG in Frankfurt/M.**	Entfällt

7.	**Lagerhalle der Thyssen Haniel Safety First GmbH & Co. KG in Frankfurt/M.**	Sprinkleranlagen in 6 Hallen, Auslösung bei 68 °C Ca. 400 Sprinklerköpfe in jeder Halle mit 100 l pro Minute Wasserleistung Sprinklerköpfe in verschiedenen Regalebenen und auch zwischen den Regalen Außerdem: Schaumlöschanlage, die zeitversetzt durch die Sprinkleranlage aktiviert wird, Schaumhöhe: ca. 80 cm in 6 Minuten Eine Halle mit CO_2-Löschanlage für Stoffe, die nicht mit Wasser gelöscht werden dürfen. Vorwarnzeit: 90 Sekunden, Druckausgleich über Be- und Entlüftungsanlage, CO_2-Tank mit ca. 30 t in einem separaten Raum
8.	**Lagerhalle der Firma Rhenus Kleyling in Freiburg**	Entfällt
9.	**Lagerhalle der Firma Andreas Schmid in Gersthofen**	CO_2-Löschanlage Sprinkleranlage
10.	**Lagerhalle der Buss Logistik Terminal GmbH in Hamburg**	Deckensprühflutanlage für den Peroxid-Raum CO_2-Niederdrucklöschanlage für die drei anderen Sondergefahrgut-Räume Trockenschnellsprinkleranlage mit AFFF-Zusatz für VbF-Räume, Sprinklerung jeder Regalebene und Deckensprinklerung Naßsprinkleranlage mit zwei Sprinklerebenen bei fünf Regalebenen und Deckensprinklerung für zwei Räume mit sonstigem Gefahrgut Alle Varianten sind gemäß VdS ausgeführt
11.	**Hochregallager von Buss Logistik Terminal Neuhof in Hamburg**	Sprinkleranlage mit Regalsprinklern nach den Richtlinien des VdS Auslösung der Sprinkleranlage läuft auf BMA auf (s. Ziff. 2.9.3) Eigene Löschwasserversorgung mit Vollbevorratung der Sprinkleranlage
12.	**Dupeg Tank Terminal in Hamburg**	Schaumlöscheinrichtung

13.	**Lagercontaineranlage der Eurocargo GmbH in Hamburg**	Entfällt
14.	**Lagerhalle der Firma Lesch + Lübcke GmbH & Co. in Hamburg**	3 Brandabschnitte mit stationärer Löschanlage, bestehend aus Decken- und Regalsprinklerung. Auslösung bei 68 °C. In der VbF-Halle mit AFFF-Schaumzumischung. Besprinklerte Laderampe
15.	**Lagerhalle der Firma Lübker in Hamburg**	Gefahrgutlagerhalle: Sprinklerung in jeder 2. Regalebene VbF-Hallen: brandmeldeunterstützte Trockensprinkleranlage mit Schnellentlüftereinheiten, Zusatz von AFFF, in jeder Regalebene
16.	**Lagerhalle von Sigma Coatings in Hamburg**	CO_2-Löschanlage für das VbF-Lager
17.	**Lagerboxenanlage der Firma Transbaltic Umschlag + Spedition GmbH in Hamburg**	Entfällt
18.	**Lagerhalle der Firma Rhenus AG & Co. in Hannover, Am Lindener Hafen**	Pulverlöschanlage, selbstauslösend, pneumatische Steuerelemente
19.	**Hochregallager der Firma Rhenus AG & Co. in Hannover, Davenstedter Str.**	Regalsprinkleranlage ohne Löschmittelzusatz
20.	**Lagerhalle der Firma Dachser GmbH & Co. in Neuss**	CO_2-Löschanlage für den VbF-Bereich und für die BImSchG-Lagerung
21.	**Lagerhalle der Emons Spedition in Nürnberg**	CO_2-Löschanlage, Vorrat: 7,5 t

22.	**Lagerhalle der Firma Transbest in Offenbach/Main**	CO_2-Löschanlage mit 2,3 t Löschmittel für den VbF-Bereich. Für die übrigen Lagerräume: Sprinkleranlage, die so gesteuert ist, daß sie nur den Brandbereich gezielt löscht
23.	**Lagerhalle der Donau-Speditions-Gesellschaft Kießling in Regenstauf**	Spinkleranlage mit 4431 Sprinklerköpfen, jede Regalebene wird gesprinklert. Automatische Pulverlöschanlage VbF-Bereich: Automatische Schaumlöschanlage
24.	**Lagerhalle der Lehnkering AG in Schönebeck**	Sprinkleranlage mit Netzmittelzudosierung Schwerschaumanlage
25.	**Lagerhalle der GELO Gefahrgut-Logistik GmbH & Co. KG in Schüttorf**	VbF-Räume: CO_2-Anlage Übrige Räume: Sprühnebel-Löschanlage

2.9.6 Sonstige Feuerbekämpfungseinrichtungen

Dieses Merkmal dient zur Gesamtdarstellung der jeweiligen Referenzanlage in Kap. 1. An dieser Stelle hat eine Gegenüberstellung der individuellen Ausgestaltung dieses Merkmals aber wenig praktischen Nutzen

2.9.7 Gaswarnanlage/Lüftung

Derartige Anlagen warnen in aller Regel vor explosiven Gas-Luft-Gemischen (VbF-Bereiche). Die Lüftungsanlagen für diese Bereiche verhindern, daß explosionsfähige Gas-Luft-Gemische entstehen.

1.	**Lagerräume der Firma Dettmer Container Packing in Bremen**	Keine Gaswarnanlage, jedoch Flüssigkeitsmelder in den Auffangräumen nach Ziff. 2.8.5 mit Alarmmeldung Permanente Lüftung aller Gefahrguträume durch Absaugung aus den Auffangräumen nach Ziff. 2.8.5 und des Bodenbereichs in jedem Raum Stündlicher Luftwechsel: 2fach
2.	**Hochregallager der Firma Merck KG aA in Darmstadt**	1facher stündlicher Luftwechsel im gesamten Lager 5facher stündlicher Luftwechsel im Bodenbereich
3.	**Lageranlagen von Cretschmar/Henkel in Düsseldorf**	Gaswarnanlage im VbF-Bereich mit Gasmeldern im Fußbodenbereich, bei Gasalarm: 5facher stündlicher Luftwechsel für die VbF-Lagerung
4.	**Lagerhalle der Heinrich Scheren Spedition in Düsseldorf**	Gaswarnanlage zur Steuerung des Luftwechsels (2fach) Alarmstufe 1: 15% UEG (interner Alarm) Alarmstufe 2: 35% UEG (Meldung an ständig besetzte Stelle)
5.	**Lagerhalle der Hoechst Schering AgrEvo GmbH in Frankfurt/M.**	Lagerbereich: Ausreichende Lüftung durch Bauauslegung gewährleistet
6.	**Containerlager der Infra Serv GmbH & Co. Hoechst KG in Frankfurt/M.**	Entfällt

7.	**Lagerhalle der Thyssen Haniel Safety First GmbH & Co. KG in Frankfurt/M.**	13 Gasschnüffler pro Halle, kalibriert auf Toluol Bei 10% UEG: Erstalarm, Schließen der Tore, Abschalten der elektrischen Betriebsmittel, Einschalten der Lüftung mit 5fachem Luftwechsel pro Stunde, automatische Durchsage mit Aufforderung zum Verlassen der Halle und der angrenzenden Bereiche Bei 40% UEG: Zusätzlich: Alarmmeldung an die Feuerwehr sowie automatische Durchsage zum Verlassen des gesamten Gebäudekomplexes und Sammeln am dafür eingerichteten Sammelpunkt
8.	**Lagerhalle der Firma Rhenus Kleyling in Freiburg**	Im VbF-Bereich 2facher automatischer Luftwechsel
9.	**Lagerhalle der Firma Andreas Schmid in Gersthofen**	Lüftungsanlage mit 2- bis 5fachem Luftaustausch/Stunde
10.	**Lagerhalle der Buss Logistik Terminal GmbH in Hamburg**	Keine Gaswarnanlage; jedoch sind die Gabelstabler für die VbF-Räume für den Einsatz in Zone 2 entsprechend VbF geeignet. Bei einer Leckage von VbF-Stoffen werden die Gabelstabler sofort stillgelegt. Technische Lüftung mit 2,0fachem stündlichem Luftwechsel in den VbF-Räumen, dort Absaugung über Bodenkanäle. Abschaltung der Lüftung außerhalb der Betriebszeit Ventilatoren mit 0,5fachen stündlichem Luftwechsel für die Sondergefahrguträume Im Peroxid-Raum 2,0facher stündlicher Luftwechsel Sonstige Gefahrguträume mit natürlicher Belüftung durch die Toröffnungen sowie durch Ventilatoren im Sockel- und Dachbereich
11.	**Hochregallager von Buss Logistik Terminal Neuhof in Hamburg**	Entfällt

12.	**Dupeg Tank Terminal in Hamburg**	Nur in besonderen Fällen werden Gase mit mobilen Gaswarngeräten überwacht
13.	**Lagercontaineranlage der Eurocargo GmbH in Hamburg**	Lüftung nur für den Container mit VbF-Ware
14.	**Lagerhalle der Firma Lesch + Lübcke GmbH & Co. in Hamburg**	VbF-Halle: 5facher Luftwechsel + Gaswarnanlage Staplerladeraum: Fremdbelüftung Gefahrgut-Halle und WGK-Halle: natürliche Lüftung
15.	**Lagerhalle der Firma Lübker in Hamburg**	1. VbF-Raum (v. 1992): 2,5facher Luftwechsel u. Gaswarnanlage 2. VbF-Raum (v. 1996): 2facher Luftwechsel ohne Gaswarnanlage
16.	**Lagerhalle von Sigma Coatings in Hamburg**	5facher Luftwechsel im VbF-Lager
17.	**Lagerboxenanlage der Firma Transbaltic Umschlag + Spedition GmbH in Hamburg**	Permanente mechanische Lüftung in den Gefahrgutboxen
18.	**Lagerhalle der Firma Rhenus AG & Co. in Hannover, Am Lindener Hafen**	Gaswarnanlage: Gasschnüffler im unteren Hallenbereich, 2 Alarmstufen: 1. Alarm: Auslösung der Lüftung, 2. Alarm: zusätzlich Anzeige der Türschilder, Meldung des Alarms u.a. durch außen angebrachte Blinklichter Lüftung springt nur im Alarmfall an, 5facher Luftwechsel
19.	**Hochregallager der Firma Rhenus AG & Co. in Hannover, Davenstedter Str.**	Entfällt
20.	**Lagerhalle der Firma Dachser GmbH & Co. in Neuss**	Gaswarnanlage mit 24 Gasmeldern, die im Bodenbereich der Regale angeordnet sind Lüftungsanlage mit 2,5fachem stündlichen Luftwechsel, im Alarmfall: 5facher stündlicher Luftwechsel

21.	**Lagerhalle der Emons Spedition in Nürnberg**	Lüftungsanlage mit ca. 5fachem stündlichen Luftwechsel bezogen auf die unterste Lagerebene mit kontinuierlicher Überwachung der Umluft durch eine Gasmeldezentrale als Frühwarnsystem
22.	**Lagerhalle der Firma Transbest in Offenbach/Main**	Lüftung für Teilbereiche
23.	**Lagerhalle der Donau-Speditions-Gesellschaft Kießling in Regenstauf**	Lüftung mit 5fachem Luftwechsel, gesteuert durch Gaswarnanlage Die Luftabsaugrohre werden durch die Regale geführt
24.	**Lagerhalle der Lehnkering AG in Schönebeck**	Gaswarn- und Schnüffelanlage Lüftungsanlage mit 5fachem stündlichen Luftwechsel
25.	**Lagerhalle der GELO Gefahrgut-Logistik GmbH & Co. KG in Schüttorf**	Gaswarnanlage Absauganlage mit Aktivkohlefilter für die Gifträume

2.9.8 Notstromversorgung		
1.	**Lagerräume der Firma Dettmer Container Packing in Bremen**	Entfällt
2.	**Hochregallager der Firma Merck KG aA in Darmstadt**	Notstromversorgung für stationäre Feuerlöschanlagen, Rauchmelder, EDV und Lüftung
3.	**Lageranlagen von Cretschmar/Henkel in Düsseldorf**	Unterbrechungsfreie Stromversorgung für die DV
4.	**Lagerhalle der Heinrich Scheren Spedition in Düsseldorf**	Notstromaggregat zur Versorgung der Brandmeldezentrale und der Lüftung Dieselpumpe zur Versorgung der Sprinkleranlage (Hauptversorgung durch elektrische Pumpe)
5.	**Lagerhalle der Hoechst Schering AgrEvo GmbH in Frankfurt/M.**	Für sicherheitsrelevante Anlagenteile (z. B. automatisch schließende Rolltore) vorhanden
6.	**Containerlager der Infra Serv GmbH & Co. Hoechst KG in Frankfurt/M.**	Entfällt
7.	**Lagerhalle der Thyssen Haniel Safety First GmbH & Co. KG in Frankfurt/M.**	Ständig startbereites Diesel-Notstromaggregat für die Brandbekämpfungseinrichtungen, für die Notbeleuchtung und für andere sicherheitstechnische Ausrüstungsgegenstände
8.	**Lagerhalle der Firma Rhenus Kleyling in Freiburg**	Für Brandmeldeanlage, Lüftung und Fluchtwegbeleuchtung
9.	**Lagerhalle der Firma Andreas Schmid in Gersthofen**	Batterieversorgung über 48 Stunden

10.	**Lagerhalle der Buss Logistik Terminal GmbH in Hamburg**	Dieselangetriebenes Notstromaggregat für die Versorgung der Sicherheitsbeleuchtung, der Sprinkleranlage, der CO_2-Anlage und der Schaummittelpumpe sowie der Betriebszentrale
11.	**Hochregallager von Buss Logistik Terminal Neuhof in Hamburg**	Batterieversorgung für die rauchmeldergesteuerten T-90-Brandschutztore Löschwasserversorgungs-Dieselpumpe (250 m^3/h bei 10 bar) Dieselsprinklerpumpe als zweite Energieversorgung
12.	**Dupeg Tank Terminal in Hamburg**	Nein
13.	**Lagercontaineranlage der Eurocargo GmbH in Hamburg**	Entfällt
14.	**Lagerhalle der Firma Lesch + Lübcke GmbH & Co. in Hamburg**	Über Dieselgenerator für ganzes Gelände
15.	**Lagerhalle der Firma Lübker in Hamurg**	Durch Dieselaggregat vorhanden. Auch Sicherheitsbeleuchtung wird darüber betrieben
16.	**Lagerhalle von Sigma Coatings in Hamburg**	Für die Sicherheitsbeleuchtung und Brandmeldetechnik (Batterieversorgung)
17.	**Lagerboxenanlage der Firma Transbaltic Umschlag + Spedition GmbH in Hamburg**	Brandmeldeanlage über Notstrom gesichert
18.	**Lagerhalle der Firma Rhenus AG & Co. in Hannover, Am Lindener Hafen**	Entfällt

19.	**Hochregallager der Firma Rhenus AG & Co. in Hannover, Davenstedter Str.**	Notstromaggregat für die Sprinkleranlage
20.	**Lagerhalle der Firma Dachser GmbH & Co. in Neuss**	Vorhanden
21.	**Lagerhalle der Emons Spedition in Nürnberg**	Entfällt
22.	**Lagerhalle der Firma Transbest in Offenbach/Main**	2 Dieselmotoren für die Sprinkleranlage
23.	**Lagerhalle der Donau-Speditions-Gesellschaft Kießling in Regenstauf**	Notstromaggregate sind vorhanden Zusätzlich: Unterbrechungsfreie Stromversorgung z. B. für die EDV
24.	**Lagerhalle der Lehnkering AG in Schönebeck**	Diesel-Notstromaggregat vorhanden
25.	**Lagerhalle der GELO Gefahrgut-Logistik GmbH & Co. KG in Schüttorf**	Notstromaggregat

2.9.9	Notfallausrüstung	
1.	**Lagerräume der Firma Dettmer Container Packing in Bremen**	In einem separaten Betriebsraum ist Bindemittel usw. vorhanden
2.	**Hochregallager der Firma Merck KG aA in Darmstadt**	Vorhanden
3.	**Lageranlagen von Cretschmar/Henkel in Düsseldorf**	Übliche Ausrüstung
4.	**Lagerhalle der Heinrich Scheren Spedition in Düsseldorf**	Universalbindematerial, Auffangbehälter für max. 1000 l (max. größtes gelagertes Versandstück = 1000 l IBC)
5.	**Lagerhalle der Hoechst Schering AgrEvo GmbH in Frankfurt/M.**	Durch Werksfeuerwehr gewährleistet
6.	**Containerlager der Infra Serv GmbH & Co. Hoechst KG in Frankfurt/M.**	Chemikalienbinder vor Ort vorhanden Dichtkissen und Sandsäcke für Kanaleinläufe im Straßenbereich
7.	**Lagerhalle der Thyssen Haniel Safety First GmbH & Co. KG in Frankfurt/M.**	Bergefässer, Leckagematerial, Bindemittel usw. sind vorhanden
8.	**Lagerhalle der Firma Rhenus Kleyling in Freiburg**	Vorhanden
9.	**Lagerhalle der Firma Andreas Schmid in Gersthofen**	Sicherheitsstationen, Schutzausrüstung, Wasch- und Duschgelegenheiten

10.	**Lagerhalle der Buss Logistik Terminal GmbH in Hamburg**	Notfallkiste vorhanden
11.	**Hochregallager von Buss Logistik Terminal Neuhof in Hamburg**	Industriestaubsauger für verschüttete feste wassergefährdende Stoffe Abdeckelemente für Kanaleinläufe, Auffangbehälter, Pumpen, Überfässer, Bindemittel, Werkzeuge usw.
12.	**Dupeg Tank Terminal in Hamburg**	Sandsäcke, Ölsperren, Bindematerial, Werkzeug und sonstige Ausrüstung für die Schadensbekämpfung vorhanden
13.	**Lagercontaineranlage der Eurocargo GmbH in Hamburg**	Notfallcontainer mit Bindemittel, Bergefässer, Werkzeuge, persönliche Schutzausrüstung, Kanalisationspläne usw.
14.	**Lagerhalle der Firma Lesch + Lübcke GmbH & Co. in Hamburg**	Notfallkiste
15.	**Lagerhalle der Firma Lübker in Hamburg**	Extra-Raum für Notfallausrüstung, in jeder Halle Notfallboxen
16.	**Lagerhalle von Sigma Coatings in Hamburg**	Notfallkiste mit Geräten und Schutzausrüstungen für begrenzte Schadensfälle
17.	**Lagerboxenanlage der Firma Transbaltic Umschlag + Spedition GmbH in Hamburg**	Gefahrgutkiste
18.	**Lagerhalle der Firma Rhenus AG & Co. in Hannover, Am Lindener Hafen**	Berge-/Überfässer, Sandsäcke, Bindemittel u. ä.
19.	**Hochregallager der Firma Rhenus AG & Co. in Hannover, Davenstedter Str.**	Berge-/Überfässer, Sandsäcke, Bindemittel u. ä.

20.	**Lagerhalle der Firma Dachser GmbH & Co. in Neuss**	Bergefässer, Chemikalienbinder, Faßhebegeschirr usw.
21.	**Lagerhalle der Emons Spedition in Nürnberg**	Bindemittel, Überfässer, Gullyabdeckungen usw.
22.	**Lagerhalle der Firma Transbest in Offenbach/Main**	Nach Maßgabe der Berufsgenossenschaft und der Gewerbeaufsicht
23.	**Lagerhalle der Donau-Speditions-Gesellschaft Kießling in Regenstauf**	Sicherheitsecken an verschiedenen geeigneten Stellen im Betrieb mit: Universalbinder, Überfässer, Telefon, Alarmplan usw.
24.	**Lagerhalle der Lehnkering AG in Schönebeck**	Bergefässer, Chemikalienbinder usw.
25.	**Lagerhalle der GELO Gefahrgut-Logistik GmbH & Co. KG in Schüttorf**	Havariebecken, Bergungsfässer, Bindemittel und Reserveemballagen

2.9.10 Persönliche Schutzausrüstung/Rettungseinrichtungen/1. Hilfe		
1.	**Lagerräume der Firma Dettmer Container Packing in Bremen**	Übliche Ausrüstung und Geräte sind vorhanden: z. B. Notdusche, Atemmasken, persönliche Schutzausrüstung
2.	**Hochregallager der Firma Merck KG aA in Darmstadt**	Insbesondere durch Werksfeuerwehr Zusätzlich: Fluchtmasken, Augenduschen, Erste-Hilfe-Koffer, Sprungwannen
3.	**Lageranlagen von Cretschmar/Henkel in Düsseldorf**	Übliche Ausrüstung vorhanden, spezielle Ausrüstung bei der Werksfeuerwehr von Henkel
4.	**Lagerhalle der Heinrich Scheren Spedition in Düsseldorf**	Augenspülflasche und Gummihandschuhe auf jedem Flurförderfahrzeug, Gummistiefel und Erste-Hilfe-Kasten in den Meisterbüros, im Bereich der CO_2-Löschanlagen sind sowohl auf den Hochregalstaplern als auch in den Hallen umluftunabhängige Atemgeräte vorhanden
5.	**Lagerhalle der Hoechst Schering AgrEvo GmbH in Frankfurt/M.**	Persönliche Schutzausrüstung, z. B. zur Aufnahme von Leckagen, wird in Notfall-Schränken für namentlich benannte Mitarbeiter vorgehalten
6.	**Containerlager der Infra Serv GmbH & Co. Hoechst KG in Frankfurt/M.**	Helm, Kleidung, Sicherheitsschuhe, Warnweste, Fluchtmaske, Betriebssprech- und Bündelfunk Erste Hilfe: Ersthelfer/Werksfeuerwehr/Werksarzt
7.	**Lagerhalle der Thyssen Haniel Safety First GmbH & Co. KG in Frankfurt/M.**	Vorhanden, auch: Atemgeräte und Schutzanzüge
8.	**Lagerhalle der Firma Rhenus Kleyling in Freiburg**	Vorhanden

9.	**Lagerhalle der Firma Andreas Schmid in Gersthofen**	Sicherheitsstationen mit: Brille, Atemschutzmaske, Handschuhe, Stiefel Ersthelfer gemäß UVV 17 § 8
10.	**Lagerhalle der Buss Logistik Terminal GmbH in Hamburg**	Übliche Ausrüstung und Geräte vorhanden, z. B. Augenwaschflaschen, Erste-Hilfe-Kasten, persönliche Schutzausrüstung und Atemmasken
11.	**Hochregallager von Buss Logistik Terminal Neuhof in Hamburg**	Vorhanden
12.	**Dupeg Tank Terminal in Hamburg**	Preßluftatmer, Gas-Filter-Masken, Ganzkörperschutzanzug Alle Mitarbeiter sind für die 1. Hilfe ausgebildet. Verbandsmaterial ist vorhanden Brandschutzdecken sind im Betrieb greifbar
13.	**Lagercontaineranlage der Eurocargo GmbH in Hamburg**	Im Notfallcontainer, s. Ziffer 2.9.9
14.	**Lagerhalle der Firma Lesch + Lübcke GmbH & Co. in Hamburg**	Persönliche Schutzausrüstung für jeden Arbeitnehmer inkl. Atemschutz Mehrere ausgebildete Ersthelfer
15.	**Lagerhalle der Firma Lübker in Hamburg**	Ist vorhanden. Interne Alarmanlage zur Alarmierung des Personals im Gefahrfall. Erste-Hilfe-Raum im Bürogebäude
16.	**Lagerhalle von Sigma Coatings in Hamburg**	Schutzschuhe, Schutzhandschuhe und Atemschutz, die bei Bedarf auch im Normalbetrieb getragen werden Außerdem: Notfallkiste (siehe Ziff. 2.9.9) Außerdem: Notfall-Kit (Schutzanzug, Atemschutzmaske, Schutzhandschuhe, Bindevlies)
17.	**Lagerboxenanlage der Firma Transbaltic Umschlag + Spedition GmbH in Hamburg**	Vorhanden

18.	**Lagerhalle der Firma Rhenus AG & Co. in Hannover, Am Lindener Hafen**	Vorhanden, einschließlich Atemschutz
19.	**Hochregallager der Firma Rhenus AG & Co. in Hannover, Davenstedter Str.**	Vorhanden, einschließlich Atemschutz
20.	**Lagerhalle der Firma Dachser GmbH & Co. in Neuss**	Notdusche, Augendusche usw. Rettungskombination (Chemikalienschutzanzüge)
21.	**Lagerhalle der Emons Spedition in Nürnberg**	Persönliche Schutzausrüstung und Verbandskasten vorhanden
22.	**Lagerhalle der Firma Transbest in Offenbach/Main**	Nach Maßgabe der Berufsgenossenschaft und der Gewerbeaufsicht
23.	**Lagerhalle der Donau-Speditions-Gesellschaft Kießling in Regenstauf**	Umfangreiche persönliche Schutzausrüstung einschließlich Chemikalienschutzanzüge vorhanden Sanitätsraum mit speziellen Medikamenten im Betrieb vorhanden
24.	**Lagerhalle der Lehnkering AG in Schönebeck**	Vorhanden
25.	**Lagerhalle der GELO Gefahrgut-Logistik GmbH & Co. KG in Schüttorf**	Persönliche Schutzausrüstung für jeden Lagerarbeiter Rettungskörbe und Abseilhilfe für Regalanlage Notarztstation in unmittelbarer Nachbarschaft

2.10 Organisation

2.10.1 Ein- und Ausgangs- sowie Bestandskontrollen

Bei Ein- und Ausgangskontrollen wird insbesondere der ordnungsgemäße Zustand der Verpackung sowie deren Zulassung und Identität festgestellt. Unter einer Bestandskontrolle ist eine Inventur zu verstehen.

1.	**Lagerräume der Firma Dettmer Container Packing in Bremen**	Ein- und Ausgangskontrollen werden durchgeführt Bestandskontrollen täglich Ein genauer Abgleich des Bestandes anhand der Lagerlisten findet wöchentlich statt.
2.	**Hochregallager der Firma Merck KG aA in Darmstadt**	EDV-gestützte Kontrollen Kontrollgänge durch die Werksfeuerwehr
3.	**Lageranlagen von Cretschmar/Henkel in Düsseldorf**	Ein- und Ausgangskontrollen werden durchgeführt. Durchführung der Bestandskontrolle: täglicher Abgleich der Daten aus Lagerverwaltungssystem und Henkel-DV, zeitnahe Korrekturbuchung durch eigene Bestandsbuchhaltung
4.	**Lagerhalle der Heinrich Scheren Spedition in Düsseldorf**	Ein- und Ausgangskontrollen generell Fahrzeugkontrolle stichprobenartig anhand Checkliste Bestandskontrolle inkl. Lagerausrüstung anhand Checkliste
5.	**Lagerhalle der Hoechst Schering AgrEvo GmbH in Frankfurt/M.**	Bestandsführung, Lagerplatzverwaltung und Versandabwicklung mit EDV-Lagerverwaltungssystem, Einlagerungssteuerung über VCI-Lagerklassen
6.	**Containerlager der Infra Serv GmbH & Co. Hoechst KG in Frankfurt/M.**	Feststellen offensichtlicher Mängel bei der Einlagerung, stündliche Kontrollgänge außerhalb Regelarbeitszeit

7.	**Lagerhalle der Thyssen Haniel Safety First GmbH & Co. KG in Frankfurt/M.**	Einlagerung nach vorherigem Abgleich mit Sicherheitsdatenblättern, optischer Kontrolle (Verpackung, äußerer Zustand), Etikettierung und unter Berücksichtigung der Zusammenlagerungsverbote (s. Ziff. 2.10.2) Lagerplatzeinweisung über DV Bestand jederzeit über DV abrufbar Auslagerung: Anwendung der Gefahrgut-Vorschriften: Kontrolle von Verpackung, Gefahrgut-Begleitpapiere und Speditions-/Versand-Auftrag Fahrzeugkontrollen mit firmeneigenem Versand-Checkzettel
8.	**Lagerhalle der Firma Rhenus Kleyling in Freiburg**	Gemäß ADR-Vorschriften
9.	**Lagerhalle der Firma Andreas Schmid in Gersthofen**	Produktidentität, Liefermengen, Originalverschluß, Unversehrtheit der Behälter sowie der Pack- und Ladehilfsmittel
10.	**Lagerhalle der Buss Logistik Terminal GmbH in Hamburg**	EDV-Überwachung der Ein- und Auslagerung sowie des Bestandes Eingangskonrolle auf Beschädigung und ordnungsgemäße Papiere Auslagerung nach Voravis mit Überprüfung der ordnungsgemäßen Verladung nach GGVS
11.	**Hochregallager von Buss Logistik Terminal Neuhof in Hamburg**	Eingangskontrolle: Prüfung auf Identität, Unversehrtheit und Vollständigkeit, Konturenkontrolle auf Maßhaltigkeit und Übergewicht, Eingabe in die DV Bestandskontrolle über DV
12.	**Dupeg Tank Terminal in Hamburg**	Jederzeit Bestandsabfragen möglich EDV-gestützte Mengenbuchhaltung
13.	**Lagercontaineranlage der Eurocargo GmbH in Hamburg**	Sichtkontrolle beim Eingang Bestandskontrolle nach Bedarf
14.	**Lagerhalle der Firma Lesch + Lübcke GmbH & Co. in Hamburg**	Bestandsführung, Lagerplatzverwaltung und Versandabwicklung mit EDV. Zusätzlich persönliche Warenkontrolle auf Beschädigungen

15.	**Lagerhalle der Firma Lübker in Hamburg**	Manuelle Prüfung der Papiere und der Verpackung durch Büro- und Lagerpersonal
16.	**Lagerhalle von Sigma Coatings in Hamburg**	Eingangskontrolle: Überprüfung der Produkte (Sichtkontrolle) und der Angaben in den Lieferpapieren Ausgang: kommissioniert, mit Liefer- und Begleitpapieren
17.	**Lagerboxenanlage der Firma Transbaltic Umschlag + Spedition GmbH in Hamburg**	Einlagerung nach vorherigem Abgleich von Sicherheitsdatenblättern, optischer Kontrolle (Verpackung, äußerer Zustand), Etikettierung und unter Berücksichtigung der Zusammenlagerungsverbote Auslagerung: Packen von Containern unter Beachtung der Zusammenlagerungsverbote und Beförderungsvorschriften
18.	**Lagerhalle der Firma Rhenus AG & Co. in Hannover, Am Lindener Hafen**	Ablauf und Verantwortlichkeiten sind eindeutig festgelegt Bestandsverwaltung durch DV-System
19.	**Hochregallager der Firma Rhenus AG & Co. in Hannover, Davenstedter Str.**	Ablauf und Verantwortlichkeiten sind eindeutig festgelegt Bestandsverwaltung durch DV-System
20.	**Lagerhalle der Firma Dachser GmbH & Co. in Neuss**	Ein- und Ausgangskontrollen sind in Arbeitsanweisungen geregelt Bestandskontrollen: EDV-gesteuert, tägliche Kontrollgänge, Inventuren
21.	**Lagerhalle der Emons Spedition in Nürnberg**	Werden durchgeführt
22.	**Lagerhalle der Firma Transbest in Offenbach/Main**	Werden durchgeführt

23.	**Lagerhalle der Donau-Speditions-Gesellschaft Kießling in Regenstauf**	Eingang: Eingabe der notwendigen Daten mit Checkliste (u. a. VbF-Klasse, Einstufung nach Gefahrstoffverordnung) zur Aufnahme in die EDV mit Barcode-Steuerung Ausgang: u. a. Kontrolle der ausfahrenden LKW durch die Firma Kießling Bestandskontrollen: durch EDV-Lagerstellplatzverwaltung
24.	**Lagerhalle der Lehnkering AG in Schönebeck**	Durchgängiges Lagerstellplatzverwaltungssystem
25.	**Lagerhalle der GELO Gefahrgut-Logistik GmbH & Co. KG in Schüttorf**	Warenein- und ausgang über Barcode Bestandskontrollen über EDV

2.10.2 Abstandsregelung/Zusammenlagerungsverbote/Mengenbegrenzungen

Bestimmte Stoffe bzw. Stoffgruppen dürfen nicht oder nur mit Mindestabständen zusammengelagert werden. Dadurch sollen Reaktionen dieser Stoffe untereinander verhindert bzw. Schadensereignisse wie Brände begrenzt werden. Eventuelle Mengenbegrenzungen dienen ebenfalls der Schadensbegrenzung oder resultieren aus der baulichen Gegebenheit.

1.	**Lagerräume der Firma Dettmer Container Packing in Bremen**	Zur Einhaltung von Zusammenlagerungsverboten werden verschiedene Lagerräume benutzt Verantwortlich sind die Lademeister, die intensiv geschult sind Regelmäßige Kontrollen gibt es mindestens 1 × wöchentlich (siehe Ziff. 2.10.1)
2.	**Hochregallager der Firma Merck KG aA in Darmstadt**	Über EDV-System
3.	**Lageranlagen von Cretschmar/Henkel in Düsseldorf**	Die Einhaltung der Regelungen/Verbote wird durch die DV-Software geleistet Platzzuweisung durch die DV-Verwaltung
4.	**Lagerhalle der Heinrich Scheren Spedition in Düsseldorf**	Kontrolle mittels EDV-Lagerverwaltungssystem
5.	**Lagerhalle der Hoechst Schering AgrEvo GmbH in Frankfurt/M.**	Entsprechend den gesetzlichen Bestimmungen, insbesondere VbF/TRbF und TRGS 514. Die Empfehlungen der IVA-Leitlinie „Sichere Lagerung von Pflanzenschutz- und Schädlingsbekämpfungsmitteln" (Hrsg: Industrieverband Agrar, Frankfurt a.M., 1996) werden eingehalten
6.	**Containerlager der Infra Serv GmbH & Co. Hoechst KG in Frankfurt/M.**	Nach VCI-Konzept, VbF und TRG

7.	**Lagerhalle der Thyssen Haniel Safety First GmbH & Co. KG in Frankfurt/M.**	Einhaltung der gesetzlichen Zusammenlagerungsverbote mit einem eigenen DV-System, das bei jedem Einlagerungsvorgang aktiviert wird
8.	**Lagerhalle der Firma Rhenus Kleyling in Freiburg**	Durch Bauweise und Hallenbelegung
9.	**Lagerhalle der Firma Andreas Schmid in Gersthofen**	Nach VCI-Lagerkonzept
10.	**Lagerhalle der Buss Logistik Terminal GmbH in Hamburg**	Die EDV-gesteuerte Lagerlogistik gewährleistet die Einhaltung sämtlicher Zusammenlagerungsvorschriften Bei Blocklagerung sind in jedem Fall nach jedem 2. Palettenstapel 50 cm breite Kontrolllänge vorgesehen. Alle Fahrwege sind mindestens 1 m breiter als der beladene Stapler Generelle Mengenbegrenzung in VbF-Räumen: 800 t, in Räumen für sonstiges Gefahrgut: 2000 t
11.	**Hochregallager von Buss Logistik Terminal Neuhof in Hamburg**	Gefahrgüter werden in speziellen feuerbeständigen Schränken gelagert. Durch stoffgruppenspezifische Einlagerung werden die relevanten Regelungen und Verbote eingehalten
12.	**Dupeg Tank Terminal in Hamburg**	Leitung des Operating überwacht Abstände, Mengenbegrenzung und Zusammenlagerungsverbot
13.	**Lagercontaineranlage der Eurocargo GmbH in Hamburg**	Einhaltung durch Einlagerung in die Lagercontainer, wobei ein Container jeweils nur für eine Gefahrgutklasse benutzt wird
14.	**Lagerhalle der Firma Lesch + Lübcke GmbH & Co. in Hamburg**	Entsprechend den gesetzlichen Bestimmungen, insbesondere VbF, TRbF und TRGS 514 sowie VCI-Lagerkonzept und GMP-Richtlinien Mengenbegrenzung: giftige, sehr giftige, explosionsgefährliche und brandfördernde Stoffe: maximal 200 t

15.	**Lagerhalle der Firma Lübker in Hamburg**	Gesteuert durch speziell für dieses Lager entwickelte EDV-Lagerlogistik
16.	**Lagerhalle von Sigma Coatings in Hamburg**	Zuordnung zu Lagerbereichen anhand eines Einlagerungsplans entsprechend Gefahrenmerkmalen
17.	**Lagerboxenanlage der Firma Transbaltic Umschlag + Spedition GmbH in Hamburg**	Durch die Struktur des Lagers (kleine Zellen) werden Zusammenlagerungsverbote eingehalten
18.	**Lagerhalle der Firma Rhenus AG & Co. in Hannover, Am Lindener Hafen**	Die Einhaltung der Regelungen/Verbote wird durch die DV-Software geleistet. Platzzuweisung durch DV-Verwaltung
19.	**Hochregallager der Firma Rhenus AG & Co. in Hannover, Davenstedter Str.**	Die Einhaltung der Regelungen/Verbote wird durch die DV-Software geleistet Platzzuweisung durch DV-Verwaltung
20.	**Lagerhalle der Firma Dachser GmbH & Co. in Neuss**	Grundlage: Sicherheitsdatenblätter Trennung/Abstände durch Lagerung in verschiedenen Brandabschnitten VbF-Lager: Behältnisse mit max. Inhalt von 1 m^3 der Gefahrenklasse AI
21.	**Lagerhalle der Emons Spedition in Nürnberg**	Werden eingehalten
22.	**Lagerhalle der Firma Transbest in Offenbach/Main**	Werden beachtet
23.	**Lagerhalle der Donau-Speditions-Gesellschaft Kießling in Regenstauf**	Automatische Produkttrennung nach Gefahrstoffverordnung und VbF durch EDV-System
24.	**Lagerhalle der Lehnkering AG in Schönebeck**	DV-System

25.	**Lagerhalle der GELO Gefahrgut-Logistik GmbH & Co. KG in Schüttorf**	Abstandsregelungen und Zusammenlagerungsverbote entfallen, weil nur solche Stoffe in einem Hallenabschnitt zusammengelagert werden, die keinen Abstand untereinander erforderlich machen

2.10.3 Bestands-/Einlagerungsplan/Lagerverwaltung		
1.	**Lagerräume der Firma Dettmer Container Packing in Bremen**	In einem separaten Raum werden – gesondert für jeden Gefahrgutraum – die Lagerlisten bereitgehalten
2.	**Hochregallager der Firma Merck KG aA in Darmstadt**	Über EDV-System
3.	**Lageranlagen von Cretschmar/Henkel in Düsseldorf**	Durch das DV-System: Anbindung an Rechner der Fa. Henkel
4.	**Lagerhalle der Heinrich Scheren Spedition in Düsseldorf**	Kontrolle und Verwaltung mittels EDV-Lagerverwaltungssystem
5.	**Lagerhalle der Hoechst Schering AgrEvo GmbH in Frankfurt/M.**	Ein kompletter Plan ist jederzeit durch die EDV abrufbar Dieser wird im Bedarfsfall gedruckt Zusätzlich: 1 mal wöchentlich aktualisierte Feuerwehrliste wird an der Brandmeldezentrale vorgehalten
6.	**Containerlager der Infra Serv GmbH & Co. Hoechst KG in Frankfurt/M.**	DV-gestütztes Lagerverwaltungssystem
7.	**Lagerhalle der Thyssen Haniel Safety First GmbH & Co. KG in Frankfurt/M.**	Wöchentlicher Listenausdruck aller Gefahrgüter und Hinterlegung in der Brandmeldezentrale für die Feuerwehr
8.	**Lagerhalle der Firma Rhenus Kleyling in Freiburg**	EDV-Standplatzverwaltung
9.	**Lagerhalle der Firma Andreas Schmid in Gersthofen**	Stellplatz- und Artikelverwaltung über Barcode

10.	**Lagerhalle der Buss Logistik Terminal GmbH in Hamburg**	Das EDV-gestützte Lagerinformationssystem liefert alle erforderlichen Daten Es ist ständig verfügbar. Eine Lagerliste kann jederzeit ausgedruckt werden
11.	**Hochregallager von Buss Logistik Terminal Neuhof in Hamburg**	Über die DV
12.	**Dupeg Tank Terminal in Hamburg**	EDV-Einsatz weist jederzeit alle Mengenbewegungen aus. Ist-Kontrolle durch körperliche Aufnahmen nach Verladung
13.	**Lagercontaineranlage der Eurocargo GmbH in Hamburg**	Bestands-/Einlagerungsplan wird durch die DV-gestützte Lagerverwaltung hergestellt
14.	**Lagerhalle der Firma Lesch + Lübcke GmbH & Co. in Hamburg**	Kompletter Plan ist jeder Zeit über EDV abrufbar, kann im Bedarfsfall ausgedruckt werden Brandschutzplan mit Angaben der Lagerbereiche für Gefahrgut befindet sich am Schlüsselkasten
15.	**Lagerhalle der Firma Lübker in Hamburg**	Durch EDV-gestützte Lagerlogistik
16.	**Lagerhalle von Sigma Coatings in Hamburg**	EDV-gestützte Buchung/Registrierung der Produkte
17.	**Lagerboxenanlage der Firma Transbaltic Umschlag + Spedition GmbH in Hamburg**	EDV-Steuerung in Planung Z. Z. manuelle Regelung über Gefahrgutdokumente
18.	**Lagerhalle der Firma Rhenus AG & Co. in Hannover, Am Lindener Hafen**	Durch die DV-Verwaltung
19.	**Hochregallager der Firma Rhenus AG & Co. in Hannover, Davenstedter Str.**	Durch die DV-Verwaltung

20.	**Lagerhalle der Firma Dachser GmbH & Co. in Neuss**	EDV-gesteuert
21.	**Lagerhalle der Emons Spedition in Nürnberg**	Werden eingehalten
22.	**Lagerhalle der Firma Transbest in Offenbach/Main**	EDV-Bestandsführung mit Gefahrgutdatenbank
23.	**Lagerhalle der Donau-Speditions-Gesellschaft Kießling in Regenstauf**	Über EDV-Lagerstellplatzverwaltung DFÜ-Kommunikation in das Kießling-System ist möglich
24.	**Lagerhalle der Lehnkering AG in Schönebeck**	DV-System mit Feuerwehrliste
25.	**Lagerhalle der GELO Gefahrgut-Logistik GmbH & Co. KG in Schüttorf**	Mit EDV-Verwaltung

2.10.4 Sicherung des Lagergutes gegen Herabfallen		
1.	**Lagerräume der Firma Dettmer Container Packing in Bremen**	In der Regel wird nur einlagig gelagert Sonst: Stretchen u. ä.
2.	**Hochregallager der Firma Merck KG aA in Darmstadt**	Mit Bändern bzw. Stretchen
3.	**Lageranlagen von Cretschmar/Henkel in Düsseldorf**	Sicherungsbänder und Folien
4.	**Lagerhalle der Heinrich Scheren Spedition in Düsseldorf**	Lagerung in Regalen
5.	**Lagerhalle der Hoechst Schering AgrEvo GmbH in Frankfurt/M.**	Durch Umbändern und ggf. durch Schrumpfung
6.	**Containerlager der Infra Serv GmbH & Co. Hoechst KG in Frankfurt/M.**	Setzen von Zapfen bei rahmenlosen Tank-Containern und Flats
7.	**Lagerhalle der Thyssen Haniel Safety First GmbH & Co. KG in Frankfurt/M.**	Paletten mit Gebinden werden von der Firma durch eine Umwicklung gesichert
8.	**Lagerhalle der Firma Rhenus Kleyling in Freiburg**	Wird gesichert
9.	**Lagerhalle der Firma Andreas Schmid in Gersthofen**	Palettensicherungsmaßnahmen z. B. Folien strechten, ständige Sicherheitskontrollen

10.	**Lagerhalle der Buss Logistik Terminal GmbH in Hamburg**	Bei Überschreitung der zulässigen Fallhöhe
11.	**Hochregallager von Buss Logistik Terminal Neuhof in Hamburg**	Gegebenenfalls werden Paletten vor der Einlagerung eingewickelt
12.	**Dupeg Tank Terminal in Hamburg**	Entfällt
13.	**Lagercontaineranlage der Eurocargo GmbH in Hamburg**	Entfällt
14.	**Lagerhalle der Firma Lesch + Lübcke GmbH & Co. in Hamburg**	Durch Umbinden und Wickeln
15.	**Lagerhalle der Firma Lübker in Hamburg**	Lagergut wird auf Paletten gelagert und ggf. eingeschrumpft
16.	**Lagerhalle von Sigma Coatings in Hamburg**	Entfällt bei Großgebinden Gewickelt/gestrecht bei Kleingebinden
17.	**Lagerboxenanlage der Firma Transbaltic Umschlag + Spedition GmbH in Hamburg**	Entfällt
18.	**Lagerhalle der Firma Rhenus AG & Co. in Hannover, Am Lindener Hafen**	Für alle Regalebenen, außer der untersten, gilt: die Transportfähigkeit für LKW/Bahn ist gewährleistet – damit auch die Sicherung gegen Herabfallen
19.	**Hochregallager der Firma Rhenus AG & Co. in Hannover, Davenstedter Str.**	Für alle Regalebenen, außer der untersten, gilt: die Transportfähigkeit für LKW/Bahn ist gewährleistet – damit auch die Sicherung gegen Herabfallen
20.	**Lagerhalle der Firma Dachser GmbH & Co. in Neuss**	Umreifen bzw. Umwickeln mit Folie

21.	**Lagerhalle der Emons Spedition in Nürnberg**	Keine Kragregale
22.	**Lagerhalle der Firma Transbest in Offenbach/Main**	Durch sorgfältiges Stapeln, teilweise Bändern oder Wickeln
23.	**Lagerhalle der Donau-Speditions-Gesellschaft Kießling in Regenstauf**	Fahrer des Hochregalstaplers fährt mit hoch, prüft Lagerung und kann ggf. einwirken Durchschubsicherung bei Erfordernis
24.	**Lagerhalle der Lehnkering AG in Schönebeck**	Mit Bändern und Stretchen Regalbediengerät mit fahrbarem Bedienerstand
25.	**Lagerhalle der GELO Gefahrgut-Logistik GmbH & Co. KG in Schüttorf**	Alternativ: Folie oder Gurte

2.10.5 Lagerung von brennbaren Verpackungen, Paletten usw.		
1.	**Lagerräume der Firma Dettmer Container Packing in Bremen**	Nicht in den Gefahrguträumen und auf der dazugehörigen Umschlagsfläche
2.	**Hochregallager der Firma Merck KG aA in Darmstadt**	Nur für den tatsächlichen Einsatz als Pack- bzw. Ladehilfsmittel
3.	**Lageranlagen von Cretschmar/Henkel in Düsseldorf**	Nicht in den Hallen
4.	**Lagerhalle der Heinrich Scheren Spedition in Düsseldorf**	Außerhalb der Gefahrguthallen
5.	**Lagerhalle der Hoechst Schering AgrEvo GmbH in Frankfurt/M.**	Die Lagerung von Packmitteln erfolgt in geringem Umfang in den dafür zugelassenen Lagerbereichen und unter Beachtung der Zusammenlagerungsverbote gem. TRGS 514
6.	**Containerlager der Infra Serv GmbH & Co. Hoechst KG in Frankfurt/M.**	Entfällt
7.	**Lagerhalle der Thyssen Haniel Safety First GmbH & Co. KG in Frankfurt/M.**	Keine Lagerung von leeren Verpackungen oder Palettenstapeln in den Hallen
8.	**Lagerhalle der Firma Rhenus Kleyling in Freiburg**	In extra Räumen
9.	**Lagerhalle der Firma Andreas Schmid in Gersthofen**	Keine Angaben

10.	**Lagerhalle der Buss Logistik Terminal GmbH in Hamburg**	Lagerung von Paletten im Bereich der Bereitstellungszone in den Räumen für sonstige Gefahrgüter
11.	**Hochregallager von Buss Logistik Terminal Neuhof in Hamburg**	Lagerung von Paletten und Verpackungsmaterial im Hochregallager
12.	**Dupeg Tank Terminal in Hamburg**	Mit entsprechendem Abstand vom Faßlager wird eine Bevorratung durchgeführt
13.	**Lagercontaineranlage der Eurocargo GmbH in Hamburg**	Außerhalb der Container
14.	**Lagerhalle der Firma Lesch + Lübcke GmbH & Co. in Hamburg**	Keine Lagerung in den Hallen Paletten auf dem Hof Verpackung in separater Halle
15.	**Lagerhalle der Firma Lübker in Hamburg**	Nicht in den VbF-Räumen und im Freien, nicht im Bereich der Türen und Tore
16.	**Lagerhalle von Sigma Coatings in Hamburg**	Geringe Mengen im Verladebereich
17.	**Lagerboxenanlage der Firma Transbaltic Umschlag + Spedition GmbH in Hamburg**	Werden im Lagerboxenbereich nicht gelagert
18.	**Lagerhalle der Firma Rhenus AG & Co. in Hannover, Am Lindener Hafen**	Außerhalb der Halle
19.	**Hochregallager der Firma Rhenus AG & Co. in Hannover, Davenstedter Str.**	Außerhalb der Halle

20.	**Lagerhalle der Firma Dachser GmbH & Co. in Neuss**	Ausschließlich außerhalb des Lagerbereiches
21.	**Lagerhalle der Emons Spedition in Nürnberg**	Nein
22.	**Lagerhalle der Firma Transbest in Offenbach/Main**	Nur in geringem Umfang
23.	**Lagerhalle der Donau-Speditions-Gesellschaft Kießling in Regenstauf**	Nicht im Gefahrstofflager
24.	**Lagerhalle der Lehnkering AG in Schönebeck**	Separate Lagerung
25.	**Lagerhalle der GELO Gefahrgut-Logistik GmbH & Co. KG in Schüttorf**	Keine Lagerung in den Brandabschnitten

2.10.6 Zugangsregelung/Bewachung		
1.	**Lagerräume der Firma Dettmer Container Packing in Bremen**	Wachdienst außerhalb der Arbeitszeit
2.	**Hochregallager der Firma Merck KG aA in Darmstadt**	Einzäunung des gesamten Werksgeländes mit Kontrollen an den Toren Kontrollgänge/-fahrten durch Werksschutz und Feuerwehr Zutritt zur Halle nur für Berechtigte Intrusionsüberwachung außerhalb der Arbeitszeit
3.	**Lageranlagen von Cretschmar/Henkel in Düsseldorf**	Zugangskontrolle mit elektronischen Chipkarten für die Befugten Werksschutz
4.	**Lagerhalle der Heinrich Scheren Spedition in Düsseldorf**	Hausmeister wohnt auf der Anlage
5.	**Lagerhalle der Hoechst Schering AgrEvo GmbH in Frankfurt/M.**	Übliche Vorkehrungen für ein Chemiewerk. Betriebsanweisungen bzgl. Zugangslegitimation zu den Lagerhallen Meldesystem für Betriebsfremde gemäß Werksorganisation
6.	**Containerlager der Infra Serv GmbH & Co. Hoechst KG in Frankfurt/M.**	Zutritt nur für Betriebsangehörige (Hinweisschilder) Kontrollgänge/-fahrten durch Werksschutz, Einzäunung des gesamten Werksgeländes
7.	**Lagerhalle der Thyssen Haniel Safety First GmbH & Co. KG in Frankfurt/M.**	Umzäunung, verschlossene Tore und Türen, automatische Einbruchmeldeanlage
8.	**Lagerhalle der Firma Rhenus Kleyling in Freiburg**	Betrieb ist eingezäunt Bewachung durch Bahnpolizei

9.	**Lagerhalle der Firma Andreas Schmid in Gersthofen**	Türcodesystem Einbruchmeldeanlagen Aut. Alarmsicherungsanlage für Tore/Türen
10.	**Lagerhalle der Buss Logistik Terminal GmbH in Hamburg**	Einbruchsicherungsanlage mit Alarmierung der Polizei über eine Standleitung Optische Überwachung der Laderampen
11.	**Hochregallager von Buss Logistik Terminal Neuhof in Hamburg**	Einzäunung, Schranke für die Zufahrt
12.	**Dupeg Tank Terminal in Hamburg**	Auf dem Betriebsgelände werden die Fahrzeuge eingewiesen Generell Meldung in der Expedition, s. auch Ziff. 2.9.2
13.	**Lagercontaineranlage der Eurocargo GmbH in Hamburg**	Zugang zum gesamten Betriebsgelände nur für Befugte Wachdienst außerhalb der Arbeitszeit
14.	**Lagerhalle der Firma Lesch + Lübcke GmbH & Co. in Hamburg**	Sicherung der Zugangsbereiche der Lagerhalle durch Lichtschranken und Alarmgebung Siehe hierzu Ziff. 2.9.2
15.	**Lagerhalle der Firma Lübker in Hamburg**	Komplett eingezäunt Einbruchmeldeanlage bei Nachbarfirma aufgeschaltet Hallen sind auch tagsüber verschlossen und können nur mit Betriebspersonal betreten werden
16.	**Lagerhalle von Sigma Coatings in Hamburg**	Nur Lagerpersonal ist zugangsberechtigt
17.	**Lagerboxenanlage der Firma Transbaltic Umschlag + Spedition GmbH in Hamburg**	Die Gefahrgutboxen können nur von zugelassenem Personal mittels Schlüssel geöffnet werden Die Bewachung erfolgt durch einen externen Wachdienst

18.	**Lagerhalle der Firma Rhenus AG & Co. in Hannover, Am Lindener Hafen**	Zugang nur für Befugte Wachdienst außerhalb der Arbeitszeit
19.	**Hochregallager der Firma Rhenus AG & Co. in Hannover, Davenstedter Str.**	Zugang nur für Befugte Wachdienst außerhalb der Arbeitszeit
20.	**Lagerhalle der Firma Dachser GmbH & Co. in Neuss**	Zutrittsverbot für Betriebsfremde (Hinweis durch Beschilderung)
21.	**Lagerhalle der Emons Spedition in Nürnberg**	Zugangsregelung vorhanden
22.	**Lagerhalle der Firma Transbest in Offenbach/Main**	Wachdienst
23.	**Lagerhalle der Donau-Speditions-Gesellschaft Kießling in Regenstauf**	Störmeldeanlage Kontrollgänge durch einen Wachdienst Ansonsten: s. Ziff. 2.9.2
24.	**Lagerhalle der Lehnkering AG in Schönebeck**	Zugang nur für berechtigte Personen, für fremde Personen nur in Begleitung Bewachung durch externe Firma
25.	**Lagerhalle der GELO Gefahrgut-Logistik GmbH & Co. KG in Schüttorf**	Besonderer Verschluß für die Gifträume Privates Wachunternehmen

2.10.7 Betriebsanweisung/Unterweisungen		
1.	**Lagerräume der Firma Dettmer Container Packing in Bremen**	Betriebsanweisungen – insbesondere zur Einlagerung in die Gefahrguträume – sind vorhanden. Unterweisungen werden durchgeführt
2.	**Hochregallager der Firma Merck KG aA in Darmstadt**	Betriebsanweisungen vorhanden Regelmäßige Durchführung von Unterweisungen mit Dokumentation darüber (2 × pro Jahr)
3.	**Lageranlagen von Cretschmar/Henkel in Düsseldorf**	Vorhanden
4.	**Lagerhalle der Heinrich Scheren Spedition in Düsseldorf**	Betriebsanweisungen gem. GefStoffV und Unterweisungen erfolgen arbeitsplatz- und tätigkeitsbezogen bei Neueinstellung und mindestens einmal jährlich
5.	**Lagerhalle der Hoechst Schering AgrEvo GmbH in Frankfurt/M.**	Lagerpersonal wird regelmäßig über das Verhalten im Brandfall und über Brandbekämpfungsmaßnahmen unterrichtet und geschult. Betriebsanweisungen vorhanden. Mehrere Mitarbeiter sind als betriebliche Ersthelfer geschult
6.	**Containerlager der Infra Serv GmbH & Co. Hoechst KG in Frankfurt/M.**	Vorhanden
7.	**Lagerhalle der Thyssen Haniel Safety First GmbH & Co. KG in Frankfurt/M.**	Ausführliche Arbeitsanweisungen für kaufmännische Arbeitnehmer und Lagermitarbeiter Regelmäßige arbeitsplatzbezogene Schulungen
8.	**Lagerhalle der Firma Rhenus Kleyling in Freiburg**	Vorhanden
9.	**Lagerhalle der Firma Andreas Schmid in Gersthofen**	Betriebsanweisung für alle Bereiche vorhanden Erweiterte Unterweisungen über gesetzl. Bestimmungen hinaus

10.	**Lagerhalle der Buss Logistik Terminal GmbH in Hamburg**	Spezifische Betriebsanweisungen sind vorhanden Unterweisungen im Umgang mit Gefahrstoffen und für betriebliche Sicherheitsbelange werden durchgeführt
11.	**Hochregallager von Buss Logistik Terminal Neuhof in Hamburg**	Vorhanden, u. a. für den Umgang mit wassergefährdenden Stoffen
12.	**Dupeg Tank Terminal in Hamburg**	Alle erforderlichen Betriebsanweisungen sind vorhanden, liegen aus oder sind durch Schilder kenntlich gemacht
13.	**Lagercontaineranlage der Eurocargo GmbH in Hamburg**	Vorhanden/durchgeführt
14.	**Lagerhalle der Firma Lesch + Lübcke GmbH & Co. in Hamburg**	Lagerpersonal wird regelmäßig über das Verhalten bei Schadens- und Störfällen unterrichtet und geschult Betriebsanweisungen sind vorhanden
15.	**Lagerhalle der Firma Lübker in Hamburg**	Sind vorhanden und hängen im Betrieb aus Unterweisungen werden 1 × jährlich durchgeführt
16.	**Lagerhalle von Sigma Coatings in Hamburg**	Betriebsanweisungen zum Umgang mit Gefahrstoffen und wassergefährdenden Stoffen sind vorhanden Unterweisungen werden regelmäßig – basierend auf Brand- und Alarmplänen – durchgeführt
17.	**Lagerboxenanlage der Firma Transbaltic Umschlag + Spedition GmbH in Hamburg**	Sind vorhanden
18.	**Lagerhalle der Firma Rhenus AG & Co. in Hannover, Am Lindener Hafen**	Detaillierte Regelungen

19.	**Hochregallager der Firma Rhenus AG & Co. in Hannover, Davenstedter Str.**	Detaillierte Regelungen
20.	**Lagerhalle der Firma Dachser GmbH & Co. in Neuss**	Betriebsanweisungen: vorhanden Unterweisungen werden ständig vorgenommen
21.	**Lagerhalle der Emons Spedition in Nürnberg**	Betriebsanweisungen vorhanden
22.	**Lagerhalle der Firma Transbest in Offenbach/Main**	Vorhanden
23.	**Lagerhalle der Donau-Speditions-Gesellschaft Kießling in Regenstauf**	Vorhanden
24.	**Lagerhalle der Lehnkering AG in Schönebeck**	Betriebsanweisungen vorhanden Regelmäßige Durchführung von Unterweisungen mit Dokumentation
25.	**Lagerhalle der GELO Gefahrgut-Logistik GmbH & Co. KG in Schüttorf**	Sind als Teil des Handbuches und der Verfahrensanweisungen gem. ISO 9002 vorhanden

2.10.8 Alarm- und Gefahrenabwehrpläne

Es sind nicht nur die Pläne, die die Störfallverordnung verlangt, gemeint. Auch weitergehende Angaben – wie z.B. betriebsinterne Pläne – werden aufgenommen.

1.	**Lagerräume der Firma Dettmer Container Packing in Bremen**	Vorhanden
2.	**Hochregallager der Firma Merck KG aA in Darmstadt**	Vorhanden
3.	**Lageranlagen von Cretschmar/Henkel in Düsseldorf**	Vorhanden
4.	**Lagerhalle der Heinrich Scheren Spedition in Düsseldorf**	Betrieblicher Alarm- und Gefahrenabwehrplan ist gem. 3. StörfallVwV erstellt und wird in Zusammenarbeit mit der Berufsfeuerwehr einmal jährlich überprüft
5.	**Lagerhalle der Hoechst Schering AgrEvo GmbH in Frankfurt/M.**	Anlage ist eingebunden in die entsprechenden Pläne für den gesamten Industriepark (Alarm- und Gefahrenabwehrorganisation) Alarmordnung ist an mehreren Stellen des Betriebes ausgehängt
6.	**Containerlager der Infra Serv GmbH & Co. Hoechst KG in Frankfurt/M.**	Vorhanden
7.	**Lagerhalle der Thyssen Haniel Safety First GmbH & Co. KG in Frankfurt/M.**	Alarm- und Gefahrenabwehrpläne sind vorhanden Außerdem: Einsatzpläne, die mit der Branddirektion und dem zivilen Katastrophenschutz abgestimmt sind
8.	**Lagerhalle der Firma Rhenus Kleyling in Freiburg**	Vorhanden

9.	**Lagerhalle der Firma Andreas Schmid in Gersthofen**	Keine Angaben
10.	**Lagerhalle der Buss Logistik Terminal GmbH in Hamburg**	Ein Alarm- und Gefahrenabwehrplan, der das Anforderungsprofil nach der 3. Störfall-VwV erfüllt, ist in Abstimmung mit den zuständigen Behörden erstellt worden
11.	**Hochregallager von Buss Logistik Terminal Neuhof in Hamburg**	Alarmplan u. a. für das Verhalten bei Feuer, Unfall, Produktaustritt/Leckage sowie Verunreinigung von Gewässer/Boden Brandschutzordnung mit stichpunktartiger Zusammenfassung der wichtigsten Regeln über vorbeugende Maßnahmen, über Verhalten im Brandfall als Alarmplan und über Verhalten nach Bränden entsprechend DIN 14096
12.	**Dupeg Tank Terminal in Hamburg**	Alarm- und Gefahrenabwehrpläne sind im Betrieb vorhanden Alarmsirenen lösen diese aus
13.	**Lagercontaineranlage der Eurocargo GmbH in Hamburg**	Vorhanden
14.	**Lagerhalle der Firma Lesch + Lübcke GmbH & Co. in Hamburg**	Sind vorhanden und hängen in Hallen und Büros aus
15.	**Lagerhalle der Firma Lübker in Hamburg**	Sind vorhanden und hängen im Betrieb aus
16.	**Lagerhalle von Sigma Coatings in Hamburg**	Brand- und Alarmplan vorhanden
17.	**Lagerboxenanlage der Firma Transbaltic Umschlag + Spedition GmbH in Hamburg**	Sind vorhanden

18.	**Lagerhalle der Firma Rhenus AG & Co. in Hannover, Am Lindener Hafen**	Vorhanden
19.	**Hochregallager der Firma Rhenus AG & Co. in Hannover, Davenstedter Str.**	Vorhanden
20.	**Lagerhalle der Firma Dachser GmbH & Co. in Neuss**	Vorhanden
21.	**Lagerhalle der Emons Spedition in Nürnberg**	Entfällt, weil Direktleitung zur Feuerwehr
22.	**Lagerhalle der Firma Transbest in Offenbach/Main**	Vorhanden
23.	**Lagerhalle der Donau-Speditions-Gesellschaft Kießling in Regenstauf**	Vorhanden
24.	**Lagerhalle der Lehnkering AG in Schönebeck**	Vorhanden
25.	**Lagerhalle der GELO Gefahrgut-Logistik GmbH & Co. KG in Schüttorf**	Wurden als Broschüre zur Information der Nachbarschaft und umliegenden Betrieben erstellt und verteilt und liegen ferner bei der Gemeinde und der Kreisverwaltung zur Abgabe bereit

2.10.9 Notfallübungen

Neben Brandschutzübungen werden manchmal auch Gewässerschutzübungen aufgeführt. Dabei übt der Betrieb, wie man Unfälle mit der Gefahr einer Gewässerverunreinigung in den Griff bekommt.

1.	**Lagerräume der Firma Dettmer Container Packing in Bremen**	Werden durchgeführt, z. T. auch durch Feuerwehr
2.	**Hochregallager der Firma Merck KG aA in Darmstadt**	Regelmäßige Durchführung, auch mit der Werksfeuerwehr
3.	**Lageranlagen von Cretschmar/Henkel in Düsseldorf**	Zusammen mit der Werksfeuerwehr, 2× jährlich
4.	**Lagerhalle der Heinrich Scheren Spedition in Düsseldorf**	Mindestens einmal jährlich in Zusammenarbeit mit der Henkel-Werksfeuerwehr Mindestens einmal jährlich in Zusammenarbeit mit der Berufsfeuerwehr
5.	**Lagerhalle der Hoechst Schering AgrEvo GmbH in Frankfurt/M.**	Finden unter Beteiligung der Gefahrenabwehr-Organisation des Industrieparks (Werksfeuerwehr, Sicherheitsüberwachung) regelmäßig statt
6.	**Containerlager der Infra Serv GmbH & Co. Hoechst KG in Frankfurt/M.**	Wie für das gesamte Werksgelände: Gasalarm, Gebäudealarm u. ä., Meldestelle für Fremde vorhanden Spezielle Notfallübungen für den Container-Terminal sind geplant: Alarmierung der Werksfeuerwehr, Abstellen des beschädigten Containers auf dem Havarieplatz, Verkehrsunfall
7.	**Lagerhalle der Thyssen Haniel Safety First GmbH & Co. KG in Frankfurt/M.**	Notfallübungen werden durchgeführt

8.	**Lagerhalle der Firma Rhenus Kleyling in Freiburg**	Werden mit örtlicher Feuerwehr durchgeführt
9.	**Lagerhalle der Firma Andreas Schmid in Gersthofen**	Keine Angaben
10.	**Lagerhalle der Buss Logistik Terminal GmbH in Hamburg**	Jährliche Brand- und Gewässerschutzübungen
11.	**Hochregallager von Buss Logistik Terminal Neuhof in Hamburg**	Finden mindestens 1× jährlich statt
12.	**Dupeg Tank Terminal in Hamburg**	Notfallübungen werden 3–4 mal jährlich mit der Feuerwehr durchgeführt
13.	**Lagercontaineranlage der Eurocargo GmbH in Hamburg**	Werden durchgeführt
14.	**Lagerhalle der Firma Lesch + Lübcke GmbH & Co. in Hamburg**	Werden regelmäßig durchgeführt
15.	**Lagerhalle der Firma Lübker in Hamburg**	Werden 1× jährlich durchgeführt
16.	**Lagerhalle von Sigma Coatings in Hamburg**	Mindestens 1× jährlich je eine Brand- und Gewässerschutzübung nach Übungsplan
17.	**Lagerboxenanlage der Firma Transbaltic Umschlag + Spedition GmbH in Hamburg**	Werden 1× jährlich durchgeführt
18.	**Lagerhalle der Firma Rhenus AG & Co. in Hannover, Am Lindener Hafen**	Werden durchgeführt, z.T. auch zusammen mit der Feuerwehr und/oder Herstellerfirmen von Löschgeräten, z.T. auch ohne vorherige Ankündigung

19.	**Hochregallager der Firma Rhenus AG & Co. in Hannover, Davenstedter Str.**	Werden durchgeführt, z. T. auch zusammen mit der Feuerwehr und/oder Herstellerfirmen von Löschgeräten, z. T. auch ohne vorherige Ankündigung
20.	**Lagerhalle der Firma Dachser GmbH & Co. in Neuss**	Werden in regelmäßigen Abständen (1 bis 2mal jährlich durchgeführt)
21.	**Lagerhalle der Emons Spedition in Nürnberg**	Entfällt, weil Direktleitung zur Feuerwehr
22.	**Lagerhalle der Firma Transbest in Offenbach/Main**	Werden durchgeführt
23.	**Lagerhalle der Donau-Speditions-Gesellschaft Kießling in Regenstauf**	Übungen werden z. T. zusammen mit der Feuerwehr durchgeführt
24.	**Lagerhalle der Lehnkering AG in Schönebeck**	Regelmäßige Durchführung
25.	**Lagerhalle der GELO Gefahrgut-Logistik GmbH & Co. KG in Schüttorf**	Notfallübungen werden mit der örtlichen Feuerwehr durchgeführt

2.10.10 Notfallinformation für Einsatzkräfte

Einsatzkräfte, insbesondere die Feuerwehr, müssen im Notfall für eine Gefährdungsabschätzung wissen, was, wo, in welchen Mengen lagert.

1.	**Lagerräume der Firma Dettmer Container Packing in Bremen**	Lagerlisten liegen in einem separaten Raum direkt neben den Gefahrguträumen aus (s. Ziff. 2.10.3)
2.	**Hochregallager der Firma Merck KG aA in Darmstadt**	Sicherheitsdatenblätter Einsatz der EDV: Lagerbestand ist jederzeit, auch durch die Werksfeuerwehr, abrufbar
3.	**Lageranlagen von Cretschmar/Henkel in Düsseldorf**	Sicherheitsdatenblätter über alle Lagerprodukte sind vorhanden. Sie sind jederzeit über das DV-System verfügbar Lageplan: dito
4.	**Lagerhalle der Heinrich Scheren Spedition in Düsseldorf**	Liegt inkl. täglich aktualisiertem Anlagenkataster im Feuerwehrinformationskasten
5.	**Lagerhalle der Hoechst Schering AgrEvo GmbH in Frankfurt/M.**	Geregelt durch Alarm- und Gefahrenabwehrorganisation
6.	**Containerlager der Infra Serv GmbH & Co. Hoechst KG in Frankfurt/M.**	Außerhalb der Arbeitszeit: Aktuelle EDV-Liste in einem Blechkasten
7.	**Lagerhalle der Thyssen Haniel Safety First GmbH & Co. KG in Frankfurt/M.**	Notfallinformationen (Sicherheitsdatenblätter) werden in einem dafür eingerichteten Schrank im Büro vorgehalten
8.	**Lagerhalle der Firma Rhenus Kleyling in Freiburg**	Vorhanden

9.	**Lagerhalle der Firma Andreas Schmid in Gersthofen**	Bestandsliste nach § 6 (3) StörfallV Kennzeichnung am Brandabschnitt
10.	**Lagerhalle der Buss Logistik Terminal GmbH in Hamburg**	Einsatzpläne für die Feuerwehr Ausdruck von Lagerlisten, siehe Ziffer 2.10.3
11.	**Hochregallager von Buss Logistik Terminal Neuhof in Hamburg**	Sicherheitsdatenblätter nach DIN 52900 für alle wassergefährdenden Stoffe im Lager Brandschutzplan als Übersichtsplan der Darstellung der vorhandenen brandschutztechnischen Einrichtungen nach VdS-Richtlinie 2030 Feuerwehreinsatzplan mit Betriebsdaten für die organisierte Brandbekämpfung (z.B. Anfahrts-/Zugangswege, Löschmittel, Löschwasserentnahmestellen) nach DIN 14095 – T 1 Feuerwehrpläne nach DIN 14675, Nr. 4.5
12.	**Dupeg Tank Terminal in Hamburg**	Die Einsatzkräfte erhalten vom Betrieb Notfallinformationen und werden auch durch den Betrieb eingewiesen
13.	**Lagercontaineranlage der Eurocargo GmbH in Hamburg**	Durch aktuelle EDV-Liste
14.	**Lagerhalle der Firma Lesch + Lübcke GmbH & Co. in Hamburg**	Liegen in Form von Plänen in der Brandmeldezentrale
15.	**Lagerhalle der Firma Lübker in Hamburg**	Vorhanden, in der Brandmeldezentrale
16.	**Lagerhalle von Sigma Coatings in Hamburg**	Angaben über Art, Menge und Gefahrenmerkmale der gelagerten Produkte als Notfallinformation im Lagerbüro
17.	**Lagerboxenanlage der Firma Transbaltic Umschlag + Spedition GmbH in Hamburg**	Erfolgt über Sicherheitsdatenblätter, die den Gefahrgutzetteln beigefügt sind und in der Hebestelle ausliegen

18.	**Lagerhalle der Firma Rhenus AG & Co. in Hannover, Am Lindener Hafen**	In der Betriebszentrale vorhanden
19.	**Hochregallager der Firma Rhenus AG & Co. in Hannover, Davenstedter Str.**	In der Betriebszentrale vorhanden
20.	**Lagerhalle der Firma Dachser GmbH & Co. in Neuss**	Liegen ständig aktuell im Betrieb vor: Feuerwehrlaufkarte, Lagerbestandslisten
21.	**Lagerhalle der Emons Spedition in Nürnberg**	Entfällt, weil Direktleitung zur Feuerwehr
22.	**Lagerhalle der Firma Transbest in Offenbach/Main**	Vorhanden
23.	**Lagerhalle der Donau-Speditions-Gesellschaft Kießling in Regenstauf**	In der Brandmeldezentrale
24.	**Lagerhalle der Lehnkering AG in Schönebeck**	Sicherheitsdatenblätter vorhanden
25.	**Lagerhalle der GELO Gefahrgut-Logistik GmbH & Co. KG in Schüttorf**	Regelmäßige Abstimmung über Lagermengen und Gefahrklassen mit der Feuerwehr und der Rettungsleitstelle in der Kreisverwaltung

2.10.11 Überprüfung d. techn. Schutzvorkehrungen/Sachverständigenprüfungen		
Technische Schutzvorkehrungen verhindern oder begrenzen Schäden bei der Chemikalienlagerung. Angesprochen sind z. B. Lüftung, Brandmeldeanlage, Löschwasserschutz, Absperrorgane für die Kanalisationsleitungen und das Notstromaggregat.		
1.	**Lagerräume der Firma Dettmer Container Packing in Bremen**	Überprüfung: lfd. Wartungsverträge und Gutachter Gesamtverantwortung für die Prüfungen: Geschäftsleitung
2.	**Hochregallager der Firma Merck KG aA in Darmstadt**	Ständige Prüfung der technischen Anlagen durch Technik und Feuerwehr Zusätzlich Sachverständigenprüfungen Prüfungen durch das Lagerpersonal
3.	**Lageranlagen von Cretschmar/Henkel in Düsseldorf**	Wartungsverträge usw. vorhanden Gesamtverantwortung bei der technischen Leitung der Fa. Cretschmar
4.	**Lagerhalle der Heinrich Scheren Spedition in Düsseldorf**	Elektr. Einrichtungen jährlich Sonstige Ausstattung anhand anlagenbezogenem Prüfprogramm Prüfrhythmus gem. geltender Vorschriftenlage
5.	**Lagerhalle der Hoechst Schering AgrEvo GmbH in Frankfurt/M.**	Regelmäßige Überprüfung der technischen Schutzvorkehrungen entsprechend den allgemein gültigen Regelungen für die Hoechst AG. Überprüfungssystem, das aufgeteilt ist bzgl. solcher Arbeiten, die vom Anlagenpersonal durchgeführt werden müssen und anderen, die zentral durch bestimmte Werkstätten oder Beauftragte (z. B. Werksfeuerwehr für die Brandschutzeinrichtungen) wahrzunehmen sind
6.	**Containerlager der Infra Serv GmbH & Co. Hoechst KG in Frankfurt/M.**	Dokumentation durch Prüfbücher, Prüflisten u. ä. Terminüberwachung demnächst EDV-gestützt

7.	**Lagerhalle der Thyssen Haniel Safety First GmbH & Co. KG in Frankfurt/M.**	Regelmäßige Überprüfungen durch eigene Mitarbeiter und Wartung durch die Fachfirmen Dokumentation mit Prüfbüchern Prüfung durch Sachverständige: einmal jährlich durch VdS
8.	**Lagerhalle der Firma Rhenus Kleyling in Freiburg**	DEKRA, TÜV und zuständige Fachbetriebe
9.	**Lagerhalle der Firma Andreas Schmid in Gersthofen**	In Zeitabständen gemäß den gesetzlichen Vorschriften
10.	**Lagerhalle der Buss Logistik Terminal GmbH in Hamburg**	Detaillierte Regelungen im Rahmen des Gesamtsystems der erforderlichen Kontrollen
11.	**Hochregallager von Buss Logistik Terminal Neuhof in Hamburg**	Regelmäßige Funktionsprüfung der dem Gewässerschutz dienenden Einrichtungen mit Dokumentation Begleitende Sachverständigenprüfung während der Bauphase nach der Richtlinie des Deutschen Ausschusses für Stahlbeton Abnahmeprüfung vor Inbetriebnahme, zwei wiederkehrende Prüfungen im Abstand von 2,5 Jahren, danach im Abstand von 5 Jahren durch einen anerkannten Sachverständigen nach der Anlagenverordnung
12.	**Dupeg Tank Terminal in Hamburg**	EDV-gestützter Wartungs- und Inspektionsplan für den gesamten Betrieb mit Vorgabe der Prüffristen, Prüfungen durch Fremdfirmen und eigenes Personal, Dokumentation
13.	**Lagercontaineranlage der Eurocargo GmbH in Hamburg**	Wird durchgeführt
14.	**Lagerhalle der Firma Lesch + Lübcke GmbH & Co. in Hamburg**	Für alle sicherheitstechnischen Anlagen sind feste Wartungsverträge abgeschlossen Regelmäßige Überprüfung zusätzlich durch den Betrieb Sachverständigenprüfung regelmäßig

15.	**Lagerhalle der Firma Lübker in Hamburg**	Entsprechende Wartungsverträge
16.	**Lagerhalle von Sigma Coatings in Hamburg**	Prüfungen nach schriftlichen Unterlagen mit festgelegten Intervallen durch beauftragte Fachunternehmen Dokumentation der Prüfungen einschließlich Angaben über Wartungsarbeiten Quittierung durch den Verantwortlichen Beispiele für Prüfgegenstände: – mindestens jährliche Prüfung des Hallenbodens auf Beschädigung – mindestens halbjährliche Prüfung des Klappschotts
17.	**Lagerboxenanlage der Firma Transbaltic Umschlag + Spedition GmbH in Hamburg**	Durch Fachfirmen
18.	**Lagerhalle der Firma Rhenus AG & Co. in Hannover, Am Lindener Hafen**	Intern, durch Fachfirmen und Überwachungsorganisationen DV-gestützte Systematik, die der Firma eine vollständige Übersicht über alle Prüfgegenstände ermöglicht und zur Terminverfolgung herangezogen wird. Zuweisung klarer Verantwortlichkeiten
19.	**Hochregallager der Firma Rhenus AG & Co. in Hannover, Davenstedter Str.**	Intern, durch Fachfirmen und Überwachungsorganisationen DV-gestützte Systematik, die der Firma eine vollständige Übersicht über alle Prüfgegenstände ermöglicht und zur Terminverfolgung herangezogen wird. Zuweisung klarer Verantwortlichkeiten
20.	**Lagerhalle der Firma Dachser GmbH & Co. in Neuss**	Mind. einmal jährlich durch VdS Entsprechend den vorgeschriebenen Intervallen durch TÜV Fachfirmen im Rahmen von Wartungsverträgen
21.	**Lagerhalle der Emons Spedition in Nürnberg**	Regelmäßige Überprüfung der Anlage nach VAWS und VbF

22.	**Lagerhalle der Firma Transbest in Offenbach/Main**	Werden durchgeführt
23.	**Lagerhalle der Donau-Speditions-Gesellschaft Kießling in Regenstauf**	Umfangreiche Prüfungen durch eigenes Personal und Sachverständige Dokumentation in Prüfbüchern und Wartungslisten
24.	**Lagerhalle der Lehnkering AG in Schönebeck**	Regelmäßig, Wartungsverträge vorhanden
25.	**Lagerhalle der GELO Gefahrgut-Logistik GmbH & Co. KG in Schüttorf**	Wartungs- und Prüfungsintervalle aller sicherheitsrelevanten Bauteile und Geräte werden über Wartungsverträge von externen Dienstleistern eingehalten und durchgeführt

2.10.12 Gefahrgut-/Gewässerschutz-/Störfall-/sonstige Beauftragte

Dieses Merkmal dient zur Gesamtdarstellung der jeweiligen Referenzanlage in Kap. 1. An dieser Stelle hat eine Gegenüberstellung der individuellen Ausgestaltung dieses Merkmals aber wenig praktischen Nutzen.

2.10.13 Dokumentation über Unfälle und Schäden		
1.	**Lagerräume der Firma Dettmer Container Packing in Bremen**	Standardisierte Schadensberichte festgelegt in ISO
2.	**Hochregallager der Firma Merck KG aA in Darmstadt**	Durch die Werksfeuerwehr
3.	**Lageranlagen von Cretschmar/Henkel in Düsseldorf**	Wird durchgeführt
4.	**Lagerhalle der Heinrich Scheren Spedition in Düsseldorf**	Gefahrgutbeauftragter dokumentiert Unfälle im Bereich Verladung und Transport Störfallbeauftragter dokumentiert Unfälle im Zusammenhang mit der Lagerung Arbeitsunfälle werden dokumentiert von der Fachkraft für Arbeitssicherheit in Zusammenarbeit mit der Personalabteilung
5.	**Lagerhalle der Hoechst Schering AgrEvo GmbH in Frankfurt/M.**	Geregelt durch Alarm- und Gefahrenabwehrorganisation
6.	**Containerlager der Infra Serv GmbH & Co. Hoechst KG in Frankfurt/M.**	Vorhanden
7.	**Lagerhalle der Thyssen Haniel Safety First GmbH & Co. KG in Frankfurt/M.**	Meldung an die zuständige Behörde gemäß Störfallverordnung
8.	**Lagerhalle der Firma Rhenus Kleyling in Freiburg**	Wird durchgeführt
9.	**Lagerhalle der Firma Andreas Schmid in Gersthofen**	Gefahrgutjahresbericht

10.	**Lagerhalle der Buss Logistik Terminal GmbH in Hamburg**	Durch Betriebsbuch
11.	**Hochregallager von Buss Logistik Terminal Neuhof in Hamburg**	Systematische Dokumentation mit Angaben über: Anlagenteil, Ort, Stoff, Menge, Ursache, Datum, Maßnahmen, Auswirkungen, Beteiligte und Informierte
12.	**Dupeg Tank Terminal in Hamburg**	Internes Störmeldungssystem mit Dokumentation
13.	**Lagercontaineranlage der Eurocargo GmbH in Hamburg**	Systematische Dokumentation mit Angaben über Datum und Uhrzeit, Schadensort, Beteiligte, Stoffe, Umfang des Schadens, Hergang des Schadens, eingeleitete Maßnahmen und Entsorgung
14.	**Lagerhalle der Firma Lesch + Lübcke GmbH & Co. in Hamburg**	Wird im Betriebsbuch für außergewöhnliche Vorkommnisse festgehalten
15.	**Lagerhalle der Firma Lübker in Hamburg**	Wird fortlaufend durch den Gefahrgutbeauftragten dokumentiert und im Jahresbericht zusammengefaßt
16.	**Lagerhalle von Sigma Coatings in Hamburg**	Störungen und Ausfälle werden im Zusammenhang mit den Dokumentationen nach Ziff. 2.10.11 erfaßt
17.	**Lagerboxenanlage der Firma Transbaltic Umschlag + Spedition GmbH in Hamburg**	Betriebsbuch, in dem nicht meldepflichtige Störfälle und die getroffenen Maßnahmen dokumentiert werden
18.	**Lagerhalle der Firma Rhenus AG & Co. in Hannover, Am Lindener Hafen**	Vorhanden
19.	**Hochregallager der Firma Rhenus AG & Co. in Hannover, Davenstedter Str.**	Vorhanden

20.	**Lagerhalle der Firma Dachser GmbH & Co. in Neuss**	Betriebstagebuch
21.	**Lagerhalle der Emons Spedition in Nürnberg**	Bei Bedarf
22.	**Lagerhalle der Firma Transbest in Offenbach/Main**	Vorhanden
23.	**Lagerhalle der Donau-Speditions-Gesellschaft Kießling in Regenstauf**	Wird durchgeführt, ist vorgeschrieben
24.	**Lagerhalle der Lehnkering AG in Schönebeck**	Vorhanden in Anlehnung an DIN ISO 14001
25.	**Lagerhalle der GELO Gefahrgut-Logistik GmbH & Co. KG in Schüttorf**	Dokumentationswesen vorhanden

2.10.14 Management-/Qualitätssicherungssysteme

Dieses Merkmal dient zur Gesamtdarstellung der jeweiligen Referenzanlage in Kap. 1. An dieser Stelle hat eine Gegenüberstellung der individuellen Ausgestaltung dieses Merkmals aber wenig praktischen Nutzen.

2.11 Besonderheiten

Dieses Merkmal dient zur Gesamtdarstellung der jeweiligen Referenzanlage in Kap. 1. An dieser Stelle hat eine Gegenüberstellung der individuellen Ausgestaltung dieses Merkmals aber wenig praktischen Nutzen.

2.12 Quellenangaben

Dieses Merkmal dient zur Gesamtdarstellung der jeweiligen Referenzanlage in Kap. 1. An dieser Stelle hat eine Gegenüberstellung der individuellen Ausgestaltung dieses Merkmals aber wenig praktischen Nutzen.

3
Praxis der behördlichen Genehmigung

Vom ersten Gedanken bis zur Inbetriebnahme, **ein Wegweiser** aus praktischer Genehmigungserfahrung

Jörg Krömer-Lassen*

3.1
Allgemeines, gesetzliche Grundlagen

In diesem Kapitel soll der Bogen gespannt werden von der ersten Planungsphase, der Erarbeitung des Genehmigungsantrages, der Prozedur der behördlichen Genehmigung bis zum Bau und zur Inbetriebnahme eines Gefahrgutlagers, auch Sicherheitslager genannt.

Der Unternehmer muß dabei nicht nur in gesetzlichen Strukturen denken, also welche Gesetze und Vorschriften sind einzuhalten, sondern auch die Wirtschaftlichkeit einer Anlage maßgeblich berücksichtigen. Hier eröffnet sich ein grundlegender Konflikt, der für den künftigen Betreiber nur so ausgehen kann: *„Ökologische Logistik" muß bezahlbar bleiben*, um am Markt bestehen zu können [2].

Wenn beispielsweise die Kosten für den Bau und den Betrieb eines Sicherheitslagers ungefähr das 2- bis $2^1/_2$fache einer normalen Lagerhalle betragen, verursacht durch

- Mehraufwand für die umfangreiche Haustechnik (BMA, Sprinkleranlage, etc.)
- aufwendige Baumaßnahmen für Brandschutz und Bodenabdichtungen,

dann sind sämtliche Arbeitsschritte einer „ganzheitlichen" Optimierung und Zielstrebigkeit zu unterwerfen (Tabelle 3.1). Dies braucht viel Erfahrung, die meist nur durch praktisches Handeln erreicht werden kann. Aller Anfang ist dann schwer und Fehler sind eingeschlossen. Daß die Fehler so klein wie möglich werden, dazu sollen die folgenden Informationen dienen.

Der Gesetzgeber hat an die Errichtung und den Betrieb von Lageranlagen Anforderungen gestellt, um die **öffentliche Sicherheit und Ordnung**, insbesondere Leben und Gesundheit zu schützen, unzumutbare Belästigungen und erhebliche Nachteile nicht entstehen zu lassen und sonstigen Gefahren und schädlichen Umwelteinwirkungen vorzubeugen.

* – K 13 –
Umweltbehörde
Billstraße 84
20539 Hamburg

Tabelle 3.1. Arbeitsschritte für eine „ganzheitliche Optimierung einer Anlage"

Standortwahl für die Anlage
Marktanalyse
Potentielle Kunden und ihre Wünsche
Einschlägige Gesetze, Vorschriften u. Verordnungen
Planung der Anlage, Antragserstellung
Sicherheitsanalyse
Genehmigungsprozedur, -dauer
Bau der Anlage
Inbetriebnahme mit entsprechender Logistik

Die **„Öffentlichen Belange"** sind neben dem Baurecht, Wasserrecht und Abfallrecht insbesondere auch die Belange des Arbeitsschutzes, der Sicherheitstechnik und des Immissionsschutzes.

Tabelle 3.2 soll eine Übersicht über die wichtigsten Umweltschutzgesetze geben. Sie erhebt keinen Anspruch auf Vollständigkeit, macht aber schon jetzt deutlich, welche Fülle und Vielschichtigkeit in dem Vorschriftennetz stecken.

Tabelle 3.2. Übersicht über Umweltschutzgesetze

Emissionen/Luftreinhaltung Schutz vor schädlichen Umwelteinwirkungen

– Bundes-Immissionsschutzgesetz
  – 4. BImSchV (Genehmigungsbedürftige Anlagen)
  – 5. BImSchV (Immissionsschutzbeauftragter)
  – 9. BImSchV (Genehmigungsverfahren)
  – 12. BImSchV (Störfallverordnung)
 	
– TA Luft
– TA Lärm
– …

Immisionsschutzbeauftragter/Störfallbeauftragter

Lagerung, Umschlagen wassergef. Stoffe Gewässerschutz

Wasserhaushaltsgesetz

Landeswassergesetz
- Anlagenverordnung-VAwS der Länder

Gerätesicherheitsgesetz
- Verordnung ü. brennbare Flüssigkeiten-VbF
  - TRbF 100
  - TRbF 110

Chemikaliengesetz
- Gefahrstoffverordnung
  - TRGS 514
  - TRGS 515

Produktion, Umgang mit gefährl. Stoffen Schutz vor gefährlichen Stoffen

Arbeitsschutzgesetz
- ArbeitsstättenVO
- SchutzausrüstungVO
- ArbeitsmittelVO

Chemikaliengesetz
- Gefahrstoffverordnung
  - TRGS
  - MAK
  - Vorschriften über den Umgang mit Gefahrstoffen

Unfallverhütungsvorschriften

Gefahrstoffbeauftragter

Abfall Vermeidung-Verwertung-Beseitigung von Abfallstoffen

Kreislaufwirtschafts- und Abfallgesetz
- Verordnung über Betriebsbeauftragten für Abfall
- Verordnung über Abfallwirtschaftskonzepte und Abfallbilanzen
- Bestimmungsverordnungen für Abfälle
- Nachweisverordnung über Verwertung und Beseitigung
- Verordnung über Entsorgungsfachbetriebe
- Verordnung über Europäischen Abfallkatalog

Abfallbeauftragter

Transport

- Gefahrgut-Verordnung Straße
- Gefahrgutverordnung Eisenbahn
- Gefahrgut-Verordnung See

Gefahrgutbeauftragter

Abwasser

- Wasserhaushaltsgesetz
- Landes-Wassergesetze
- Landes-Abwassergesetze
- ...

Gewässerschutzbeauftragter

Tabelle 3.3. Begriffsdefinition Lagern

Lagern ist das Vorhalten von wassergefährdenden Stoffen zur weiteren Nutzung, Abgabe oder Entsorgung.
Lageranlagen sind auch Flächen einschließlich ihrer Einrichtungen, die dem Lagern von wassergefährdenden Stoffen in Transportbehältern und Verpackungen dienen.
Vorübergehendes Lagern in Transportbehältern oder kurzfristiges Bereitstellen oder Aufbewahren in Verbindung mit dem Transport liegt nicht vor, wenn eine Fläche regelmäßig dem Vorhalten wassergefährdender Stoffe dient.

Damit die **gesetzlichen Anforderungen gewährleistet** werden, sind entsprechende Genehmigungen erforderlich, die in zwei großen Gesetzeswerken festgeschrieben sind:

- Bundes-Immissionsschutzgesetz (BImSchG-Genehmigung),
- (Bundes-) Baugesetz/Landesbauordnungen (Baugenehmigung)

Bundes-Immissionsschutzgesetz, Erläuterungen

Das Bundes-Immissionsschutzgesetz (BImSchG) ist das umfänglichste Umweltschutzgesetz in der Bundesrepublik. Es bezweckt den Schutz vor (Luft-) Immissionen sowie den Schutz und die Vorsorge vor schädlichen Umwelteinwirkungen und sonstigen Gefahren; bereits ihrer Entstehung ist vorzubeugen. Dabei definiert das Gesetz in seiner 4. Verordnung entsprechende Anlagen, die aufgrund möglicher o.g. Auswirkungen in besonderem Maße nach dem BImSchG genehmigungsbedürftig sind.

Der umfassende Ansatz des Gesetzes leitet sich aus den in § 5 BImSchG definierten Pflichten des Betreibers einer Anlage ab. Als Stichworte sind zu nennen: schädliche Umwelteinwirkungen verhindern, Vorsorge dazu treffen, Abfälle vermeiden bzw. schadlos zu verwerten oder zu beseitigen und Abwärme zu nutzen. Anlagen mit besonderem Gefahrenpotential (siehe Tabelle 3.4 Anlagen unter Spalte 1) unterliegen der 12. Verordnung zum BImSchG, der Störfall-Verordnung.

Aus diesem Ansatz des BImSchG heraus ergibt sich auch ein wichtiger Faktor eines Genehmigungsverfahrens nach BImSchG. Aufgrund der Konzentrationswirkung des § 13 BImSchG schließt das immissionsschutzrechtliche Genehmigungsverfahren auch andere behördliche Entscheidungen ein.

Landesbauordnung-Baugenehmigung, Erläuterungen

Gegenüber dem Bundesgesetz BImSchG ist das Baurecht den Ländern zugeordnet. Hierfür sind die einzelnen Landes-Bauordnungen erlassen. Das Baugesetz ist in seinem eigentlichen Sinn kein Umweltschutzgesetz. Es regelt in erster Linie Anforderungen an Grundstücke und ihre Bebauung, Grundsatzanforderungen an die Bauausführung, nutzungsabhängige Anforderungen an Bauteile und die zugehörigen Verfahrensvorschriften. Gegenüber dem BImSchG ist es nicht konzentrierend, z.B. werden Belange des Grundwasserschutzes und des Gewerberechtes in Form von Stellungsnahmen der jeweilig zuständigen Fachbehörden dem Baugenehmigungsbescheid angehängt. Eine Grundstücksentwässerungsgenehmigung ist außerdem gesondert zu beantragen.

? **Welches Genehmigungsverfahren ist durchzuführen?**

Dabei entscheiden verschiedene Eingangsdaten der Lageranlage, welches Genehmigungsverfahren nach welcher Rechtsordnung durchzuführen ist. Die Fragestellung ist insofern relativ einfach, weil das Bundes-Immissionsschutzgesetz die nach BImSchG zu genehmigenden Anlagen klar definiert und zwar in der vierten Verordnung (4. BImSchV) zu diesem Gesetz, wobei dann alle anderen Anlagen nach dem Baurecht zu genehmigen wären (siehe Kap. 1 jeweils Merkmal 6.).

Zunächst ist es also im Hinblick auf die **Verfahrensauswahl** einer Genehmigung notwendig, unabhängig von baulichen oder sonstigen planerischen Vorgaben die Frage zu beantworten:

? Welche Stoffe will ich einlagern?

? Welche Menge davon soll das Lager aufnehmen?

Tabelle 3.4 definiert die Lageranlagen, die nach dem Bundes-Immissionsschutzgesetz zu genehmigen sind. Die dazu festgelegten Kriterien sind in der 4. Verordnung zum BImSchG (4. BImSchV) § 1 Absatz 2 aufgeführt. Speziell werden die Anlagen im Anhang zur 4. BImSchV benannt. Tabelle 3.4 ist ein Auszug aus diesem Anhang.

Tabelle 3.4. Genehmigung nach BImSchG bei entsprechenden Stoffe und Mengen

Verfahren nach BImSchG für Anlagen bei Erreichen der Mengenschwellen		
Stoffe/ Ziffer des Anh. 4. BImSchV	Menge	
	Spalte 1 Anhang zur 4. BImSchV	Spalte 2 Anhang zur 4. BImSchV
Sehr giftige Stoffe 9.34	≧20 t	≧2 t
Giftige, brandfördernde, und explosionsgefährliche Stoffe 9.35	≧200 t	≧10 t
Brennbare Gase als Treibmittel, Druckgaspackungen 9.1	---	≧30 t
Pflanzenschutzmittel, Def. nach GefahrstoffVO 9.9	≧100 t	≧5 t

Weitere Anlagen, die der Lagerung von speziellen Einzelstoffen dienen, sind im Anhang Ziffer Nr. 9 zur 4. BImSchV aufgeführt.

3.2 Genehmigungsverfahren, Arten und Dauer

Auch wenn der Staat mit den Genehmigungsverfahren primär den Zweck verfolgt, die Einhaltung ordnungsrechtlicher Vorgaben zu gewährleisten, soll er sich gleichzeitig als Dienstleistender verstehen. Die behördlichen Verfahren müssen den auf seiten der Antragsteller entstehenden Aufwand so gering wie möglich halten und in kürzester Zeit abgeschlossen sein.

Die gesetzlichen Rahmenbedingungen sind nur ein Mosaikstein auf dem Weg zu einer kurzen Verfahrensdauer. Von entscheidender Bedeutung ist die offene und vertrauensvolle Zusammenarbeit aller am Verfahren Beteiligten. Für den Antragsteller gilt es, die Scheu vor den Behörden abzubauen. Eine im Vorfeld offene und detaillierte Information über das geplante Bauvorhaben erleichtert den Behörden die Beratung im Hinblick auf die Antragstellung.

3.2.1 Baugenehmigung nach der Landesbauordnung

Mittels einer Baugenehmigung sind diejenigen Anlagen zu genehmigen, die *nicht* unter das Bundes-Immissionsschutzgesetz fallen. Eine Zusammenstellung bietet Tabelle 3.5.

Tabelle 3.5. Anlagen nach Baurecht zu genehmigen

Anlagen unterhalb der o.g. Mengenschwellen, Tabelle 3.4
Anlagen zur Lagerung brennbarer Flüssigkeiten nach der VbF (Sind die brennb. Flüssigkeiten gleichzeitig giftig, so ist die evtl. Genehmigungsbedürftigkeit nach BImSchG zu beachten, siehe Tab. 3.4)
Anlagen zur Lagerung wassergefährdender Stoffe, die entsprechend Tabelle 3.4 nicht dem BImSchG unterliegen
Anlagen zur Lagerung normaler Handelsgüter

Baurechtsverfahren bei den örtlichen Bauämtern haben i.d.R. eine allseits bekannte Praxis, so daß im folgenden nur einige Besonderheiten im Gegensatz zu den Genehmigungsverfahren nach dem BImSchG dargelegt werden sollen.

Der **Baugenehmigungsbescheid** ist insofern eigenständig, da Erlaubnisse oder Bescheide nach anderen Rechtsbereichen nicht direkte Bestandteile sind (Tabelle 3.6).

Tabelle 3.6. *Keine* Bestandteile des Baugenehmigungsbescheides sind

Erlaubnis nach VbF (Verordnung über brennbare Flüssigkeiten) – für Lageranlagen von $\geqq$1000 l A-I -Flüssigkeit (z.B. Benzin) – für Lageranlagen von $\geqq$5000 l A-II-Flüssigkeit
Entwässerungsgenehmigung f. d. Grundstücksentwässerung (Landesabwassergesetze)
Genehmigung nach § 17 Sprengstoff-Gesetz
Wasserrechtliche Erlaubnis nach § 7 Wasserhaushaltsgesetz

In den Baugenehmigungsbescheid werden u.a. mit aufgenommen :

- die gewerberechtlichen Auflagen (Arbeitsschutz),
- einige wasserrechtlichen Auflagen, z.B. aus der Anlagenverordnung, ggfs. Eignungsfeststellung nach § 19 h WHG.

In Form von Stellungnahmen der zuständigen Fachbehörden. In der Regel fügt die Bauprüfbehörde die in sich abgeschlossenen Auflagen und Nebenbestimmungen der Fachbehörden als einzelne "Pakete" an den Bescheid an.

Gesondert beschieden werden *Erlaubnisse zur Einleitung von Abwasser in ein öffentliches Gewässer* nach dem Wasserhaushaltsgesetz. Hierfür sind üblicherweise die örtlich zuständigen Wasserbehörden die Ansprechpartner und Erlaubnisgeber.

Als Konsequenz ergibt sich für den Antragsteller ein mitunter **erheblicher Koordinierungsbedarf** für eine abgestimmte Bauausführung, da die einzelnen Bescheide, Erlaubnisse und Stellungnahmen aufgrund der Eigenständigkeit der Fachbehörden oft nicht aufeinander abgestimmt sind, im Gegensatz zum BImSchG-Genehmigungsverfahren.

Eine gesetzlich festgelegte Frist zur Erstellung des Baugenehmigungsbescheides gibt es, im Gegensatz zum BImSchG, z.Z. noch nicht (s.u.). Die Zeitdauer eines Baugenehmigungsbescheides hängt sehr vom Einzelfall ab, sicher auch von den Gegebenheiten der örtlichen Bauämter.

3.2.2
Genehmigung nach dem Bundes-Immissionsschutzgesetz

Gemäß § 4 BImSchG unterliegen Anlagen, die in besonderem Maße geeignet sind, aufgrund ihrer Beschaffenheit oder ihres Betriebes schädliche Umwelteinwirkungen, -gefährdungen, -benachteiligungen oder -belästigungen hervorzurufen, einer besonderen Genehmigungspflicht. Das Gesetz unterscheidet zwischen einer **Erstgenehmigung** nach § 4 BImSchG und einer **Änderungsgenehmigung** nach § 16 Abs. 1 BImSchG (s.a. Tabelle 3.7). Letztere ist erforderlich für eine wesentliche Änderung der Lage, Beschaffenheit oder des Betriebes einer bereits genehmigten Anlage, wobei durch die Änderung *nachteilige* Auswirkungen hervorgerufen werden können und diese für die Prüfung erheblich sind. Alle anderen Auswirkungen müssen lediglich nach § 15 BImSchG der Behörde im sogenannten **Anzeigeverfahren** angezeigt werden.

Die Genehmigung wird im **förmlichen** Verfahren nach § 10 BImSchG oder im **vereinfachten** Verfahren nach § 19 BImSchG erteilt. Dies ist in erster Linie davon abhängig, ob die Anlage im Anhang zur 4. BImSchV in Spalte 1 oder 2 aufgeführt ist. Wesentlicher Unterschied der Verfahren ist die Erstellung einer Sicherheitsanalyse, die Notwendigkeit der öffentlichen Bekanntmachung und die Auslegung der Antragsunterlagen im förmlichen Genehmigungsverfahren (Spalte 1 in Tabelle 3.4).

Tabelle 3.7. Anzeige-/Genehmigungsverfahren nach BImSchG

§ 15 BImSchG	Anzeigeverfahren
§ 4 / 10 BImSchG	im förmlichen Verfahren – für Anlagen, die in Spalte 1 des Anhanges zur 4. BImSchV genannt sind (mit Auslegung und Öffentlichkeitsbeteiligung)
§ 4 / 19 BImSchG	im vereinfachten Verfahren – für Anlagen, die in Spalte 2 des Anhanges zur 4. BImSchV genannt sind
§ 16 / 10 BImSchG	im fömlichen Verfahren – für Anlagen, die in Spalte 1 des Anhanges zur 4. BImSchV genannt sind (mit Auslegung und Öffentlichkeitsbeteiligung)
§ 16 / 19 BImSchG	im vereinfachten Verfahren – für Anlagen, die in Spalte 2 des Anhanges zur 4. BImSchV genannt sind

Aufgrund der **Konzentrationswirkung** des § 13 BImSchG schließt das immissionsschutzrechtliche Genehmigungsverfahren auch andere behördliche Entscheidungen ein (z. B. gewerberechtliche – und Arbeitsschutzbelange, baurechtliche Anforderungen, Entwässerungstechnik), so daß mit der Genehmigung nach BImSchG zugleich die sonstigen erforderlichen Genehmigungen (siehe Genehmigungen nach Baurecht) erteilt werden. Der Antragsteller erhält einen in sich abgestimmten Bescheid. Es entfällt der Abstimmungsbedarf bei verschiedenen behördlichen Genehmigungsverfahren im Rahmen eines Baurechts-Bescheides.

Ausgenommen von der Konzentrationswirkung sind Planfeststellungen und wasserrechtliche Erlaubnisse und Bewilligungen nach §§ 7 und 8 WHG.

Der unschätzbare Vorteil für den Antragsteller ist insbesondere eine Vereinfachung und Beschleunigung des Verfahrens. Es gibt nur **eine Behörde als Ansprechpartner.** Die Genehmigungsbehörde hat die Aufgabe und Pflicht, zwischen den beteiligten Parteien zu koordinieren. Einander widersprechende Entscheidungen, gerade im Zusammenhang mit den Stellungnahmen der Fachbehörden, werden vermieden.

Es findet eine Prüfung der Übereinstimmung des Vorhabens mit den relevanten Rechtsgrundlagen statt, so daß der Antragsteller einen in sich geschlossenen, allseits abgestimmten Bescheid bekommt, der eine weitgehende **Rechtssicherheit** mitbringt.

In der heutigen Zeit ist jeder Unternehmer willkommen, der in eine Neuanlage investiert und damit auch Arbeitsplätze schafft. Die Politik fordert dieses, und natürlich müssen die Behörden dabei auch mitspielen. Der „schlanke Staat", wie es so heißt, ist gefordert. Die gesetzlichen Vorgaben zur Verfahrensverbesserung wurden schon 1993 eingeleitet. Die zeitlichen Vorgaben, die **Genehmigungsarten und -dauer** sind in Tabelle 3.8 zusammengestellt.

Tabelle 3.8. Vorgeschriebene Dauer von Genehmigungsverfahren nach BImSchG

§ 4/10	Förml. Verfahren mit Öffentlichkeitsbeteiligung **7 Monate**
§ 16/10	Verfahren mit Öffentlichkeitsbeteiligung **6 Monate**
§ 4/19	Vereinfachtes Verfahren, Neuanlage **3 Monate**
§ 16/19	Vereinfachtes Verfahren, Änderung **3 Monate**

Mit besonderem Einsatz aller Beteiligten lassen sich diese Fristen einhalten und oft auch verkürzen. Eine Fristverlängerung um 3 Monate aus besonderen Gründen ist jedoch möglich.

Der vorzeitige Beginn der Errichtung oder des Betriebes einer Anlage nach § 8a BImSchG kann ebenso als Instrument genutzt werden, knappe Termine einzuhalten. Unter bestimmten Voraussetzungen kann der Antragsteller bereits vor Erteilung der erforderlichen Genehmigung mit der Errichtung und dem Betrieb zumindest eines Teils der Anlage beginnen. Hierfür wird die behördliche Zulassung nach § 8a BImSchG erteilt. Allerdings muß zu diesem Zeitpunkt die grundsätzliche Genehmigungsfähigkeit des Vorhabens feststehen, ein öffentliches Interesse oder ein berechtigtes Interesse des Antragstellers bestehen und dieser sich zu Schadensersatz und Wiederherstellung des ursprünglichen Zustandes im Falle der Nichtgenehmigung verpflichten.

Das Risiko des vorzeitigen Beginns relativiert sich durch die Überlegung: „Eine Behörde wird sich schwer tun, eine bereits errichtete Anlage wieder abreißen zu lassen". Geschaffene Tatsachen ergeben für beide Seiten einen Zugzwang. Allerdings sind bei Chemikalienlägern keine derartigen Probleme bekannt geworden.

Auch die Möglichkeit der **Teilgenehmigung nach § 8 BImSchG** kann im Einzelfall zu einer schnelleren Verwirklichung des Vorhabens beitragen. Die Antragstellung hat die *Gesamtanlage* ausreichend zu beschreiben. Der Anlagenteil, für den eine Teilgenehmigung beantragt ist, muß darüber hinaus alle zur Beurteilung durch die Behörde maßgebenden Angaben enthalten. Hier sind detaillierte Unterlagen zu erstellen. *Eine teilweise umfangreiche behördliche Prüfarbeit muß zeitlich berücksichtigt werden.*

Unter der Berücksichtigung, daß für die Errichtung und den Betrieb der gesamten Anlage keine unüberwindlichen Hindernisse im Hinblick auf die Genehmigung vorliegen, werden häufig Baugründungen oder in sich geschlossene Teile der Gesamtanlage vorab teilgenehmigt. Der Antragsteller hat dabei den Vorteil einer abgeschlossenen Beurteilung erforderlicher Nebenbestimmung. Dies bedeutet anders als bei der formalen Zulassung des vorzeitigen Beginns, wo die Verantwortung der Bauausführung beim Betreiber liegt, Rechtssicherheit.

3.2.3 Praxisbeispiel Genehmigung,
Bescheid für das Lager der Fa. Buss Logistik Terminal
(siehe Kap. 1.10)

Im folgenden soll einmal an einem praktischen Fall für den Bau und die Genehmigung eines großen Chemikalienlagers, auch Sicherheitslager genannt, die Prozedur der Genehmigung von A – Z erläutert werden.

! **Arbeitsschritte von A – Z**

- Standortwahl für die Anlage
- Marktanalyse
- Potentielle Kunden und ihre Wünsche
- Einschlägige Gesetze, Vorschriften u. Verordnungen
- Planung der Anlage, Antragserstellung
- Sicherheitsanalyse
- Genehmigungsprozedur, -dauer
- Bau der Anlage
- Inbetriebnahme mit entsprechender Logistik

! **Erste Fragen und Antworten**

- Welche Stoffe will ich einlagern?
- Wie groß soll mein Lager sein?
- Welche Genehmigung brauche ich?
- Welche Sicherheitstechnik ist erforderlich?
- Welche Antragsunterlagen sind zu erstellen?

? **Welche Stoffe will ich einlagern?**

- Einzelstoffe/Stoffgruppen
- Klassifizierung nach der Gefahrstoff-Verordnung

- Brennbare Flüssigkeiten
- Sehr giftige, giftige Stoffe
- Explosive, brandfördernde Stoffe
- Wassergefährdungsklasse

? Wie groß soll mein Lager sein?

- Lagermenge der Stoffe
- Größe der Brandabschnitte, evtl. für einzelne Stoffgruppen
- Reserven für später

? Welche Genehmigung brauche ich?

- Baugenehmigung (Kap. 3.2.1)
- BImSchG-Genehmigung ja/nein (Kap. 3.2.2)
- Vorzeitiger Beginn
- Teilgenehmigung

? Welche Sicherheitstechnik ist erforderlich?

- Boden- und Gewässerschutz
  - Auffangwanne/-raum — Kap. 2.8.5
  - Löschwasser – Rückhalteanlage — Kap. 2.8.6
  - Flüssigkeitsdichte Umschlagsfläche — Kap. 2.8.7
  - Entwässerungsanlage – Sielabsperrung — Kap. 2.8.8
- Brandschutz
  - Brandabschnitte, -wände — Kap. 2.8.1
  - Brandüberschlagssicherung — Kap. 2.8.2
  - Brandmeldeanlage — Kap. 2.9.3
  - Rauch- und Wärmeabzugsanlage — Kap. 2.9.4
  - Sprinkleranlage — Kap. 2.9.5
  - CO_2-Löschanlage für bes. Stoffe — Kap. 2.9.5
- Anlagensicherheit
  - Explosionsschutz für brennbare Flüssigkeiten (techn. Lüftung) — Kap. 2.9.7
  - Notausrüstung für den Ersteinsatz im Leckage- und Brandfall — Kap. 2.9.9
- Lagerlogistik
  - EDV-Anlage für vielfältigste Funktionen
  - Lagerbestand — Kap. 2.10.3
  - Zusammenlagerung — Kap. 2.10.2
  - Lagerverwaltung — Kap. 2.10.3

? **Welche Antragsunterlagen sind zu erstellen?**

- Anleitung und Erläuterung zur Erstellung der Unterlagen (s. Anhang)
- Antragsformulare
- Kurzbeschreibung
- Standort und Umgebung
- Baubeschreibung
- Grundstücksentwässerung
- Betriebsbeschreibung
- Stoffbeschreibung
- Umgang mit wassergefährdenden Stoffen
- Anlagensicherheit, Sicherheitsanalyse (bei Spalte 1-Anlagen, s. Tab. 3.4)
- Brandschutz-Anlagen, Beschreibung
- Technische Arbeitssicherheit, VbF-Bereich
- Arbeitnehmerschutz

3.2.4 Das BImSchG-Genehmigungsverfahren im Überblick

Für einen Überblick sollen in Tabelle 3.9 noch einmal wichtige Erfahrungswerte bei der „Abarbeitung" eines Genehmigungsverfahrens nach BImSchG und dessen Ergebnis in Form der erteilten Genehmigung nach BImSchG aufgelistet werden.

Tabelle 3.9. Das BImSchG-Genehmigungsverfahren im Überblick

Genehmigungsverfahren
Rechtzeitige, intensive Konsultation der Genehmigungsbehörde
Vollständige Antragsunterlagen – aufwendige Vollständigkeitsprüfung kann entfallen
Kooperative und effektive Verwaltung – innerhalb einer Woche Veröffentlichung sichergestellt (Text, Fristen, Örtlichkeit, Erörterungstermin)
Beteiligung der Fachbehörden und politischer Gremien – überzeugende Darstellung des Vorhabens in den Ortsausschüssen – „round-table" mit den Fachbehörden
Behandlung der Einwendungen – gemeinsame Vorbereitung des Erörterungstermins mit dem Antragsteller und den Fachbehörden

Tabelle 3.9 (Fortsetzung)

Abstimmungsgespräche über den Genehmigungsentwurf – „erst bei schriftlicher Festlegung von Auflagen fängt der Antragsteller an zu denken“
Sicherheitsanalyse – Zweitgutachter besser ortsansässig – 3 Monate Prüfdauer ausreichend
Entwurf der Genehmigung – Abstimmungsarbeit, Entwurfsfertigung
Genehmigung – Stand der Sicherheitstechnik nach neuesten Erkenntnissen – Abwägung zwischen absolut notwendigen technischen und organisatorischen Sicherheitsvorkehrungen und Maßnahmen für eine extreme Anlagensicherheit – vernünftige Lösungen mit Kreativität und Augenmaß – Rechtssicherheit für den Betrieb, die Nachbarschaft und Behörden – Bestandsschutz

Die Tabelle 3.10 zeigt den **zeitlichen Ablauf eines Genehmigungsverfahrens** nach § 4/10 BImSchG von A–Z. Bei dem Verfahren handelt es sich um die Genehmigung des Gefahrgutlagers der Firma Buss Logistik Terminal GmbH (siehe Kap. 1.10). Als sogenannte „Spalte 1 – Anlage“ war hier ein Genehmigungsverfahren mit Öffentlichkeitsbeteiligung erforderlich.

Tabelle 3.10. Genehmigungsverfahren nach § 4/10 BImSchG. **Zeitablauf des Verfahrens** für die Lagergenehmigung der Fa. Buss Logistik Terminal GmbH (siehe Kap. 1.10)

	1993						1994			
Tätigkeiten	Juli	Aug.	Sept.	Okt.	Nov.	Dez.	Jan.	Febr.	März	April
Vorbesprechung zu den Antragsunterlagen, Vollständigkeit	::::::::::									
Antrag eingereicht, Einleiten des Verfahrens			::::							
Vorbereitung zur Veröffentlichung			:::							
Öffentliche Bekanntmachung			:	::::::::						
Einwendungsfrist			:	:::::::::	::::					
Abstimmungsgespräche zw. Fachbeh./Antragst./ Genehmigungsbeh.				:::::::::	:::::::::	:::::	:::::::	:::::::::	:::	:::
Erörterungstermin						x				
Stellungnahmen der Fachbehörden			:::::::	:::::::::	:::::::::	:::::::				
Prüfung der Sicherheitsanalyse					:::::::	:::::::::	:::::::::	::::::		
Erarbeitung des Genehmigungsentwurfes							:::::::::	:::::::::	:::::x	
Anhörung zum Entwurf									:::	:::
Genehmigung										. x
Verfahrensdauer			:::::::::	:::::::::	::::::::: 6,5	::::::::: Mon.	:::::::::	:::::::::	::::::	

3.2.5
Antragstellung, der Gang zur Behörde

Da bei den potentiellen Bauherren/-planern die Kontakte und Ansprechstellen der örtlichen Bauämter meist bekannt sind, ist es empfehlenswert, sich in Genehmigungsfragen zunächst dorthin zu wenden. Hier kann im Gespräch der richtige Weg zur Genehmigung einer Anlage festgelegt werden. Sind schon bekannte Wege/Adressen/Ansprechpartner vorhanden, läßt sich sicher zielgerichtet die zuständige Behörde für ein Baugenehmigungs- oder BImSchG-Genehmigungsverfahren ansprechen (siehe Kap. 1, jeweils Merkmal 6 und 7.3).

Die Ansprechpartner für **Genehmigungsanträge nach dem Bundes-Immissionsschutzgesetz** sind in den Flächenländern oft die Regierungspräsidien und z.B. in den Stadtstaaten Hamburg und Bremen die jeweilige Fachbehörde (in Hamburg die Umweltbehörde).

Bei **Baugenehmigungen** sind die bekannten örtlichen Bauämter/Bauprüfabteilungen anzusprechen. Bei Genehmigungen nach dem Baugesetz sind die jeweiligen Landesbauordnungen maßgebend. Die Antragstellung wiederum muß den Vorschriften der einzelnen Bauvorlagenverordnungen der Länder entsprechen.

Die Hamburger Umweltbehörde hat eine Anleitung für die Erstellung von **Antragsunterlagen für Genehmigungsverfahren nach dem BImSchG** [5] erstellt, die *beispielhaft* im Anhang abgedruckt sind. Dazu gehören :

- Anleitung für die Erstellung der Antragsunterlagen nach BImSchG,
- Wegweiser für vollständige und formgerechte Antragsunterlagen,
- verbindliche Gliederung der Antragsunterlagen,
- Antragsformulare,
- Erläuterungen zu den einzelnen Abschnitten der Antragsunterlagen.

In allen anderen Bundesländern gibt es ähnliche bis gleiche Antragsunterlagen. Aus dem Bundesgesetz BImSchG mit seiner 9. Durchführungsverordnung (Verordnung über das Genehmigungsverfahren) sind die Voraussetzungen für die Antragstellung alle gleich. Allgemein kann der Hinweis gelten : **Formblätter für die Antragstellung** zur Genehmigung einer Lageranlage sind bei der jeweilig zuständigen Genehmigungsdienststelle abzufordern. Gleichzeitig sind i.d.R. erläuternde Hinweise zum Ausfüllen der Formblätter beigegeben.

Das Land Baden-Würtenberg hat z.B. einen speziellen **Leitfaden** erstellt: „Das immissionsschutzrechtliche Genehmigungs- und Anzeigeverfahren“ [4].

3.3
Fehler von Antragstellern

Mit der genauen Kenntnis der umfangreichen einschlägigen Gesetze und Verordnungen ist es noch nicht getan, die entscheidende Erkenntnis ist:

Das Bundes-Immissionsschutzgesetz als maßgebliche Rechtsgrundlage erfordert ein sicheres, in sich geschlossenes *Gesamtkonzept* und nicht die schlichte Addition von Auflagen aus Einzelanforderungen.

Tabelle 3.11. Meilensteine bei der *Planung* und Genehmigung einer Anlage

Möglichst klare zielgerichtete Vorstellungen des Unternehmers
In der Materie *erfahrenes* Planungsbüro Baudurchführung Lagerlogistik Anlagensicherheit/Sicherheitsanalyse
Studium und Kenntnis der umfangreichen einschlägigen Gesetze und Verordnungen
Sorgfältige Standortwahl Umgebung/Nachbarschaft Information der politischen Gremien
Erarbeitung eines in sich geschlossenen Gesamtkonzepts neue technische Lösungen gleiche Sicherheit bei weniger Kosten
Frühzeitiges Informieren der Genehmigungsbehörde
Beratung und Hinweise durch die Fachbehörden
Kooperative und effektive Genehmigungsbehörde

Wenn es bei den in Tabelle 3.11 genannten Punkten zu Defiziten kommt, ergeben sich daraus die typischen Fehler des Antragstellers.

Dazu müssen auf die wichtigsten Fragen bei der Planung und Genehmigung einer Anlage klare Antworten gefunden werden. Es ist sozusagen ein Berg an Fragen und Antworten Stück für Stück abzutragen. Wie Fragen und Antworten aussehen können, soll Tabelle 3.12 beispielhaft zeigen.

Tabelle 3.12. Typische Fehler von Antragstellern und Lösungmöglichkeiten

Mängel/Fehler	Lösungswege, wie kann es besser gemacht werden
Planung	
Keine klare Eingrenzung der Anlage bzgl.: – Lagergüter – Lagermenge – Größe der Anlage	Der Unternehmer muß sich über die Festlegung der Lagergüter, -menge und damit auch die Größe der Anlage schon sehr genau im Klaren sein. Marktanalysen, Kundenwünsche und Finanzierungsmittel dienen als Stichworte. Auch muß das technische Anforderungsprofil an die Anlage nach den gesetzlichen Vorschriften einfließen. In diesem Stadium werden schon die Grundlagen für das künftige Genehmigungsverfahren gelegt.
Widerstreitende Interessen im Unternehmen Entscheidungshierarchie im Unternehmen schwerfällig	Schlanke Organisations- und Entscheidungsstruktur! Letztlich muß eine verantwortliche Person *entscheiden*.
Ungenügende Kenntnis der umfangreichen u. einschlägigen Gesetze und Verordnungen – Welche Anforderungen muß meine Anlage erfüllen?	Rechtzeitige Information der Unternehmensführung über die Materie ist unerläßlich. Ein erfahrenes Planungsbüro sollte beauftragt werden.
Standortwahl nicht umfassend genug – Nachbarschaft/ Umgebung – Verkehrsanbindung	Ein öffentliches Verfahren kann bzgl. der Nachbarschaft Hindernisse in den Weg legen (Einwendungen, zusätzliche Auflagen aus derselben). Abhilfe kann eine offensive Informationspolitik des Unternehmens gegenüber der Kommune sein. Oder gibt es eine neutrale Gewerbefläche? Ein möglicher Vorteil, auch bei einem etwas längeren Verkehrsweg.
Planungsbüro mit ungenügender Erfahrung für die spezifische Lageranlage	Zu „bedienende“ Adressen im Konzern oder aus Gewohnheit sind für eine spezielle Lageranlage nicht immer die besten. Die billigste Lösung führt dann im Endeffekt zu Mehrkosten. Hier muß der Mut zu neuen Kontakten Platz haben.

Die Vorabinformation der politischen Gremien, auch schon im Planungsstadium, unterbleibt. (Besonders relevant bei Störfall-Anlagen)	Bei Nichtinformation kann Schroffheit und Ablehnung die Folge sein. Mit Argumenten in Sicherheitsfragen offensiv informieren, ist der beste Weg. Die Genehmigungsbehörde sollte mit eingebunden werden.
Genehmigungsantrag/ Antragsinhalt	
Es erfolgt nur ein Zusammenfügen von Einzelbausteinen an Hand der Vorschriften: z. B. – VbF, VAwS, BImSchG, Bauordnung, Arbeitsschutz Es fehlt ein schlüssiges Geamtkonzept.	Bei der Konzeption der Sicherheitssysteme sollte auch mal Neuland beschritten werden. Die Sicht von oben über das Ganze ist hilfreich. Also nicht einzelne Spezialisten entscheiden lassen, sondern im Sinne eines Projektmanagements eine akzeptable, vernünftige und kostengünstige Gesamtlösung finden.
Die Genehmigungsbehörde wurde zu spät eingeschaltet.	Der frühe Gang zur Behörde ist bereits im Planungsstadium notwendig. Berührungsängste helfen nicht weiter, heute versteht sich die Behörde auch als Dienstleister am Kunden und kann ihr „Know how“ einbringen.
Vorwegberatung durch die Fachbehörden versäumt	Auch hier hilft der rechtzeitige Kontakt, um Planungsirrwege zu vermeiden.
Der Antrag ist unvollständig ausgefüllt.	Rücksprache mit der Genehmigungsbehörde schon im Moment der Planung und Antragsvorbereitung. Spezielle Beratungsbüros können wertvolle Hilfe geben. Eine Verzögerung im Genehmigungsverfahren kann teurer werden als die Beratungskosten. Deshalb sollte die Entscheidung, Beratung in Anspruch zu nehmen, so früh wie möglich erfolgen.
Technische Lösungen sind nicht Stand der Technik.	Hier gilt es, nicht nur ältere technische Lösungen zu wiederholen. Durch Vergleich neuerer bestehender Anlagen und innovatives Denken ist der Stand der Technik auch mit kostengünstigeren Lösungen möglich. Die einzelnen Fachbehörden können durchaus Hilfestellung geben.

Mangelnde Erfahrung des Planungsbüros in Genehmigungsfragen	Verzögerung und Erschwernis des Genehmigungsverfahrens ist meist die Folge. Die Auswahl des Büros sollte nach einer erfolgversprechenden Referenzliste erfolgen, oder es ist spezieller externer Sachverstand hinzuzuziehen.
Die Sicherheitsanalyse nimmt kaum Einfluß auf die Planung.	Das Instrument der Sicherheitsanalyse zur Verwirklichung einer kostengünstigen technischen Lösung wird unterschätzt. Nur hier kann vergleichbare Sicherheit gegenüber althergebrachten Sicherheitsmaßnahmen dargestellt werden. Also heißt es, der Sicherheitsanalyse in der Planungsphase mehr Gewicht geben. Mehrkosten für die Analyse können durch Kosteneinsparungen bei der Anlage aufgefangen werden.
Politische Gremien am Standort wurden im Zusammenhang mit der Öffentlichkeitsbeteiligung nicht vorab informiert.	Die Notwendigkeit darf nicht unterschätzt werden. Rechtzeitg sind Ansprechpartner zu ermitteln. Aufklärung bringt mehr, als vermeintlich unangenehmen Fragen aus dem Weg zu gehen.
Genehmigungsverfahren	
Mangelnde Kooperation mit der Genehmigungsbehörde	Der Projekt-Verantwortliche im Unternehmen hat dafür Sorge zu tragen. Informationen und Fragen müssen an die richtige Stelle gelangen und entschieden werden.
Der Kontakt zu den Fachbehörden wird nicht „gepflegt“.	Die Fachbehörden bestimmen die wesentlichen Inhalte einer Genehmigung. Das offene und wiederkehrende Gepräch zwischen Behörde und Firma gibt Planungssicherheit und hilft Kosten sparen. Eine verantwortliche Person im Unternehmen sollte dafür bestimmt werden.
Ein *kompetenter* Anprechpartner im Unternehmen fehlt.	Hier muß eine entsprechende Person mit dem nötigen Entscheidungsrahmen benannt werden.
Wesentliche Planungsänderungen der Anlage während des Verfahrens	Soweit machbar ist die Anlage in der Gesamtheit durchzuplanen. Rahmenbedingungen sollten dazu zu Beginn der Planung feststehen.

Die Sicherheitsanalyse ist im Detail nicht aussagekräftig.	Der Schwerpunkt bei der Erarbeitung der Sicherheitsanalyse ist auf die *Bewertung* von Sicherheitseinrichtungen zu legen. Eine lediglich etwas erweiterte Baubeschreibung, Beschreibung der Sicherheitseinrichtungen und Darlegung üblicher Störfall-Szenarien hilft der Behörde bei der Beurteilung wenig.
Entscheidung und Errichtung der Anlage	
Das Unternehmen wacht erst auf, wenn die Auflagen im Entwurf zum Bescheid „schwarz auf weiß" vorliegen.	Die Entscheidungsgremien im Unternehmen sind in der Konsequenz von Genehmigungsauflagen offensiv zu informieren. Dieses sollte im Kontakt mit der Genehmigungsbehörde schon in der Phase der Entwurfsbearbeitung des Bescheides erfolgen.
Genehmigungsauflagen werden teilweise nicht umgesetzt; auffällig geworden erst bei der Abnahme.	Eine erfahrene kooperative Baufirma wäre ein geeignetes Gegenmittel. Auch sollte ein gute Organisations- und Entscheidungsstruktur im Unternehmen bei der Umsetzung des Genehmigungsbescheides Voraussetzung sein.

3.4 Die Bedeutung der Sicherheitsanalyse

Für Sicherheitsläger, zugeordnet der Spalte 1 über die nach der 4. BImSchV genehmigungsbedürftigen Anlagen, ist (kann, muß) die Sicherheitsanalyse ein entscheidendes Instrument (sein), die vorhandene Anlagensicherheit zu belegen.

Notwendige Inhalte einer Sicherheitsanalyse ergeben sich aus den Anforderungen nach der 2. Verwaltungsvorschrift zur Störfall-Verordnung. Neben der Beschreibung des Lagers, des Betriebsablaufes und der Stoffbeschreibung ist vor allen Dingen die Darlegung der sicherheitstechnischen Anlagenteile mit den störfallverhindernden und -begrenzenden Vorkehrungen und natürlich das Störfall-Szenario mit seinen Auswirkungen hervorzuheben.

Eine Sicherheitsanalyse für 30.000–50.000 DM muß natürlich eine gewisse „Dicke" haben. Eine ausführliche Baubeschreibung hilft hier leicht weiter. Aber richtig ist, das inhaltliche Gewicht mehr auf die Anlagentechnik und -sicherheit zu legen, was auch dem Zweitgutachter der Sicherheitsanalyse bei der Beurteilung und Bewertung der Anlage hilft. Nach meinen Erfahrungen ist die Sicherheitsanalyse eingeklemmt zwischen der notwendigen Beratung des Bauherren, den Vorgaben über die Anlagensicherheit und den Zwängen des Bauentwurfes.

Hier sollte der Antragsteller der sicherheitsanalytischen Betrachtung einen gewissen Vorlauf geben, zumindest aber eine kontinuierliche Abstimmung zwischen beiden Bereichen gewährleisten.

Es ist an der Zeit, der Sicherheitsanalyse eine neue Chance zu geben und nicht „mit leichter Hand" von einer vergleichbaren vorhandenen Analyse quasi abzuschreiben. Der Stand der Sicherheitstechnik kann mit innovativen technischen Lösungen neu festgelegt werden, nach dem Motto „Ökologische Logistik muß bezahlbar bleiben". Hier ist die Sicherheitsanalyse das am besten geeignete Instrument, vergleichbare Sicherheit nachzuweisen.

Dabei muß der Antragsteller den ersten Schritt tun und einen gewissen Mut mitbringen, indem er diese Vorgabe in die Entwurfsplanung einbringt und den Vorteil des Instrumentariums der Sicherheitsanalyse ausnutzt. Nur im Bundes-Immissionsschutzgesetz ist die Möglichkeit hierzu gegeben.

3.5 Die Beteiligung von Fachbehörden

Da die Genehmigungsbehörde i.d.R. nicht das gesamte Fachwissen auf sich vereinigt, werden im Verfahren die einzeln zuständigen Fachbehörden beteiligt. Sie beurteilen dabei ein abgeschlossenes Gebiet wie z.B.:

- bauordnungsrechtliche Anforderungen,
- gewerberechtliche Anforderungen -GSG, Arbeitnehmerschutz,
- Brandschutz, (Feuerwehr).

Gegenüber der Genehmigungsbehörde geben die Fachbehörden eine Stellungnahme zu der beantragten Lageranlage ab, deren Inhalt in den Genehmigungsbescheid einfließt.

Die Fachbehörden haben natürlich ein gewisses Eigenleben und sind deshalb weniger bereit und in der Lage, die Gesamtlösung und die Verknüpfung verschiedener Einzelanforderungen zum Ziel ihrer Entscheidungen zu machen. Hier muß die Genehmigungsbehörde in Zusammenarbeit mit dem Antragsteller ausgleichend wirken.

Erfahrungsgemäß hilft dabei eine gemeinsame Besprechung aller beteiligten Behörden zum frühestmöglichen Zeitpunkt, um schon teilweise vorgesehene Genehmigungsauflagen zu erörtern. Soweit möglich und notwendig sollte auch ein bilaterales Gespräch zwischen der Fachbehörde und dem Antragsteller stattfinden, besonders in der Planungsphase, um nicht gleich zu Anfang schon Irrwege zu beschreiten.

Die Stellungnahmen der Fachbehörden sollen der Genehmigungsbehörde bei der Entscheidung über den Genehmigungsantrag Hilfe leisten. Sie hat über die Genehmigungsfähigkeit der Anlage in **eigener Verantwortung** zu entscheiden, daher ist sie an das Ergebnis der Stellungnahmen nicht gebunden. Inbesondere darf sie nicht ungeprüft, wie das in der Praxis leider nicht selten geschieht, die vorgeschlagenen Nebenbestimmungen übernehmen; sie sind vielmehr auf ihre Erforderlichkeit, Geeignetheit, Bestimmtheit und Widerspruchsfreiheit zu anderen Nebenbestimmungen zu überprüfen.

3.6
Anlagen: Unterlagen zur Antragstellung

- Anleitung
- Antragsformulare
- Erläuterungen

Im folgenden sind die Anleitung einschließlich der Antragsformulare und der zugehörigen Erläuterungen für die Erstellung von Antragsunterlagen für das Genehmigungsverfahren nach dem Bundes-Immssionsschutzgesetz abgedruckt [5]. Dabei beziehen sich die Formblätter ausschnittsweise auf die erforderlichen Angaben für Lageranlagen.

Das **„Hamburger Modell" der Umweltbehörde Hamburg** beschreibt in ausführlicher Form wichtige Meilensteine und Merkpunkte zum Inhalt für die Antragstellung, die schon in der ersten Planungsphase einer Anlage berücksichtigt werden sollten.

Diese Angaben lassen sich auch als „Wegweiser" zur Erstellung von Antragsunterlagen in anderen Bundesländern nutzen, da sich durch das Bundesgesetz keine wesentlichen inhaltlichen Abweichungen ergeben.

Spezielle Unterlagen sind in den Flächenländern z.B. bei den zuständigen Regierungspräsidien zu bekommen.

Umweltbehörde Hamburg
Amt für Immissionsschutz und Betriebe

Billstraße 84
20539 Hamburg

Anleitung für die Erstellung von Antragsunterlagen für Genehmigungsverfahren nach dem Bundes-Immissionsschutzgesetz

Stand 7/97

Übersicht

Anleitung

Anhang Organigramm des Amtes für Immissionsschutz und Betriebe (Überblick)

Anlagen

Anlage 1 **Antragsformulare**

Anlage 2 **Erläuterungen**

Anleitung für die Erstellung von Antragsunterlagen für Genehmigungsverfahren nach dem Bundes-Immissionsschutzgesetz

Diese Anleitung informiert über die bei der Antragstellung zu beachtenden Vorschriften und soll dem Antragsteller helfen, inhaltlich vollständige und formgerechte Antragsunterlagen zu erstellen (siehe insbesondere die als Anhang 1 und 2 beigefügten Formblätter und Erläuterungen).

Der nachfolgende Wegweiser enthält Hinweise auf das Service- und Beratungsangebot der Genehmigungsbehörde und gibt Vorgaben und Hilfestellungen für die redaktionelle Aufbereitung der Antragsunterlagen.

I. Wegweiser

für vollständige und formgerechte Antragsunterlagen

1. Einführung

Das Genehmigungsverfahren nach dem Bundes-Immissionsschutzgesetz (BImSchG) ist ein Zulassungsverfahren mit folgendem gesetzlich verbrieftem Serviceangebot für den Antragsteller:

Das Verfahren schließt andere behördliche Genehmigungen und Entscheidungen ein (Ausnahmen siehe § 13 BImSchG). Es wird zentral von der Umweltbehörde als zuständige Genehmigungsbehörde geleitet, koordiniert und fachlich abgestimmt. Der Vorteil:

„ALL-IN"-Service

- Ein Antrag für alle erforderlichen behördlichen Entscheidungen
- Eine zentrale Ansprechperson
- Ein Bescheid.

Die einzelnen betroffenen Fachbehörden und -Dienststellen werden von der Umweltbehörde beteiligt. Ihre Entscheidungen und Stellungnahmen fließen in den Genehmigungsbescheid mit ein.

Kurze, gesetzlich vorgegebene Entscheidungsfristen

Das Genehmigungsverfahren nach Bundes-Immissionsschutzgesetz ist ein schnelles Verfahren. Die Genehmigungsbehörde ist gesetzlich verpflichtet, im Regelfall über den Antrag innerhalb einer Frist von 3 Monaten bzw. im Fall der Öffentlichkeitsbeteiligung innerhalb von 6 Monaten zu entscheiden.

Formvorschriften 9. BImSchV

Das Genehmigungsverfahren unterliegt einer Reihe von verbindlichen Formvorschriften, die in der Verordnung über das Genehmigungsverfahren (9. Verordnung zur Durchführung des BImSchG - 9. BImSchV -)[1] niedergelegt sind. Diese Vorschriften betreffen auch den Inhalt und die Form der Antragsunterlagen.

[1] zuletzt geändert durch Gesetz vom 9.10.1996, BGBl. I S.1498

2. Antragsberatung

Vorgespräch

Der Antragsteller kann sich vor Antragstellung in allen zum Verfahren gehörenden Fragen von der Umweltbehörde beraten lassen. Auf die Antragsberatung besteht nach § 2 (2) der 9. BImSchV ein Rechtsanspruch. Es wird empfohlen, möglichst frühzeitig, d.h. bereits in der frühen Planungsphase des Vorhabens, von dem Beratungsangebot Gebrauch zu machen.

Gegenstand der Antragsberatung

Gegenstand der Antragsberatung ist insbesondere

- Erörterung von verfahrensrechtlichen und praktischen Fragen der Durchführung des Genehmigungsverfahrens, z.B. Wahl der Verfahrensart, Antrag auf Vorbescheid, Teilgenehmigung, Vorzeitigen Beginn usw.)
- Erörterung der voraussichtlichen Auswirkungen des Vorhabens und der sich hieraus ergebenden Genehmigungsvoraussetzungen, Nachweise, Gutachten usw.
- Erörterung des Beteiligungsverfahren (einzuschaltende Fachbehörden und -dienststellen, ggf. Öffentlichkeitsbeteiligung).
- Erörterung der erforderlichen Antragsunterlagen.
  Inhalt und Umfang der Unterlagen, die zum Zeitpunkt der Antragstellung vorliegen müssen,
- Erörterung des zeitlichen Ablaufs des Verfahrens und der Möglichkeiten der Beschleunigung.

Vorantragskonferenz

Neben der Beratung in verfahrensrechtlichen Fragen ist vor allem die frühzeitige Absprache über Inhalt und Umfang der einzureichenden Antragsunterlagen eine wichtige Voraussetzungen für ein zügiges Genehmigungsverfahren. Bei komplexeren Vorhaben kann es empfehlenswert sein, eine **Vorantragskonferenz** unter Hinzuziehung aller am Verfahren beteiligten Behörden und Dienststellen durchzuführen.

Vorprüfung der Antragsunterlagen

Als Teil der Antragsberatung bietet die Umweltbehörde Ihnen eine kostenlose **Vorprüfung der Antragsunterlagen** an. Diese Vorprüfung auf Vollständigkeit vor der Vervielfältigung der Antragsunterlagen hat sich für beide Seiten bewährt. Das Angebot sollte in jedem Fall in Anspruch genommen werden.

3. Gliederung der Antragsunterlagen

Verbindliche Gliederung

Die Vorgabe einer verbindlichen Gliederung für die Antragsunterlagen und die Einführung von Formblättern erleichtern den zuständigen Behörden die Prüfung der Unterlagen und tragen zur Beschleunigung des Verfahrens bei. Die Rechtsgrundlage für die Einführung von Formularen ergibt sich aus § 5 der Verordnung über das Genehmigungsverfahren (9. BImSchV).
In Abschnitt II dieser Anleitung wird die Gliederung der Antragsunterlagen verbindlich vorgegeben. Diese Gliederung enthält alle wichtigen Sachthemen, die in einem Genehmigungsverfahren nach BImSchG prüfungsrelevant sind.

Nicht Zutreffendes

In den Fällen, in denen einzelne Sachthemen für das beantragte Vorhaben nicht zutreffen, wird unter der betreffenden Kapitel-Nr. ein erläuternder Hinweis eingeordnet. Wenn zum Beispiel mit dem Vorhaben keine baulichen Veränderungen verbunden sind, wird unter der entsprechenden Kapitel-Nr. (**5a**) der Hinweis eingeordnet: Z.B. **"Mit dem beantragten Vorhaben sind keine baugenehmigungspflichtigen Änderungen verbunden."**

Beschriftung, Nummerierung

Die Antragsunterlagen werden mit den entsprechenden Gliederungsnummern beschriftet. Innerhalb der Abschnitte werden die Blätter, Zeichnungen, Formulare u.ä. fortlaufend numeriert. Z.B. "**10-1**", d.h. Blatt **1** des Abschnittes **10.**

4. Antragsformulare und Formblätter

Formblätter

Formblätter helfen der Genehmigungsbehörde, sich schnell einen Überblick über die prüfungsrelevanten Detaills eines Vorhabens zu verschaffen. Sie erleichtern das Abprüfen der Genehmigungsvoraussetzungen. Dem Antragsteller sollen die Formblätter helfen, die Erfüllung der Genehmigungsvoraussetzungen nachzuweisen und vollständige und prüffähige Unterlagen einzureichen. In der Regel werden die Formblätter durch einen beschreibenden Textteil und - soweit erforderlich - graphische Darstellungen ergänzt.

Textteil

Zeichnungen

Formblätter stets verwenden

Bitte verwenden Sie stets die als Anhang 1 beigefügten Formulare und Formblätter. Falls im Einzelfall keine für die Beschreibung des Vorhabens sinnvollen Angaben auf dem Formblatt gemacht werden können, wird das Formblatt mit einem entsprechenden Kommentar versehen. Z.B. „entfällt, weil ..."

Ausnahme

Falls durch das Vorhaben ein ganzes Sachkapitel der Gliederung nicht berührt wird, entfallen auch die zugehörigen Formblätter.

Abweichungen nur nach ausdrücklicher Absprache

Bitte weichen Sie ansonsten nur nach ausdrücklicher Absprache mit der Genehmigungsbehörde von den Vorgaben für die Antragstellung ab.

Änderungen deutlich erkennbar machen

Falls Änderungen in den vorgedruckten Formblättern von der Sache her geboten sind (z.B. Änderung der vorgegebenen Dimension kg/h in "g/h"), wird gebeten, diese deutlich erkennbar zu machen.

5. Mehrfachausfertigungen des Antrages

Die Anzahl der identischen Ausfertigungen der Antragsunterlagen richtet sich nach der Zahl der parallel zu beteiligenden Dienststellen und Behörden. Sie beträgt im Regelfall für Genehmigungsverfahren

- ohne öffentliche Auslegung: 9 Exemplare
- mit Beteiligung der Öffentlichkeit: 15 Exemplare.

Die im Einzelfall benötigteAnzahl der Antragsausfertigungen erfahren Sie bei der Antragsberatung.

Abweichende Anzahl der Ausfertigungen

Bestimmte Unterlagen werden in abweichender Ausfertigung benötigt:

Die **Nachweise für die Standsicherheit** (statische Berechnungen): **2-fach**

Grundstücksentwässerungsunterlagen: 4-fach

Sicherheitsanalyse 3-fach

Die **speziellen Unterlagen nach Dampfkessel- bzw. Druckbehälter-VO** (siehe auch Erläuterungen zu Kapitel 16a) **3-fach.**

In Genehmigungsverfahren mit Öffentlichkeitsbeteiligung:

Getrennt vorgelegte Antragsunterlagen, die **Geschäfts- und Betriebsgeheimnisse** enthalten: **2-fach;**

Kurzbeschreibung: **20-fach;**

Sicherheitsanalyse **6-fach.**

Je nach Erfordernis des Einzelfalls können mehr oder weniger Ausfertigungen bzw. Exemplare erforderlich sein.

6. Betriebsgeheimnisse

Der Inhalt von betriebs- und geschäftsgeheimen Antragsunterlagen muß - soweit es ohne Preisgabe des Geheimnisses geschehen kann - so ausführlich dargestellt sein, daß es Dritten möglich ist, zu beurteilen, ob und in welchem Umfang sie von den Auswirkungen der Anlage betroffen werden können (§ 10 Abs. 2 BImSchG). Die Genehmigungsbehörde kann gemäß § 10 Abs. 3 der 9. BImSchV von der Geheimhaltungseinstufung des Antragstellers abweichen. Es wird empfohlen, die Abgrenzung offen/geheim vor Antragstellung mit der Genehmigungsbehörde abzustimmen. Auf jeden Fall ist die Art der geheimzuhaltenen Information zu bezeichnen (z.B. Stoffmengen, Bestandteile von Rezepturen, Apparategrößen, bestimmte Zusatzinformationen in Fließbildern).

7. Sonstige redaktionellen Anforderungen

Datumsangabe

Auf jedem Blatt der Antragsunterlagen ist durch eine Datumsangabe der Bearbeitungsstand kenntlich zu machen, damit bei späteren Korrekturen oder Ergänzungen ohne weiteres erkennbar ist, um welche Fassung es sich jeweils handelt.

Pläne, Zeichnungen

Großformatige Pläne, Zeichnungen u.ä. sind so zu **falten**, daß sie eingeheftet zum vollen Format aufgefaltet werden können (vergl. hierzu DIN 824). Die **Bildaufteilung** sollte so gestaltet werden, daß man den Zeichnungsinhalt (z.B. Fließbilder) und gleichzeitig den zugehörigenTextabschnitt (Legende) nebeneinander lesen kann.

Maßstab

Auf Karten, Bauzeichnungen, Apparateaufstellungsplänen, Apparatezeichnungen u. ä. muß jeweils der **Maßstab** angegeben sein.

Nordpfeil, Standort-Koordinaten

Auf Karten, Werksplänen, Grundrissen, Emissionsquellen-Plänen u. ä. sind jeweils die **Nordrichtung** und die Hoch- und Rechtswerte (**Gauß-Krüger-Koordinaten**) einzutragen.

Bauliche Änderungen

Bei Änderungsanträgen sind die neuen Gebäudeteile, Einrichtungen, Apparate etc. durch **rote Markierungen**, die wegfallenden Elemente durch **gelbe Markierungen**, Schraffuren o.ä. hervorzuheben.

grüne Eintragungen

Grüne Eintragungen und Vermerke bitte nicht vornehmen. Sie sind der Genehmigungsbehörde vorbehalten.

Lochränder

Zum Schutz vor dem Ausreißen bitte die Lochränder verstärken.

Unterschriften

Der Antrag, jeder Gliederungsabschnitt und jede Zeichnung muß von einem Vertretungsberechtigten des Antragstellers unterschrieben sein; mit Ausnahme der Bauvorlagen genügen für die Mehrausfertigungen Kopien der unterschriebenen Unterlagen.

Vorlage der Aragsunterlagen

Bitte reichen Sie die Antragsunterlagen bei der Umweltbehörde in deutlich beschrifteten Ordnern bzw. Mappen (Firmenname, Projekttitel, Exemplarnummer) ein.

Umweltbehörde Hamburg
Anleitung zum Genehmigungsantrag nach BImSchG
Gliederung des Genehmigungsantrages

II. Verbindliche Gliederung der Antragsunterlagen

Kapitel Nr.	Thema Textteile	Formblatt Titel	Nr.	Zeichnungen/Tabellen/ spezielle Unterlagen
1.	**Antrag**	Antrag -Genehmigungsbestand -Mitteilungen nach §52a BImSchG -Herstellungskosten	1/1 1/2 1/3 1/4	ggf. Begründungen zu den gesonderten Anträgen
2.	**Inhaltsverzeichnis**			ggf. Kennzeichnung betriebsgeheimer Unterlagen
3.	**Kurzbeschreibung**			- ggf. Lageplan, Grundfließbild, - ggf. Ansichtszeichnung
4.	**Standort und Umgebung**			- Topographische Karte - Werksplan
5.	**Bauvorlagen, Grundstücksentwässerung**			
5a	**Bauvorlagen**, Baubeschreibung, Bedarf an Grund und Boden			- Lageplan - ggf. Freiflächenplan - Auszug aus der Flurkarte - ggf. Baugrunduntersuchungen - Bauzeichnungen - Standsicherheitsnachweise - ggf. sonstige bautechnische Nachweise
5b	**Grundstücksentwässerung** Sielanschluß, Sammlung, Behandlung, Nutzung, Ableitung von Niederschlagswasser, häuslichem und gewerblichem Abwasser ins öffentliche Siel.	-Entwässerungsantrag -Sielanschlußantrag -Abwasserquelldaten -Abwasserdaten	5b/1 5b/2 5b/3	- Entwässerungsplan, - Sielplan - Leitungsschema
6.	**Natur- und Landschaftsschutz**			- ggf. Eingriffsplan Ausgleichsplan
7.	**Betriebsbeschreibung**: Verfahrens- und Anlagenbeschreibung	-Betriebseinheiten -Apparateliste	7/1 7/2	- Fließbilder, Verfahrensschemata - Apparateaufstellungsplan (Grundrisse, Schnitte, auf der Grundlage der Bauzeichnungen) - Apparatedaten, -zeichnungen, -unterlagen

Umweltbehörde Hamburg 2 Stand: 7/97
Gliederung des Genehmigungsantrages

Kapitel Nr.	Thema Textteile	Formblatt Titel	Nr.	Zeichnungen/Tabellen/ spezielle Unterlagen
8	**Stoffe**, Art, Menge und Beschaffenheit	-Stoff-Eingänge -Stoff-Ausgänge, -Sonstige Abfälle	8/1 8/2 8/3	- Stoffstromschema mit Art, Menge und Zusammensetzung der Stoffströme - ggf. Sicherheitsdatenblätter - ggf. Nachweise gemäß §16b Abs.1 Satz 3 ChemG
9	**Abfallvermeidung, Abfallverwertung Abfallbeseitigung** einschließlich **Abwasser**	Abfallverwertung -Rechtfertigung der Abfall- bzw. Abwassermengen -Abfallbeseitigung	9/1 9/2 9/3	ggf. Angaben zum betrieblichen Abfallentsorgungskonzept ggf. Nachweis der Entsorgung
10	**Umgang mit wassergefährdenden Stoffen**	VAwS-Anlagen	10/1	- ggf. Nachweise über Bauartzulassungen, Prüfzeichen - ggf. Unterlagen und Nachweise für die Eignungsfeststellung
11	**Luftreinhaltung**			
11a	**Emissionen**, Emissionsminderung, Emissionsmeßstelleneinrichtungen	Emissionsquellen Emissionen Abgasreinigungseinrichtungen	11a/1 11a/2 11a/3	-ggf. Schornsteinhöhe berechnung -ggf. Quellenplan
11b	**Immissionen**			- ggf. Immissionsprognose über die zu erwartende Zusatzbelastung - ggf. Gutachten über die Vorbelastung, Zusatz- und Gesamtbelastung - ggf. Sonderfallprüfung
12	**Abwärmenutzung**			
13	**Schutz vor Lärm und Erschütterungen**	Schallquellen	13/1	- ggf. Schall-Vorbelastungsmessungen - ggf. Schallimmissionsprognose
14	**Anlagensicherheit** zumSchutz der Allgemeinheit und der Nachbarschaft vor sonstigen Gefahren, erheblichen Nachteilen und erheblichen Belästigungen. Technische und organisatorische Vorkehrungen zur Verhinderung von Störungen des bestimmungsgemäßen Betriebs und zur Begrenzung der Auswirkungen sowie **Maßnahmen im Fall der Betriebseinstellung**			- ggf. Alarm- und Gefahrenabwehrplan - ggf. Sicherheitsanalyse gemäß §7 Störfall-Verordnung

Kapitel Nr.	**Thema** Textteile	**Formblatt** **Titel**	**Nr.**	**Zeichnungen/Tabellen/ spezielle Unterlagen**
15	**Brandschutz**	Brandschutz/ Löschwasserrückhaltung	15/1	
16	**Arbeitsschutz**			
16a	**Technische Arbeitssicherheit** insbesondere Explosionsschutz, gefährliche chemische Reaktionen, brennbare Flüssigkeiten, Druckbehälter,* Dampfkessel,* Sprengstoffe, Strahlenschutz	*(Formulare sind vom Fachhandel zu beziehen		ggf. Ex-Zonenpläne Gutachterliche Vorprüfung der Antragsunterlagen nach Druckbehälter-Verordnung
16b	**Arbeitnehmerschutz** (ArbStättV, GefahrstoffV, UVV u.a.)	Arbeitsstätten Gefahrstoff-VO	16b/1 16b/2	
17	**Umweltverträglichkeitsprüfung (UVPG)** (Falls erforderlich)			ggf. Gutachten zur Umweltverträglichkeitsuntersuchung
18	**Sonstige Antragsunterlagen** z.B. Unterlagen zu Privatbahnen, zu Flugsicherheitsbelangen u.a.			

Umweltbehörde Hamburg
Amt für Immissionsschutz und Betriebe

Stand 8/97
Erläuterungen zu den Antragsunterlagen

Erläuterungen zu den einzelnen Kapiteln der Antragsunterlagen

Inhaltsverzeichnis

1. Antrag

Formblätter 1/1, 1/2, 1/3 und 1/4

Die Antragstellung für eine Genehmigung nach Bundes-Immissionsschutzgesetz (BImSchG) erfolgt auf dem Formblatt 1/1 (Antragsformular). Zum Antrag gehören die allgemeinen Angaben zum Genehmigungsbestand (Formblattes 1/2), zur Betriebsorganisation (Formblatt 1/3) und zu den voraussichtlichen Herstellungskosten (Formblatt 1/4).

Formblatt 1/1 **Formblatt 1/1**

Seite 1, Nr.1 Das Bundes-Immissionsschutzgesetz ermöglicht es, den Ablauf des Genehmigungsverfahren weitgehend nach den Erfordernissen des Einzelfalls und der Wahl des Antragstellers zu gestalten. Im Zusammenhang mit dem Antrag auf Erteilung einer Genehmigung nach § 4 oder § 16 BImSchG können Sie als zusätzliche Bescheide

- **Teilgenehmigungen** nach § 8 BImSchG,
- **Zulassungen des vorzeitigen Beginns** nach § 8a BImSchG,
- **Vorbescheide** nach § 9 BimSchG.

beantragen. **Teilgenehmigungen** und **Zulassungen des Vorzeitigen Beginns** berechtigen zur Umsetzung des beantragten Teils des Vorhabens und machen es möglich, das Vorhaben parallel zum laufenden Genehmigungsverfahren in Teilschritten zu realisieren.

Mit dem **Vorbescheid** werden beantragte Einzelentscheidungen vorab beschieden, z.B. um Rechtssicherheit für eine Investitionsentscheidung zu erlangen.

Die Entscheidung, das beantragte Genehmigungsverfahren in Teilschritten mit Teilgenehmigungen durchführen zu lassen oder zusätzliche Anträge auf Vorbescheid oder Vorzeitigen Beginn zu stellen, können auch während des laufenden Genehmigungsverfahrens getroffen werden. Über die im Einzelfall günstigste Gestaltung des Genehmigungsverfahrens und alle in diesem Zusammenhang stehenden Fragen können Sie sich vor Antragstellung von der Umweltbehörde beraten lassen.

Beratung

Seite 2, Nr.2 **Wahl der Verfahrensart**

Der Gesetzgeber hat den Rahmen der Wahlfreiheit für den Antragsteller erweitert.

- Wer die höhere Rechtssicherheit eines Genehmigungsverfahrens mit Öffentlichkeitsbeteiligung wünscht, kann dies nach § 19 Abs. 3 BImSchG für jedes Genehmigungsverfahren beantragen.
- Ein Genehmigungsverfahren kann auch für nicht genehmigungsbedürftige Änderungen von BImSchG-Anlagen beantragt werden (vergl. § 15 (1) BImSchG). Der Gesetzgeber will damit dem Antragsteller die Vorteile des BImSchG-Verfahrens wahlweise zur Verfügung stellen, d.h. nur ein Antrag für alle erforderlichen Genehmigungen und Zulassungen, zentrales Verfahrensmanagement mit „ALL-IN-Service", Rechtssicherheit und kurze, gesetzlich vorgegebene Verfahrenszeiten.

Änderungsgenehmigungsverfahren von Anlagen der Spalte 1 des Anhangs zur 4. BImSchV werden auf Antrag ohne Öffentlichkeitsbeteiligung durchgeführt, wenn die Voraussetzungen des § 16 (2) BImSchG hierfür vorliegen. In einer dem Antrag beigefügten Erläuterung sollte dargelegt werden, durch welche Maßnahmen nachteilige Auswirkungen des Vorhabens mit Relevanz für die Öffentlichkeitsbeteiligung ausgeschlossen werden bzw. warum die Nachteile im Verhältnis zu den jeweils vergleichbaren Vorteilen gering sind. Auch für diese Fragen können Sie die Antragsberatung der Umweltbehörde in Anspruch nehmen.

Seite 2, Nr.4 Die Genehmigung nach BImSchG schließt gemäß § 13 andere behördliche Entscheidungen mit ein (Ausnahmen siehe unten). Die wichtigsten sonstigen Genehmigungen/Erlaubnisse/Ausnahmen sind im Formular vorgedruckt und brauchen nur angekreuzt zu werden. Weitere eingeschlossene Entscheidungen können z.B. sein:

- Ausnahmen von einzelnen Anforderungen der Verordnungen zur Durchführung des BImSchG
- Erlaubnis nach § 9 oder § 10 VbF, Ausnahme nach § 6 VbF,
- Erlaubnis nach § 7 oder § 9 AcetV, Ausnahme nach § 5 AcetV,
- Genehmigung nach § 7 Abs. 2 AbfG,
- Lagergenehmigung nach § 17 SprengG,
- Eisenbahntechnische Genehmigung von Privatanschlußbahnen,
- Erlaubnis nach § 2 Abs. 8 des Gesetzes über Eisenbahnen und Bergbahnen.

Seite 3, Nr.4.2 Nicht eingeschlossen in der Genehmigung nach BImSchG sind wasserrechtliche Erlaubnisse und Bewilligungen, Planfeststellungen, Zustimmungen, atomrechtliche Entscheidungen, Zulassungen bergrechtlicher Betriebspläne sowie Genehmigungen nach dem Dritten Verstromungsgesetz. Bitte geben Sie im Antragsformular an, welche behördlichen Entscheidungen für die Durchführung des Vorhabens ggf. gesondert einzuholen sind.

Für eventuelle Fragen steht Ihnen die Antragsberatung zur Verfügung.

Formblatt 1/2

ormblatt 1/2 Dieses Formblatt entfällt bei Neugenehmigungen, wenn es keinen Bezug gibt zu bestehen Genehmigung, Zulassungen und anderen Bescheiden. Bitte füllen Sie dieses Formblatt stets aus, wenn es sich um einen Antrag auf eine Änderungsgenehmigung nach § 16 BImSchG handelt. Die Auflistung des Genehmigungsbestandes erleichtert der Genehmigungsbehörde und den beteiligten Fachdienststellen die schnelle Bearbeitung Ihres Antrages.

ormblatt 1/3 **Formblatt 1/3 - Mitteilung nach § 52a BImSchG -** Angaben zur Betriebsorganisation:

Nr.1 **Die Angabe des Verantwortlichen** ist nur erforderlich, soweit das vertretungsberechtigte Organ des Betreibers aus mehreren Mitgliedern besteht.

Nr.2 Hier soll dargestellt werden, wie sichergestellt wird, daß die Rechtsvorschriften und die behördlichen Auflagen eingehalten werden und ein ordnungsgemäßer Betrieb der Anlage gewährleistet ist, insbesondere durch

- Betriebsorganisation (Verantwortlichkeiten/Kontrollfunktionen).
- qualitative und quantitativen Personalausstattung.
- Informationsfluß (Unterweisungen).

In vielen Fällen liegen der Umweltbehörde hierzu bereits Angaben vor, auf die verwiesen werden kann. Soweit aufgrund des Vorhabens Ergänzungen erforderlich sind, sollen diese in das Formblatt eingetragen werden.

Formblatt 1/4 - Herstellungskosten

Formblatt 1/4

Für die vorläufige Berechnung der Gebühren für die Genehmigung (vergl. Umweltgebührenordnung) sind die voraussichtlichen Herstellungskosten im Formblatt 1/4 anzugeben. Die endgültigen Gebühren berechnen sich nach den später aufzugebenden tatsächlichen Herstellungskosten, worüber eine Gebührenschlußabrechnung erfolgt.

2. Inhaltsverzeichnis

Im Inhaltsverzeichnis werden in der Reihenfolge der vorgegebenen Gliederung (siehe Anleitung, Teil II) alle beigefügten Antragsunterlagen, d.h. die jeweiligen Formblätter, die Textteile und die ergänzenden Unterlagen und Nachweise mit der entsprechenden Numerierung (vergleiche Anleitung, Teil I, Nr.3) aufgeführt.

3. Kurzbeschreibung

Für alle Genehmigungsverfahren mit Öffentlichkeitsbeteiligung ist gemäß § 4 Abs. 3 der 9. BImSchV eine allgemeinverständliche Kurzbeschreibung erforderlich.

Es wird empfohlen, auch bei Verfahren ohne Öffentlichkeitsbeteiligung jedem Antragssatz eine Kurzbeschreibung des Vorhabens beizufügen, weil hierdurch den beteiligten Behörden der Überblick über den Antragsgegenstand erleichtert wird.

Inhalt

Die Kurzbeschreibung soll den Inhalt des Genehmigungsantrages und der Antragsunterlagen übersichtlich, aussagekräftig und allgemeinverständlich zusammenfassen. Sie geht dabei überblicksartig auf die möglichen Auswirkungen des Projektes ein, die die Allgemeinheit oder die Nachbarschaft betreffen können.

Die Kurzbeschreibung soll insbesondere folgende Themenbereiche behandeln:

- **Art und Umfang des Vorhabens:**

Summarische Beschreibung des Vorhabens mit Angabe der örtlichen Lage, der wichtigsten Leistungsdaten. Kurzbeschreibung des technischen Zwecks der Anlage und der Verfahrensgrundzüge, ggf. anhand eines Blockschaltbildes. Bezeichnung der wichtigsten Einsatz- und Ausgangsstoffe. Bei Änderungsanträgen soll deutlich gemacht werden, welche Anlagenteile und Nebeneinrichtungen von der Änderung in welcher Weise betroffen sind.

- **Baumaßnahmen: Hinweise auf nachbarschaftsrelevante Tatbestände.**

Ggf. Ansichtsdarstellung; falls durch die Baumaßnahmen Flächen mit Altlastverdacht berührt sind, Maßnahmen zum Boden- und Gewässerschutz. Bei Eingriffen in Natur und Landschaft ist ggf. auch auf die vorgesehenen Schutz- und Ausgleichsmaßnahmen i. S. d. Hamburgischen Naturschutzgesetzes einzugehen

- **Luftreinhaltung:**

Vorgesehene bzw. vorhandene Maßnahmen zur Luftreinhaltung im Hinblick auf die Einhaltung der TA Luft bzw. der entsprechenden Rechtsverordnung gemäß § 7 BImSchG.

Maximale Massenkonzentrationen im Roh- und Reingas für die emissionsrelevanten Stoffe bzw. Stoffgruppen; Art und Umfang der beantragten Änderungen der Emissionen;

Ableitbedingungen i.S. von Nr. 2.4 TA Luft;

Falls erforderlich Kurzdarstellung der gemessenen bzw. berechneten Vor- , Zusatz- und Gesamt-Immissionsbelastung im Hinblick auf die Einhaltung der Immissionswerte der TA Luft.

- **Lärmschutz:**

Vorgesehene Maßnahmen zum Schutz gegen Lärm. Ggf. Angaben zur Vor-, Zusatz- und der Gesamtbelastung an interessierenden Aufpunkten im Hinblick auf die Einhaltung der Immissionsrichtwerte gemäß TA Lärm.

Ggf. Angaben zu der zu erwartenden Belastung durch Transportvorgänge (Verkehr).

- **Maßnahmen zum Schutz vor sonstigen Gefahren und erheblichen Belästigungen:**

Darlegung, ob und inwieweit die Störfall-Verordnung anzuwenden ist. Beschreibung der wichtigsten Maßnahmen zur Verhinderung von Betriebsstörungen bzw. Störfällen und zur Begrenzung von Störfallauswirkungen, einschließlich Maßnahmen zur Löschwasserrückhaltung.

- **Maßnahmen zur Abfallvermeidung, zur schadlosen Verwertung bzw. Abfallbeseitigung;**

- **Maßnahmen zur Abwärmenutzung;**

- **Umweltverträglichkeitsuntersuchung:**

Zusammenfassung der Ergebnisse der Umweltverträglichkeitsuntersuchung (falls erforderlich).

4. Standort und Umgebung der Anlage

Allgemeines

Karten Pläne

Soweit erforderlich sind Standort und Umgebung der betreffenden Anlage mit Hilfe

- einer **topographischen Karte**
- einem **Lageplan** (Werksplan) und
- eines Auszuges aus der **Flurkarte**

zu beschreiben. (Auf den Karten sind jeweils der Maßstab sowie die Nordrichtung und die Rechts- und Hochwerte der Gauß -Krüger-Koordinaten anzugeben.)

Topografische Karte
Maßstab 1:25.000 oder 1:10.000. Der Kartenausschnitt soll so gewählt sein, daß mindestens ein Radius von 2 km um die farblich markierte Anlage dargestellt ist. Wenn das Beurteilungsgebiet gemäß 2.6.2.2 TA Luft größer ist, soll zumindest das Beurteilungsgebiet dargestellt sein.

Werksplan / Lageplan
Es soll die Lage der Anlage im Werk und ggf. die unmittelbare Nachbarschaft des Werkes erkennbar sein. Die verschiedenen Gebäude, Gebäudeteile, Anlagen, Anlagenteile, Verkehrswege etc. sind mit den betriebsüblichen Bezeichnungen (z.B. Gebäudenummern, Anlagenbezeichnung, Funktion) eindeutig zu bezeichnen. Das beantragte Projekt ist farblich oder durch Schraffur zu kennzeichnen.

In einem erläuternden Text sind ggf. Angaben zu machen über:

- Art und Lage von bekannten **Altlasten**, soweit sie von dem Vorhaben durch Baumaßnahmen berührt werden (Auskünfte erteilt die Bauprüfabteilung des zuständigen Bezirksamtes bzw. das Fachamt für Gewässer- und Bodenschutz der Umweltbehörde).

Im Fall der Erweiterung oder Neugenehmigung:

- die **bauplanungsrechtliche Ausweisung** des Standortes und der näheren Umgebung des Werkes und die **tatsächliche bauliche Nutzung** in der Nachbarschaft der Anlage, (Auskünfte über die gültigen Flächennutzungspläne und Bebauungspläne erteilt das Landesplanungsamt und die Bauprüfabteilungen der Bezirksämter);
- für die Beurteilung der Schornsteinhöhe: Die **mittlere Höhe** der vorhandenen Bebauung über der Flur bzw. des geschlossenen Bewuchses; Höhe und Entfernung benachbarter hoher Gebäude.

Im Einzelfall können folgende zusätzlichen Angaben erforderlich sein:

- **Verkehrsanbindung**;
- **Abstände zu**
  - Verkehrswegen (Straße, Schiene, Wasserstraßen, Einflugschneisen),
  - Wasserschutzgebieten,
  - Bächen, Flüssen, Seen, Kanälen etc.
  - Naturschutzgebieten, Landschaftsschutzgebieten, Waldgebieten
    (Auskunft erteilt das Naturschutzamt der Umweltbehörde,

- **benachbarte Gefahrenpotentiale** für die Anlage und Anlagen, die von Auswirkungen der beantragten Anlage betroffen sein können (z. B.Störfall-Anlagen), Tankläger, Flüssiggasläger, Verkehrswege mit Gefahrguttransporten, Flughäfen, Hochspannungsleitungen),
- **benachbarte schutzwürdige Objekte**, in denen sich viele Menschen aufhalten, z.B. Kliniken, Altersheime, Kantinen, Kindergärten, Wohngebiete, Bahnhöfe, Arbeitsstätten.

5a. Bauvorlagen

Die Genehmigung nach Bundes-Immissionsschutzgesetz schließt die Baugenehmigung ein. Die Beteiligung der zuständigen Bauprüfabteilung des Bezirks erfolgt durch die Umweltbehörde. Es gelten die entsprechenden Bestimmungen der Hamburgischen Bauordnung (**HBauO**). Für die Gestaltung der Bauvorlagen gilt insbesondere die **Bauvorlagenverordnung** in der derzeit geltenden Fassung.

Art, Umfang und Erläuterungen zur Ausführung des Bauvorhabens sind in einer **Baubeschreibung** darzulegen. Sie enthält alle wichtigen Aussagen über die Erfüllung der einschlägigen Bauvorschriften (siehe insbesondere HBauO). Dabei ist auch auf die Frage der ausreichenden **Anzahl von Stellplätzen** einzugehen. Falls von bauordnungsrechtlichen Bestimmungen abgewichen werden soll, ist dies ausdrücklich zu beantragen und zu begründen.

Die zur statischen Prüfung vorzulegenden **Standsicherheitsnachweise** sind abwei chend von den sonstigen Unterlagen nur in 2-facher Ausfertigung einzureichen. Wenn voraussehbar ist, daß Bauvorlagen zur Prüfung nachgereicht werden müssen, hat es sich in der Praxis bewährt, dem Prüfstatiker ein zusätzliches Exemplar zur Verfügung zu stellen.

Beratung zu speziellen Fragen des Baurechtes werden durch die Umweltbehörde vermittelt oder können auch direkt bei der zuständigen Bauprüfabteilung des Bezirksamtes eingeholt werden.

5b. Grundstücksentwässerung:

Formblätter 5b/1, 5b/2, 5b/3

In diesem Abschnitt werden nähere Angaben zu dem Teil des Antrages gemacht, der die Grundstücksentwässerung und die Benutzung der öffentlichen Abwasseranlage (Siel) betrifft. Direkteinleitungen in einen Vorfluter bedürfen der wasserrechtlichen Erlaubnis, die leider nicht unter die Konzentrationswirkung des § 13 BImSchG fällt und daher gesondert beantragt werden muß. Der Antrag auf die erforderliche Erlaubnis ist möglichst so frühzeitig zu stellen, daß zum Zeitpunkt der Genehmigungserteilung nach BImSchG zumindestens beurteilt werden kann, ob sich gegebenenfalls aus wasserrechtlichen Gründen Genehmigungshindernisse für die Betriebsgenehmigung nach BImSchG ergeben können.

Formblatt 5b/1

Hier werden die Angaben zu den mitbeantragten Genehmigungen nach dem Hamburgischen Abwassergesetz (HmbAbwG) sowie für Freistellungen vom Anschluß und Benutzungszwang (vergleiche Antrag Formblatt 1/1, Seite 2) konkretisiert. Das Formblatt enthält darüber hinaus den Antrag auf Herstellung bzw. Änderung der Sielanschlußleitung(en).

Die an Entwässerungsanlagen zu stellenden Anforderungen ergeben sich im wesentlichen aus dem HmbAbwG in Verbindung mit der DIN 1986.

Neben den Formblättern und einem erläuternden Textteil werden in der Regel folgende Bauvorlagen und Angaben zur Grundstücksentwässerung (vergleiche § 6 BauVorlVO) in vierfacher Ausfertigung benötigt:

- **Sielskizze** im Maßstab 1:1000,
- **Grundstücksentwässerungplan** im Maßstab 1:500, d.h. Lageplan mit Darstellung der entwässerungstechnischen Anlagen und Angaben über Baustoffe, lichte Weiten, Höhenlage, Gefälleverhältnisse (bezogen auf Normal-Null (NN)) usw. Bei Neuverlegung von Grundleitungen geben Sie bitte auch Lage und Art des Baumbestandes an, der von der Baumaßnahme betroffen sein kann.
- **Bauzeichnung** - Grundriß -
  - des Kellergeschosses von Gebäuden mit neuen bzw. geänderten Grundleitungen bzw. entwässerungstechnischen Anlagen unterhalb der Rückstauebene mit Angaben über Höhe und lichte Weite der Grundleitungen und der Höhe der Kellerfußboden-Oberkante (bezogen auf NN),
  - aller Geschosse von Gebäuden, in denen nicht ausschließlich häusliches Abwasser anfällt,
- **Leitungsschema** (Schnittzeichnung) der entwässerungstechnischen Anlagen innerhalb und außerhalb der Gebäude,
- **Berechnungsunterlagen** über die Bemessung der Grundstücksentwässerungsanlage nach DIN 1986,
- Zeichnung von Abwasserbehandlungsanlage(n) mit Angabe der klärtechnischen Auslegungsdaten,
- **Begründung** für den Antrag auf Befreiung von dem Anschluß- und Benutzungszwang (§§ 6 und 9 HmbAbwG),
- Bei Baugrubenentwässerung: Ggf. Stellungnahme des Geologischen Landesamtes über die Baugrunduntersuchung.

Zu weiteren Fragen der Grundstücksentwässerung können Sie die fachliche Beratung der Umweltbehörde in Anspruch nehmen.

Umweltbehörde Hamburg 8 Stand 8/97
Amt für Immissionsschutz und Betriebe

Erläuterungen zu den Antragsunterlagen
Kapitel 5b Grundstücksentwässerung
Kapitel 6 Natur- und Landschaftspflege

Formblätter 5b/2 und 5b/3

Zu allen Abwasserströmen sind auf den **Formblättern 5b/2** und **5b/3** Angaben zu machen

1. über die Beschaffenheit und Zusammensetzung des Abwassers an der Anfallstelle (Abwasser-Quelldaten - Formblatt 5b/2). Diese Angaben werden nicht allein zur Prüfung der abwasserrechtlicher Fragen benötigt, sondern auch zur Beurteilung der Abfallvermeidung und -verwertung.
2. über die Beschaffenheit und Zusammensetzung des Abwassers an den entsprechenden Kontrollstellen und ggf. Angaben über die Art der Abwasserbehandlung*) (Abwasserdaten - Formblatt 5b/3) .

*) In der untenstehende Auflistung sind als Hilfestellung die wichtigsten Abwasserbehandlungen genannt.

Alle von dem Vorhaben betroffenen Abwasserströme sind durchgängig mit der Kurzbezeichnung "**W**" und einer Ordnungsziffer (z.B. **W 1**, **W 2** usw.) zu kennzeichnen (vergl. auch Formblatt 8/2 - Stoffausgänge).

Falls ein Abwasserstrom unbehandelt in das Siel abgegeben wird, erübrigt sich die Wiederholung der Auflistung der Abwasserdaten in Formblatt 5b/3, es genügt der Hinweis auf die Angaben in Formblatt 5b/2.

In dem **Formblatt 8/2 - Stoffausgänge** sind ebenfalls die Abwasserströme einzeln aufzulisten, allerdings entfallen aufgrund der Formblätter 5b/2 bzw. 5b/3 nähere Angaben über die Zusammensetzung der einzelnen Abwasserströme.

Bitte beschreiben Sie das Thema **Abwasserbehandlung** in dem **Textteil zu Kapitel 5b**.

6. Natur- und Landschaftspflege:

Eingriffe in Natur und Landschaft im Sinne des § 9 HmbNatG sind Veränderungen der Gestalt oder Nutzung von Grundflächen, die die Leistungsfähigkeit des Naturhaushaltes oder das Landschaftsbild erheblich oder nachhaltig beeinträchtigen können.

Als Eingriffe gelten insbesondere

Abbgrabungen, Aufschüttungen, Aufspülungen, wenn die betroffene Grundfläche größer als 400 m2 ist bzw. eine Erhöhung oder Vertiefung von mehr als 2 m auf einer Grundfläche von mehr als 30 m2 vorgenommen wird und

Errichtung und Änderung von baulichen Anlagen, Lagerplätzen, Masten und Freileitungen, soweit sie sich außerhalb des räumlichen Geltungsbereiches eines Bebauungsplanes i.S. des § 30 Abs.1 Baugesetzbuch und außerhalb bebauter Ortsteile (§19 Abs.1 Nr.3 BauGB) befinden.

Im Antrag ist zu beschreiben, wie vermeidbare Beeinträchtigungen von Natur und Landschaft vermieden werden und insbesondere durch welche Maßnahmen des Naturschutzes und der Landschaftspflege nicht vermeidbare Eingriffe ausgeglichen werden sollen. Die **Ausgleichsmaßnahmen** sollen sicherstellen, daß nach dem Eingriff keine erhebliche oder nachteilige Beeinträchtigung des Naturhaushalts zurückbleibt und das .

Landschaftsbild landschaftsgerecht wiederhergestellt oder neu gestaltet ist (vergleiche § 9 Abs.4 HmbNatG). Bei nicht ausgleichbaren Eingriffen sind Ersatzmaßnahmen an anderer Stelle durchzuführen, die geeignet sind, in möglichst ähnlicher Art und Weise einen Ausgleich herzustellen.

Art und Umfang der geplanten Ausgleichsmaßnahmen sind im Antrag darzustellen.

7. **Betriebsbeschreibung,** Anlagen- und Verfahrensbeschreibung: Formblätter 7/1und 7/2

Wir empfehlen, vor Antragstellung Art und Umfang der im Einzelfall benötigten Unterlagen und Angaben mit der Genehmigungsbehörde abzustimmen. Häufig sind zum Zeitpunkt der Antragstellung Ausführungsdetaills noch nicht bekannt bzw. benötigte Unterlagen noch nicht verfügbar. Der Antrag muß zum Zeitpunkt der Antragstellung noch nicht in allen Teilen vollständig sein. Bitte lassen Sie sich darüber beraten, wie Sie parallel zu Ihrer Projektplanung möglichst ohne Zeitverzug das Genehmigungsverfahren durchführen können.

Betriebsbeschreibung **Textliche Anlagen- und Verfahrensbeschreibung**

Überblick **Überblick über den Betrieb und das Vorhaben**

Sofern dies nicht bereits im Rahmen der Kurzbeschreibung erfolgt ist, soll der Betrieb mit seinen wesentlichsten Merkmalen vorgestellt und das beantragte Projekt in Kurzform dargestellt werden. Nach Möglichkeit soll d er Überblick durch ein **Blockdiagramm** mit einer schematisierten Darstellung der Betriebszusammenhänge erleichtert werden. Bitte machen Sie die Abgrenzung des Projektes gegenüber dem unveränderten Anlagen- und Genehmigungsbestand in geeigneter Form deutlich. Hierfür können neben den entsprechenden Texterläuterungen auch farbige Markierungen in den Zeichnungen und Fließbildern hilfreich sein.

Betriebsbeschreibung

Betriebsbeschreibung Die Betriebsbeschreibung sollte in ihrer Darstellung dem Produktionsablauf folgen und alle Anlagenteile und Nebeneinrichtungen umfassen, die Gegenstand des beantragten Vorhabens sind. Aus der Betriebsbeschreibung muß nachvollziehbar hervorgehen, wie die Anlagen, Anlagenteile und Nebeneinrichtungen im einzelnen betrieben werden und miteinander verknüpft sind. Dabei soll auf die beigefügten Fließbilder bzw. Verfahrensschemata Bezug genommen werden. Bei den betriebstechnischen Erläuterungen ist auch auf besondere Betriebszustände (Anfahren, Abfahren, Stillstand, Not-Aus, Reinigung, Revision, Reparatur, Betriebsstörungen) einzugehen.

Sofern es zum Verständnis des Betriebsprozesses notwendig ist, soll die Beschreibung auch auf bestehende Betriebseinheiten eingehen, die nicht durch das Vorhaben verändert werden.

Die Anlagen- und Verfahrensbeschreibung muß so ausführlich sein, daß sie eine Verständnisgrundlage für die in den folgenden Abschnitten vertieft behandelten Einzelfragen (Luftreinhaltung, Lärm, Abfallentsorgung, Anlagensicherheit, Arbeitsschutz etc.) liefert. Querverweise auf Detailinformationen in den entsprechenden Sachkapiteln erleichtern das Verständnis des Gesamtzusammenhangs.

Folgende Stichworte sollen weitere Anhaltspunkte für den Inhalt der Beschreibung geben:

- Handhabung von Rohstoffen, Hilfsstoffen, Brennstoffen, Zwischenprodukten, Produkten, Nebenprodukten, verwertbaren Restoffen, Abwasser, Abfall, Abgas;
- Beschreibung der chemischen, physikalischen und technischen Prozesse;
- Beschreibung der wesentlichen Meß- und Regeltechnik;
- Beschreibung der Energieversorgung;
- Beschreibung der organisatorischen und sicherheitstechnischen Maßnahmen zur Gewährleistung des bestimmungsgemäßen Betriebes.

Chemische Reaktionen

Bei chemischen Prozessen muß die Beschreibung auch eine Darstellung der verfahrensbestimmenden Haupt- und Nebenreaktionen enthalten, die zum Verständnis des Verfahrens und der Stoffmengenbilanzen notwendig sind. Dabei ist auch die Entstehung von Emissionen und Nebenprodukten und Abfällen zu betrachten.
Die Reaktionen sind ggf. unter Verwendung von stöchiometrischen Gleichungen und Strukturformeln darzustellen.

Fließbilder/Verfahrensschemata

Fließbilder

Dem Antrag sind in der Regel geeignete Fließbilder nach DIN 28004 in der jeweils gültigen Fassung nach dem Muster des dort genannten Beispiels Nr. 5 beizufügen. Sollen Verfahrensfließbilder nach anderen Systematiken erstellt werden, sprechen Sie dies bitte vorher mit dem Vertreter der Genehmigungsbehörde ab. Für Anlagearten, für die die DIN 28004 nicht zugeschnitten ist, sollen die Schaltung der eingesetzten Apparate sowie die Stoffströme in analogen Schemazeichnungen dargestellt werden. Bitte verwenden Sie für die Apparate die branchenüblichen Symbole und Kurzbezeichnungen.
In einfachen Fällen kann ein Blockschema ausreichend sein, um einen schematischen Überblick über den Verfahrensablauf zu erhalten.

Aus den Fließbildern soll die Abgrenzung der Betriebseinheiten (vergleiche Formblatt 7/1) z.B. durch gestrichelte Linien deutlich werden. Alle Anfallstellen für Luftemissionen, Abwasser und Abfälle müssen klar erkennbar sein. Die Kurzzeichen für die Apparate und Stoffströme sollen mit denen in den entsprechenden Formblättern übereinstimmen. Änderungen an bestehenden Betriebsanlagen sind in geeigneter Form farblich oder durch Schraffur zu kennzeichnen.

Bitte verwenden Sie in allen Antragsunterlagen durchgängig einheitliche Nummern und Bezeichnungen für die beschriebenen Elemente.

Umweltbehörde Hamburg 11 Stand 8/97
Amt für Immissionsschutz und Betriebe Erläuterungen zu den Antragsunterlagen
Kapitel 7 Betriebsbeschreibung

Formblatt 7/1

Formblatt 7/1 - Betriebseinheiten:

Alle geplanten und bestehenden Betriebseinheiten, die von dem beantragten Vorhaben berührt werden, sind im Formblatt 7/1 "Betriebseinheiten" aufzulisten.

Betriebseinheiten sind räumlich und verfahrenstechnisch sinnvoll abgrenzbare Betriebsteile. Mehrere selbstständig genehmigungsbedürftige Anlagen sollten nur dann zu einer Betriebseinheit zusammengefaßt werden, wenn sie verfahrenstechnischn eine Einheit bilden.
Welche Untergliederung für die Darstellung des Vorhabens und die Prüfung im Genehmigungsverfahren zwecksmäßig ist, sollte vor Antragstellung mit der Genehmigungsbehörde abgestimmt werden. Bitte weisen Sie den Betriebseinheiten kurze, treffende Bezeichnungen zu:
Z.B. **Glycerinlager, Drehrohrofen II, Lösemittelaufarbeitung, HCl-Abfüllanlage, Abwasseraufbereitungsanlage, Thermische Nachverbrennung usw.**
Auch die wesentlichen Elemente der Betriebseinheiten sollen in der Spalte 2 des Formblattes aufgeführt werden. Bei Änderungsgenehmigungsverfahren muß jeweils in der 3. Spalte des Formblattes deutlich gemacht werden, welche Betriebseinheit(en) bzw. welche Teile vorhanden sind und unverändert bleiben, welche neu aufgestellt oder errichtet werden sollen, welche geändert werden oder zukünftig entfallen sollen.

Beispiel:

Betriebseinheit 1	**Lagerhalle 1**, bestehend aus Rohstofflager: Hochregellager (max. 5.000 t) Farb- und Lösemittellager: Sicherheitslager (max. 500 kg)	[Änderung]
Betriebseinheit 2	**Produktionshalle**	[vorhanden]
Betriebseinheit 3	**Energiezentrale**, bestehend aus	
	Kessel Nr. 4356 (Heizöl EL), 20 MW	[entfällt]
	Gasturbine für den Einsatz von Erdgas (FWL) 20 MW) mit befeuertem Abhitzekessel (FWL 20 MW)	[neu]

Apparatebeschreibung, Apparateaufstellungspläne

Formblatt 7/2

Formblatt 7/2 - Apparateliste

Die Apparateliste vermittelt den beteiligten Prüfstellen den Überblick über die Einzelelemente des beantragten Vorhabens. Die Apparate werden in dem Formblatt 7/2 durch ihre wesentlichen Merkmale, z.B. Bautyp, Leistungsdaten, Kapazität, Funktionsmerkmale, Werkstoffe und Ausstattung zu charakterisiert. Z.B.
"Reaktionsbehälter III", 3 m³, geschlossener, aufrecht zylindrischrischer Stahlbehälter mit Rührwerk, doppelwandig, innen gummiert, DIN xyz, druckloser Betrieb.

Bitte listen Sie in diesem Formblatt alle zum beantragten Projekt gehörenden Apparate auf und versehen sie mit den Kurzzeichen, die auch im Verfahrensfließbild verwendet wurden. Soweit zutreffend, soll dabei DIN 28004, Teil 4 zugrundegelegt werden. Das Kurzzeichen für einen bestimmten Apparat soll nach Möglichkeit auf Dauer auch für nachfolgende Änderungsanträge und Anzeigen beibehalten werden.

Zusatzinformationen im Textteil

Bei einigen Apparaten wird der Platz im Formblatt nicht ausreichen, um die Anlage hinreichend zu beschreiben, dies ist insbesondere der Fall, wenn darzulegen ist, wie die im Einzelfall zu beachtenden Vorschriften eingehalten werden sollen (z.B. nach Gerätesicherheitsgesetz, Verordnung über den Umgang mit wassergefährdenden Stoffen usw.). Bitte verweisen Sie in diesen Fällen auf **weitergehende Beschreibungen** entweder **im Textteil des Kapitels 7** oder auch in dem jeweils zutreffenden Sachkapitel (z.B. Kapitel **10** für Anlagen zum Umgang mit wassergefährdenden Stoffen).

Generell gilt folgender Grundsatz: Je größer die Bedeutung eines Apparates und seiner Ausstattung für die Arbeits- und Anlagensicherheit, die Luftreinhaltung oder den Boden- und Gewässerschutz ist, und/oder um so mehr von allgemein eingeführten Konstruktions- und Verfahrensweisen abgewichen wird, desto detaillierter muß die textliche und zeichnerische Beschreibung des Apparates abgefaßt sein.

Nachreichen von Unterlagen

Häufig können zum Zeitpunkt der Antragstellung noch nicht alle Angaben zu den technischen Details des Vorhabens gemacht werden. Bitte beschreiben Sie in diesen Fällen die geplante grundsätzliche Problemlösung und weisen darauf hin, welche Angaben/-Unterlagen Sie zu einem späteren Zeitpunkt nachreichen werden.

Eignungsfeststellung

Die Detailinformationen, die im Fall einer mitbeantragten Eignungsfeststellung gemäß § 19 h WHG benötigt werden, ordnen Sie bitte unter der Kapitelnummer **10** „Umgang mit wassergefährdenden Stoffen" ein.

Apparateaufstellungspläne

Aufstellungspläne

Die Grundriß- und Schnittzeichnungen (Maßstab in der Regel 1:100) müssen folgende Informationen erkennen lassen:

- Umrisse der Apparate, Aggregate u. ä.; Kurzzeichen der Apparate gemäß Apparateliste,
- Behälter mit Auffangräumen, Auffangwannen, Tanktassen u.ä,
  Türen mit Aufschlagrichtung, Flucht- und Rettungswege,
- Fenstermaße im Hinblick auf Sichtverbindung (§ 7 ArbStättV),
- Verkehrswege,
- Lage und Begrenzung von Lagerplätzen,
- Umschlag/Abfüllplätze mit Wirkbereich,
- anlagenbezogene Rohrbrücken,
- Abgasableitungen mit Emissionsquellen-Nummer,
- Meßwarten, Steuerstände, Not-Aus-Schalter für größere Betriebseinheiten bzw. für die gesamte Anlage,
- explosionsgefährdete Bereiche (Zone 0,1,2;10,11) i. S. von ElexV, TRbF, TRB, TRG, EXRL, UVV (Temperaturklasse und Explosionsgruppe angeben), Schutzzonen, Schutzbereiche, Sicherheits und Schutzabstände i. S. der TRB und

Abgasreinigungsanlagen werden detailliert im Abschnitt 11 beschrieben (siehe auch **Formblatt 11a/3** Abgasreinigungseinrichtungen).

8. Stoffe - Stoffmengen, Stoffdaten (Formblätter 8/1, 8/2 und 8/3)

Zusammenstellung der verwendeten Stoffgemische und ihrer Komponenten:

Formblatt 8/1
Formblatt 8/2

Formblätter 8/1 - Stoffeingänge / 8/2 - Stoffausgänge

In den Formblättern des Abschnittes 8 werden Art und Umfang aller Stoffein- und -ausgänge aufgelistet, die das beantragte Vorhaben betreffen.

Allen Stoffen und Stoffgemischen sowie ihren Komponenten werden Kurzbezeichnungen fest zugeordnet, die auf Dauer beibehalten werden sollen. Die Kurzbezeichnungen (z.B. **R1**) sollen in Fließbildern, Stoffdatenblättern, Tabellen und Texten als Abkürzung verwendet werden und dienen der eindeutigen Zuordnung.

Die Aufschlüsselung der Stoffgemische in Komponenten (z.B. Schwermetalle, Halogene, bestimmte Kohlenwasserstoffe) ermöglicht die immissionsschutz-, wasser- und arbeitsschutzrechtliche Beurteilung und wird ergänzt durch Querverweise auf die ggf. beigefügten Stoffdatenblätter. Wenn Komponenten des einen Stoffes identisch sind mit der Komponente eines anderen Stoffes, genügt ein Verweis auf die bereits gemachten Angaben, z.B. **H1.3 =R2.1**.

Ist die Wassergefährdungsklasse eines Stoffes noch nicht im Katalog wassergefährdender Stoffe (Verwaltungsvorschrift nach § 19 g Abs. 5 WHG, derzeit aktueller Stand 4/96) festgelegt, ist vorsorglich die WGK 3 anzunehmen. Dies gilt nicht für Stoffe, die offensichtlich (z.B. Steine, Holz) oder nachweislich einer niedrigeren WGK zuzuordnen sind. **Die Wassergefährdungsklasse ist in diesen Fällen in Klammern anzugeben.**
Eine Selbsteinstufung muß nachvollziehbar begründet und dokumentiert sein (z.B. im Sicherheitsdatenblatt nach DIN 52900). Kurzinformationen über die Selbsteinstufung in Wassergefährdungsklassen können den Publikationen des Verbandes der chemischen Industrie e.V. "Konzept zur Selbsteinstufung von Stoffen und Zubereitungen in Wassergefährdungsklassen" und "Bewertungsmuster zur Stoffeinstufung in Wassergefährdungsklassen i.S. von § 19 g WHG" entnommen werden.

Die Angaben zur Stoffmenge (z.B. in kg pro Jahr) charakterisieren jeweils die **maximale Kapazität der Anlage** bzw. den Umfang der beantragten Änderung. Soweit zwischen Maximalmenge und durchschnittlicher Betriebsmenge ein großer Unterschied besteht, kann dies in den textlichen Erläuterungen der Betriebsbeschreibung deutlich gemacht werden.

In dem **Formblatt 8/2 - Stoffausgänge** sind ebenfalls alle betroffenen **Abwasserströme** aufzulisten, allerdings entfallen in der Regel mit Hinweis auf die näheren Angaben in dem Formblatt 5b/2 bzw. 5b/3 nähere Angaben über die Zusammensetzung.

Formblatt 8/3 - Sonstige Abfälle

Für Abfälle, die wegen ihrer Art und Herkunft normalerweise in prozeßorientierten Stoffbilanzen in den Formblätter 8/1, 8/2 nicht erfaßt werden, über deren Entsorgungsweg aber dennoch zu entscheiden ist, ist das Formblatt 8/3 auszufüllen. Dies gilt beispielsweise für Fehlchargen und Rückstände aus Reinigungsprozessen u.ä.

9. Abfallvermeidung, Abfallverwertung, Abfallbeseitigung:

Formblätter 9/1, 9/2 und 9/3

Gemäß § 5 Abs. 1 Nr. 3 BImSchG sind genehmigungsbedürftige Anlagen so zu errichten und zu betreiben, daß Abfälle vermieden werden, es sei denn, sie werden ordnungsgemäß und schadlos verwertet oder, soweit Vermeidung und Verwertung technisch nicht möglich oder unzumutbar sind, ohne Beeinträchtigung des Wohls der Allgemeinheit beseitigt. Zum Nachweis, daß die Betreiberpflichten erfüllt werden, sind in der Regel, d.h. wenn Abfallstoffe anfallen, folgende Angaben erforderlich:

Stoffbilanz

Dem Genehmigungsantrag ist auf Anforderung eine auf ein Kalenderjahr bezogene Stoffbilanz beizufügen, d.h. die Gegenüberstellung der Einsatzstoffe (Brenn-, Roh- und Hilfsstoffe) mit den Ausgangsstoffen (Produkte, Nebenprodukte, Abfälle einschließlich Abwasser, Emissionen).

Abfallvermeidung:

Abfallvermeidung

- **Textteil - Beschreibung der Maßnahmen zur Vermeidung von Abfällen:**

Zusammenstellung und Beschreibung der Abfallvermeidungsmaßnahmen, z B.

- Verwendung von abfallfrei bzw. abfallarm einzusetzenden Stoffen,
- abfallarme Produktionsverfahren (Ausbeuteoptimierung, Vermeidung von Fehlchargen u.a.).
- abfallarme Abgas- und Abwasserreinigungsverfahren,
- Kreislaufführung von Stoffen, *)
- Einsatz abfallarmer oder wiederverwendbarer Verpackungen,
- Maßnahmen, die Menge und Schädlichkeit der Abfallstoffe reduzieren.

*) Maßnahmen zur Abfallvermeidung dürfen nicht dazu führen, daß sonstige Grundpflichten nach § 5 BImSchG verletzt werden. Insofern können beispielsweise andere immissionsschutzrechtliche Pflichten der Kreislaufführung von Stoffen entgegenstehen.

Abfallverwertung

Abfallverwertung

Eine Verwertung liegt vor, wenn die stoffliche oder energetische Nutzung kein nachgeordneter Zweck einer hauptsächlich auf Beseitigung ausgerichteten Maßnahme ist. Die Verwertung kann innerbetrieblich z.B. durch interne Regeneration und Rückführung von Hilfsstoffen oder durch Dritte erfolgen.

Formblatt 9/1 • **Formblatt 9/1 - Abfallverwertung**

Das Formblatt gibt eine Übersicht über die Abfälle, die innerbetrieblich oder durch Dritte verwertet werden und listet die geplanten Verwertungsmaßnahmen auf. **Bitte geben Sie bis zum 31.12.1998 neben der LAGA-Abfallschlüssel-Nr. auch die ab dem 1.1.1999 zu verwendenden Abfallschlüssel-Nrn. nach dem Europäischen Abfallkatalog (EAK) in Klammern an. Nach diesem Umstellungstermin ist nur noch die EAK-Nr. anzugeben. Falls erforderlich, begründen Sie bitte die Zuordnung der Abfallschlüssel-Nr.**

Textteil • **Textteil - Erläuterungen zur ordnungsgemäßen und schadlosen Verwertung:**

Für Abfälle, die durch Dritte verwertet werden, ist plausibel darzulegen, wie die gesetzlichen Anforderungen sichergestellt werden. Die Verwertung ist **ordnungsgemäß**, wenn sie im Einklang mit dem formellen und materiellen Recht steht. Eine Verwertung ist nur dann zulässig, wenn sie **schadlos** erfolgt. Insbesondere darf es nicht zu Schadstoffanreicherungen im Wertstoffkreislauf kommen.
Ferner ist darzulegen, in welchem Umfang die Verwertung gesichert ist, und welche Maßnahmen beim Ausfall der Verwertungsmöglichkeit vorgesehen sind.

Abfallbeseitigung **Abfallbeseitigung**

Formblatt 9/2 • **Formblatt 9/2 - Rechtfertigung der verbleibenden Abfall- und Abwasserströme**

Mit Hilfe des Formblatts 9/2 wird in einer Übersicht dargelegt, auf welche Rechtfertigung sich die vorgesehene Beseitigung der verbleibenden Abfall- und Abwasserströme stützt.

Textteil • **Textteil - Beschreibung und Rechtfertigung der Abfallbeseitigung**

Je nach Art der Begründung ist im Textteil für jeden einzelnen Abfall- und Abwasserstrom nachvollziehbar darzustellen, wieso seine Vermeidung oder Verwertung technisch nicht möglich oder unzumutbar ist. Diese Forderungen gelten unabhängig davon, ob die Beseitigung nach Abfall- oder Wasserrecht voraussichtlich zulässig wäre. Insbesondere sind die verfügbaren Vermeidungs- und Verwertungstechniken darzustellen und zu bewerten. In diesem Zusammenhang ist darzulegen, welche Erkenntnisse benutzt wurden, um Vermeidungs- und Verwertungsmöglichkeiten festzustellen. Auf die Möglichkeit der Abfallberatung durch die Umweltbehörde, durch Unternehmensverbände usw. wird hingewiesen. Ist in Einzelfällen eine Vermeidung nicht möglich und die Verwertung nur mit Verfahren durchzuführen, die selbst umweltbelastend sind (z.B. hoher Energieverbrauch, Abwasserprobleme), ist abzuwägen, ob bei ganzheitlicher Betrachtung einer Beseitigung möglicherweise aus Umweltschutzgründen doch der Vorrang einzuräumen ist.

Sofern wirtschaftliche Gesichtspunkte maßgebend sind für den Weg der Entsorgung, sind die betriebswirtschaftlichen Kalkulationen und Entscheidungsmaßstäbe plausibel darzulegen.

Formblatt 9/3 **Formblatt 9/3 - Abfallbeseitigung:**

Die Angaben im Formblatt 9/3 erstrecken sich auf alle Abfälle zur Beseitigung, d.h. auch auf die Abfälle, deren Verwertung zeitweise oder auf Dauer ausfallen kann. **Bitte geben Sie bis zum 31.12.1998 neben der LAGA-Abfallschlüssel-Nr. auch die ab dem 1.1.1999 zu verwendenden Abfallschlüssel-Nrn. nach dem Europäischen Abfallkatalog (EAK) in Klammern an. Nach diesem Umstellungstermin ist nur noch die EAK-Nr. anzugeben. Falls erforderlich, begründen Sie bitte die Zuordnung der Abfallschlüssel-Nr.**

Teilteil Der Textteil ergänzt die Angaben im Formblatt und geht - soweit erforderlich - darauf ein, wie die gesetzlichen Anforderungen erfüllt werden sollen (z.B. Getrennthalten von Abfällen, Bereitstellung, ggf. Behandlung usw.). Bitte geben Sie den Zeitraum an, für den die geplante Beseitigung sichergestellt ist und fügen Sie entsprechende Bestätigungen bei. Soweit erforderlich, ist die gesicherte und schadlose Entsorgung der Abfälle durch entsprechende Nachweise zu belegen.

10. Umgang mit wassergefährdenden Stoffen

Formblatt 10/1

Allgemeines Die gesetzlichen Vorschriften zum Umgang mit wassergefährdenden Stoffen sind im Wasserhaushaltsgesetz (WHG), im hamburgischen Wassergesetz (HWaG) und in der Verordnung über Anlagen zum Umgang mit wassergefährdenden Stoffen (Anlagenverordnung -VAwS-) enthalten. Materiellrechtliche Anforderungen werden im allgemeinen durch Beschlüsse der Länderarbeitsgemeinschaft Wasser (LAWA) konkretisiert und zwischen den Ländern abgestimmt.

Anlagen zum Umgang mit wassergefährendenden Stoffen im Sinne von § 19 g WHG sind Anlagen zum **Lagern**, **Abfüllen**, und **Umschlagen** (LAU-Anlagen) sowie Anlagen zum **Herstellen**, **Behandeln** sowie **Verwenden** (HBV-Anlagen) wassergefährender Stoffe.

Anlagen und Anlagenteile, die nicht einfacher oder herkömmlicher Art sind, dürfen nach den Vorschriften des WHG nur verwendet werden, wenn der Betreiber im Vorwege nachweist, daß sie für den vorgesehenen Zweck hinsichtlich Werkstoff und Bauart geeignet sind. (Feststellung der Eignung durch die zuständige Behörde). Von dieser Nachweispflicht sind HBV-Anlagen (Anlagen zum Herstellen, Behandeln oder Verwenden von wassergefährdenden Stoffen) ausgenommen.

Wann Anlagen zum Lagern wassergefährdender Flüssigkeiten und Rohrleitungen als einfach oder herkömmlich gelten, ist in § 11 der VAwS beschrieben.

Für serienmäßig hergestellte Anlagen und Anlagenteile kann dem Hersteller oder Importeur gegenüber eine wasserrechtliche Bauartzulassung erteilt werden, dann entfällt die Eignungsfeststellung im Einzelfall.

Der Nachweispflicht nach dem Wasserrecht ist Genüge getan, wenn die nach dem Baurecht bzw. Bauproduktenrecht erforderlichen **Verwendungs- und Übereinstimmungsnachweise** erbracht sind.
Durch die in § 19 h Abs. 3 WHG festgeschriebene Vorrang- und Ersetzenswirkung werden wasserrechtliche Eignungsfeststellung und wasserrechtliche Bauartzulassung verdrängt, wenn

- die Vorschriften des Baurechts und des Bauproduktenrechts zur Umsetzung von EG-Richtlinien eingehalten sind und dabei auch Anordnungen zum Schutz der Gewässer getroffen sind;

- die nach den bauordnungsrechtlichen Vorschriften vorgeschriebenen Verwendbarkeits- und Übereinstimmungsnachweise der Bauart eingehalten sind (z.B. Übereinstimmung mit der Bauregelliste A oder C, allgemeine bauaufsichtliche Zulassung, allgemeines bauaufsichtliches Prüfzeugnis) und dabei auch die wasserrechtlichen Anforderungen berücksichtigt sind, und

- nach den immissionsschutzrechtlichen Vorschriften eine Bauartzulassung gefordert ist und dabei die wasserrechtlichen Anforderungen berücksichtigt sind.

Eignungsfeststellung nach § 19 h (1) WHG: Das wasserrechtliche Verfahren der Eignungsfeststellung ist Bestandteil des BImSchG-Verfahrens. Der Antragsteller muß schlüssig nachweisen, daß die Anlagen/Anlagenteile hinsichtlich des technischen Aufbaus, des Werkstoffs und der Bauart der Einzelteile sowie der baulichen Ausgestaltung die gleiche Sicherheit gewährleisten, wie Anlagen oder Anlagenteile einfacher oder herkömmlicher Art (vgl. auch § 5 VAwS).

Eine Eignungsfeststellung ist nicht auf andere Anlagen übertragbar. Sie muß ausdrücklich im Rahmen des BImSchG-Verfahrens beantragt werden (vergl. Formblatt 1/1, Seite 3).

Formblatt 10/1 **Formblatt 10/1 - VAwS-Anlagen:**
Die Anlagen zum Umgang mit wassergefährdenden Stoffen sind im Formblatt 10/1 aufzulisten. Da an Anlagen zum Lagern (L_o-/L_u-/L_a-Anlagen), Abfüllen und Umschlagen (UA-Anlagen), Befördern (B-Anlagen) sowie zum Herstellen, Behandeln und Verwenden (HBV-Anlagen), jeweils unterschiedliche rechtliche Anforderungen gestellt werden, sind sie jeweils mit der zutreffenden Kennung zu versehen.
in dem erläutert wird, welche Anlagen oder Anlagenteile zum Umgang mit welchen wassergefährdenden Stoffen neu errichtet bzw. auf welche Weise geändert werden sollen

Textteil **Textteil - Umgang mit wassergefährdenden Stoffen**
Die Informationen des Formblattes werden durch einen erläuternden Textteil ergänzt. Um überflüssige Wiederholungen und Doppelbeschreibungen zu vermeiden,

ist auf bereits in anderen Abschnitten enthaltene Informationen zu verweisen. Dies gilt insbesondere für die Abschnitte 7 (Apparatebeschreibung), 8 (Stoffe) sowie Abschnitt 15 (Brandschutz).
Die dort enthaltenen Grundinformationen sind hier, soweit erforderlich, hinsichtlich des anlagenbezogenen Gewässerschutzes zu ergänzen und zu kommentieren. Desweiteren soll eine Aussage darüber getroffen werden, ob die Anlage in einem Wasserschutzgebiet oder einem Überschwemmungsgebiet liegt (ggf. Verweis auf Angaben in Abschnitt 5).

Folgende Zusammenstellung soll einen Überblick über die wesentlichen Angaben geben, die über die Informationen im Formblatt hinaus erforderlich sind (keine vollständige Auflistung):

Ortsfeste Behälter:
- Leckanzeigeräte bei doppelwandigen Behältern,
- Überfüllsicherungen/Grenzwertgeber,
- Anschlüsse, Armaturen,
- Art und Größe des erforderlichen Auffangraumes bei einwandigen, oberirdischen Behältern,
- Alarmeinrichtungen für Leckagen,
- Maßnahmen im Schadensfall, z.B. zur Entsorgung von Leckagemengen,
- Anfahrschutz,
- vollständige Kopien von allgemeinen bauaufsichtlichen Zulassungendes DIBt (ggf. baurechtliche Prüfzeichen, soweit noch gültig) für die Anlagenkomponenten, z.B. Behälter, Leckanzeigegeräte, Überfüllsicherungen u.a.,
- Angaben zum kathodischen Korrosionsschutz bei unterirdischen Behältern.

Ortsbewegliche Behälter: Zusätzlich
- **Nachweis der Zulassung als Transportbehälter,**
- **Beschreibung des Handlings und innerbetrieblichen Transports,**

Lagerung fester Stoffe: Zusätzlich
- Verpackungsart (Silo, Säcke, Drums, etc.), ggf. Behältergröße,
- Schutz vor Witterungseinflüssen/Beschädigungen
- ggf. Schutzvorkehrungen gegen die Kontaminierung von Niederschlagswasser.

Lagerung wassergefährdender Gase: Zusätzlich
- Spezielle Leckerkennungseinrichtungen (Gasmelder, Eingangskontrolle, etc.),
- Beschreibung der Maßnahmen im Leckagefall (z.B. Wasserschleier, Wasserbecken, etc.)

Rohrleitungen: Zusätzlich
- Dimensionierung (Länge, Nennweite, Betriebsdruck, Werkstoff),
- Art und Anzahl der Entnahmestellen,
- Ausführung oberirdisch/unterirdisch, im Schutzrohr oder Rohrkanal verlegt, einwandig/ doppelwandig, Saugleitung, Einsehbarkeit bei einwandigen Leitungen, Beleuchtung bei beweglichen Leitungen,
- Schutz gegen mechanische Beschädigungen,
- Sicherheitseinrichtungen (Lecksonden, Rückschlagklappen, etc.),
- Maßnahmen zum Korrosionsschutz.

Abfüll- und Umschlagplätze: Zusätzlich
- Beschreibung der Abfüllvorgänge,
- Häufigkeit der Abfüllvorgänge,
- Durchfluß der Befüll- oder Entleerleitungen bei maximalem Betriebsdruck (Angabe l/min oder m^3/h),
- Angaben zur Gaspendelung,
- Beschreibung von Überfüllsicherung und weiteren Sicherheitseinrichtungen, die selbsttätig den Abfüllvorgang unterbrechen (Zapfpistole, Abfüllschlauchsicherung, Totmannschaltung, Vollschlauchtrockenkupplung etc.)
- Berechnung des Abfüllbereiches und des erforderlichen Auffangvolumens,
- Beschreibung der Maßnahmen zur Abdichtung des Bodens im Abfüllbereich (Materialien, Fugenabdichtung etc.),
- Darstellung der gefällemäßigen Abgrenzung des Abfüllbereiches gegenüber angrenzenden Betriebsflächen,
- Beschreibung der Schutzvorkehrungen zur Verhinderung der Kontamination von Niederschlagswasser (z.B. Überdachung),
- Maßnahmen im Schadensfall z.B. zur Entsorgung von Leckagemengen

Hinweis: Das Amt für Immissionsschutz und Betriebe führt eine Datei über alle VAwS-Anlagen in Hamburg. Zur Fortschreibung und Pflege der in der ANWAGS-Datenbank gespeicherten Informationen, ist für jede Anlage zum Umgang mit wassergefährdenden Stoffen nach ihrer Fertigstellung ein Erfassungsbogen auszufüllen, der Ihnen mit dem Genehmigungsbescheid übersandt werden wird. Die Erfassungsbögen sind dem Amt für Immissionsschutz und Betriebe spätestens zur Schlußbesichtigung vorzulegen.

11. Luftreinhaltung

Formblätter 11a/1, 11a/2, 11a/3

11a Emissionen

Formblatt 11a/1: Emissionsquellen

Die Nummer der Emissionsquelle (z.B. E 3) muß jeweils mit der in den Fließbildern und im Formblatt 11a/2 (Emissionen) übereinstimmen. Jede Nummer darf pro Anlage nur einmal vergeben werden.
Die Bauausführung, z.B. gemauerter Schornstein, Stahlschornstein, Dachauslaß, Abgasstutzen etc., ist entsprechend anzugeben. Falls die Abgase nicht durch eine vertikal nach oben gerichtete Öffnung abgeleitet werden, ist auch die abweichende Form der Ableitung zu beschreiben.
Ausgänge von Sicherheitsventilen, Berstscheiben u.ä. stellen auch Emissionsquellen dar, soweit aus ihnen Schadstoffe entweichen können.

Formblatt 11a/2 - Emissionen

Soweit verschiedene Betriebszustände sich qualitativ im Emissionsverhalten voneinander unterscheiden, sind sie einzeln aufzuführen. Ansonsten beziehen sich die Angaben auf den für die Luftreinhaltung ungünstigsten bestimmungsgemäßen Betrieb der Anlage (z.B. Vollast-Betrieb). Kurzzeitige Betriebszustände, wie z.B. Wartungsarbeiten, Anfahr- und

Abfahrvorgänge, sind - soweit sie durch höhere Emissionen gekennzeichnet sind - ebenfalls gesondert zu beschreiben.
Art, Ausmaß und vermutliche Dauer der Emissionen aus Sicherheitsventilen, Berstscheiben, Fackelanlagen u.ä. sind ebenfalls darzustellen, soweit aus ihnen Schadstoffe entweichen können. Bei Stoffen nach Anhang II der Störfall-Verordnung ist im Textteil zu begründen, wieso solche Abgasströme nicht über entsprechend ausgelegte Notauffangsysteme bzw. Abgasreinigungseinrichtungen abgeleitet werden. Dabei ist auch die mitgerissene kondensierte Phase in die Betrachtung einzubeziehen.

Formblatt 11a/3: Abgasreinigungseinrichtung (ARE)
Für jede vom beantragten Vorhaben betroffene ARE ist das Formblatt 11a/3 auszufüllen. Abgasreinigungseinrichtungen sind alle apparativen Maßnahmen, die dem Zweck dienen, den Schadstoffgehalt im Rohgas zu verringern (z.B. Entstauber, Wäscher, Katalysatoren, Sprühabsorptionseinrichtungen, Kondensatoren, Nachverbrennungsanlagen u.a.).

In der Regel sind ergänzende Angaben in den textlichen Erläuterungen erforderlich.

Textteil - Emissionen - Vorsorge gegen schädliche Umwelteinwirkungen:
Alle Maßnahmen zur Vermeidung, Minimierung und Verringerung der Schadstoffemissionen sind kurz darzustellen und zu erläutern. Dies gilt insbesondere für Schadstoffe, für die gemäß TA Luft ein Vermeidungs- bzw. Minimierungsgebot gilt. In den Fällen, in denen dieses Thema bereits in der Betriebsbeschreibung ausreichend behandelt werden konnte, genügt der Hinweis auf die entsprechende Textstelle.

Die zu beschreibenden Luftreinhaltemaßnahmen sind z.B.

- Beschränkung auf emissionsarme Roh-, Brenn- bzw. Hilfsstoffe,
- prozeßtechnische Maßnahmen und technische Vorkehrungen (z.B. Kapselung, Einsatz emissionsarmer Techniken, Kreislaufführung, Einsatz von Additiven u.ä.) zur Verringerung oder Vermeidung von Luftschadstoffen,
- Sekundärmaßnahmen zur Abreinigung des Abgases bzw. der Abluft (Formblatt 11a/3),
- spezielle Maßnahmen zur Vorsorge gegen Geruchsemissionen (vergl. 3.1.9 TA Luft)
- Maßnahmen bei Aufbereitung, Herstellung, Transport, Be- und Entladung sowie Lagerung stauben der Güter (vergl. 3.1.5 TA Luft),
- Maßnahmen beim Verarbeiten, Fördern, Umfüllen von flüssigen organischen Stoffen (vergl. 3.1.8 TA Luft),
- Betriebsbeschränkungen bei Smogwetterlagen (Smog-Verordnung).

Eine textliche Erläuterung zum **Formblatt 11a/3** (Abgasreinigungseinrichtungen) sollte die bereits gemachten Angaben so ergänzen, daß insgesamt folgende Informationen vorliegen:

Beispiel: **Abgaskondensation:**

- Beschreibung des Konstruktionsprinzips und der Betriebsweise des Wärmetauschers,
- Angabe der Größe der Wärmetauscherfläche (Dimensionierung/Auslegung),
- Temperaturbereiche des Abgases und des Kühlmittels, Druckverhältnisse u.ä. (Arbeitsbereiche)
- Nähere Angaben zum Kühlmittel (falls nicht bereits in Formblatt 8/1 enthalten).

Beispiel: **Filternder Abscheider:**

- Konstruktionsmerkmale des Filtergehäuses und der Filtereinheiten, Funktionsweise,
- Filtermaterial, ggf. Angaben über das korngrößenabhängige Abscheideverhalten, Filterflächenbelastung,
- Angaben zur thermischen und chemischen Belastbarkeit des Filters u ä.,
- Abreinigung der Filterelemente,
- Sammeln und Austragen des abgeschiedenen Staubes.

Einrichtungen zur Emissionsüberwachung und Funktionskontrolle der Abgasreinigungseinrichtungen:

Es sind - soweit erforderlich - folgende Einrichtungen zu beschreiben:

- die Meßplätze und Probenahmestellen für Emissionsmessungen (3.2.1 TA Luft)
- Einrichtungen zur kontinuierlichen Überwachung von Emissionen (3.2.3 TA Luft)
- Einrichtungen, die die Wirksamkeit und den Betriebszustand von Abgasreinigungseinrichtungen und sonstigen emissionsmindernden Maßnahmen überwachen, anzeigen und ggf. alarmieren.

Sonstige Unterlagen

Emissionsquellenplan

Soweit die Lage der Emissionsquellen nicht aus dem Maschinenaufstellungsplan oder aus den Bauzeichnungen hervorgeht, sind alle Quellen der betreffenden Anlage in einer Draufsicht auf die Gesamtanlage zeichnerisch darzustellen.

Schornsteinhöhenberechnung

Soweit das Nomogramm gemäß 2.4.3 TA Luft anwendbar ist, ist eine Schornsteinhöhenberechnung vorzulegen. Die Genehmigungsbehörde kann verlangen, daß zur Schornsteinhöhe ein Sachverständigengutachten vorgelegt wird.

11b Immissionen

Ermittlung der Kenngrößen für die Vor-, Zusatz- und Gesamtbelastung

Wenn die in 2.6.1.1 TA Luft genannten anlagenbezogenen Emissionsmassenströme überschritten werden oder wenn es die Genehmigungsbehörde wegen der besonderen Lage oder einer hohen Vorbelastung im Einzelfall verlangt, sind die Kenngrößen für die Vor-, Zusatz- und Gesamtbelastung ermitteln zu lassen. Von der Ermittlung der Vorbelastung wird in der Regel abgesehen, wenn die Vorbelastung mit dem zu betrachtenden Schadstoff weniger als 60 % des Immissionswertes IW1 beträgt (vergl. 2.6.2.1 Abs.1 TA Luft). In diesen Fällen beschränkt sich die Ermittlung der Immissionskenngrößen auf die von der Anlage zu erwartende Zusatzbelastung, über die ein entsprechendes Ausbreitungsrechnungsgutachten vorzulegen ist. Näheres ist mit der Genehmigungsbehörde abzustimmen.

Soweit in Einzelfällen zu prüfen ist, ob durch die Emission von Stoffen, für die keine Immissionswerte festgelegt sind, schädliche Umwelteinwirkungen hervorgerufen werden können, kann die Genehmigungsbehörde Unterlagen für eine **Sonderfallprüfung** gemäß 2.2.1.3 TA Luft verlangen.

12. Abwärmenutzung

Bei thermischen Prozessen sind regelmäßig Wirkungsgradbetrachtungen anzustellen und Angaben über den Jahresgang des Energieverbrauchs zu machen. Dabei ist zu beschreiben, in welchem Umfang die unterschiedlich anfallende Restwärme genutzt wird und welche Maßnahmen und Einrichtungen vorhanden sind, um die nicht nutzbare Energie abzuleiten.

13. Schutz vor Lärm und Erschütterungen:

Formblatt 13/1

Formblatt 13/1 - Schallquellen

Lärm und Erschütterungen sind nach dem Stand der Technik zu begrenzen. Die Schallquellen sind mit ihren Schalleistungspegeln im Formblatt aufzuführen. Aggregate, die Erschütterungen hervorrufen können, sind ebenfalls mit den vorgesehenen Dämpfungsmaßnahmen zu beschreiben.

Schall-Vorbelastungsmessungen:

Wenn eine Lärm verursachende Anlage zur Genehmigung ansteht, wird grundsätzlich dem Antrag eine Berechnung der in der Nachbarschaft zu erwartenden Geräuschimmissionen unter Berücksichtigung der Vorbelastung beizufügen. Diese Berechnung hat auf der Grundlage der VDI-Richtlinien VDI 2571 "Schallabstrahlung von Industriebauten" (Stand: August 1976) und VDI 2714 Entwurf "Schallausbreitung im Freien" (Stand: Juli 1986) zu erfolgen. Das Schallgutachten ist von einer hierfür amtlich bekanntgegebenen Stelle zu erstellen. Auskünfte erteilt die Genehmigungsbehörde.

Soweit entsprechende Angaben nicht bereits in Abschnitt 5 enthalten sind, ist eine Lageskizze beizufügen, aus der

- die Lage der Anlage in Bezug auf die zu schützende Nachbarschaft (Entfernung, Richtung) und
- Hindernisse im Schallausbreitungsweg (Maße, Entfernung)

zu ersehen sind.

Hinweis:

Für die Beurteilung, ob die zulässigen Immissionsrichtwerte im Einwirkungsbereich der Anlage eingehalten werden, gelten die Vorschriften der Nr. 2.4 der Technischen Anleitung zum Schutz gegen Lärm (TA Lärm) in Verbindung mit Nummern 3.2, 3.3.1 und 5.4 der VDI-Richtlinie 2058 Bl. 1 (Fassung Sept. 1985).
Bei der Bildung des Beurteilungspegels im Zuge von Immissionsmessungen ist der pauschale Abzug von 3 dB(A) wegen "Meßunsicherheit" nach Ziff. 2.422.5 c) TA Lärm nicht zulässig. Die Meßunsicherheit ist im zu erstellenden Meßbericht gesondert anzugeben.

Umweltbehörde Hamburg 23 Stand 8/97
Amt für Immissionsschutz und Betriebe Erläuterungen zu den Antragsunterlagen
Kapitel 14 Anlagensicherheit

14. Anlagensicherheit

Anwendungsvoraussetzungen der Störfall-Verordnung:
In jedem Fall sind die Angaben in den Formblättern 8 (Ein- und Ausgänge, sonstige Abfallstoffe) zu ergänzen um Art und max. Menge der Stoffe des Anhangs II der Störfall-Verordnung, die in der Anlage während der einzelnen Verfahrensschritte entstehen oder durch eine Betriebsstörung entstehen können. Die Mengenangaben sind plausibel zu erläutern (Berechnungen sind beizufügen). Ferner ist darzulegen, ob die betreffende Anlagenart im Anhang I der Störfall-Verordnung aufgeführt ist.
Im Anschluß an diese Grundinformation ist darzulegen, in welchem Umfang die Störfall-Verordnung anzuwenden und ob eine Sicherheitsanalyse gemäß § 7 Störfall-Verordnung erforderlich ist.
Falls ein Ausnahmeantrag gemäß § 10 Störfall-Verordnung vorgelegt wird, sind die entsprechenden Maßgaben der Nr. 3 der 1. StörfallVwV zu beachten. Der Antrag muß die Pflichten, von denen eine Befreiung beantragt wird, genau bezeichnen. Der Ausnahmeantrag ist ausführlich unter Berücksichtigung aller relevanten Umstände des Einzelfalls zu begründen. Dem Ausnahmeantrag ist eine Stellungnahme des Betriebsrates beizufügen.

Soweit eine Sicherheitsanalyse gemäß § 7 Störfall-Verordnung nicht erforderlich ist, genügen kurze Darstellungen, wie die Allgemeinheit und die Nachbarschaft vor "sonstigen" Gefahren, Nachteilen und Belästigungen im Sinne des § 5 Abs. 1 Nr. 1 BImSchG geschützt werden. Soweit es im sachlichen Zusammenhang zweckmäßig ist, kann das Thema Anlagensicherheit auch in der Betriebsbeschreibung (Abschnitt 7) oder auch zusammen mit den Maßnahmen zum Schutz der Arbeitnehmer im Abschnitt 16a behandelt werden. Auf die entsprechenden Textpassagen ist dann im Abschnitt 14 zu verweisen.

Der Umfang der Angaben zur Anlagensicherheit richtet sich nach dem Gefahrenpotential der Anlage. Nur bei Anlagen mit einem höheren Gefahrenpotential wird die Genehmigungsbehörde verlangen, daß das Thema Anlagensicherheit in einer separaten **Sicherheitsbetrachtung** im Abschnitt 14 zusammenhängend dargestellt wird. Dabei sind anknüpfend an die Anlagen- und Verfahrensbeschreibung (Abschnitt 7) sowie die Stoffbeschreibung (Abschnitt 8) die spezifischen Gefahrenpotentiale der Anlage bzw. des beantragten Projektes zusammen mit dem Sicherheitskonzept darzulegen.

Die nachfolgenden Stichworte zeigen, welche Punkte bei der Sicherheitsbetrachtung von Bedeutung sein können:

- inhärente Sicherheit des Produktionsverfahrens (Stoffauswahl, Apparatetyp, Bauweise u. ä.),
- Beschaffenheit der MSR-Einrichtungen auf der Grundlage der Klassifizierung der "MSR-Einrichtungen zur Anlagensicherung" gemäß VDI/VDE 2180 (Stichworte: fehlersicher, selbstüberwachend, redundant, entmascht, diversitär, failsafe-Prinzip),
- Beschreibung der Prozeßsteuerung (Meßwarten, Steuerstände, Prozeßrechner, Handeingriffe).
- Bedienungsfehler, Dosierfehler, Stoffverwechselung,
- Störung der Energiezu- und -abfuhr (z.B. Elektrizität, Dampf, Kühlmittel, Stickstoff, Luft),
- Ausfall von MSR-Einrichtungen und Absperreinrichtungen,
- mechanisches Versagen von Anlagenteilen,
- Brände, Wettereinflüsse: Blitz, Frost, Hitze, Niederschläge, Überschwemmung
- Ausfall der Bedienungsmannschaft (z.B. Flucht vor giftigen Gasen, Bränden, Explosionen)

Sicherheitsanalyse gemäß § 7 Störfall-Verordnung

Ist dem Antrag eine Sicherheitsanalyse beizufügen, muß diese den Anforderungen der 2. StörfallVwV entsprechen. Sicherheitsanalysen beziehen sich grundsätzlich auf die gesamte Anlage, d.h. auch bei Änderungsanträgen ist in der Sicherheitsanalyse die Sicherheit der gesamten Anlage darzulegen.

Wenn Sicherheitsanalysen nicht komplett offengelegt werden können, ist für die Auslegung eine offene Version vorzulegen. Eine summarische Zusammenfassung genügt nicht.

Alarmplan, Gefahrenabwehrplan
Soweit nach der Störfall-Verordnung erforderlich, sind Alarm und Gefahrenabwehrpläne beizufügen.

Maßnahmen im Fall der Betriebseinstellung

Gemäß § 4b, Abs.1, Ziffer 4 der 9. BImSchV müssen die Antragsunterlagen auch Angaben über die Schutzmaßnahmen enthalten, die im Falle der Betriebseinstellung vorgesehen sind.

Soweit bereits bei der Errichtung bzw. Inbetriebnahme der Anlage Sicherungsmaßnahmen zum Schutz der Allgemeinheit für den Fall der Betriebseinstellung zu berücksichtigen sind, sollen diese im Abschnitt 14 dargestellt werden.

Ansonsten erfolgt ein Hinweis, wie
"Schutzmaßnahmen im Fall der Betriebseinstellung sind aus heutiger Sicht nicht erforderlich."

15. Brandschutz / Löschwasserrückhaltung
Formblatt 15/1

Brandschutz:
Die erforderlichen Angaben zum Brandschutz sind in dem Formblatt 15/1 für jedes Gebäude/Anlagenteil einzeln zu machen und ggf. im Textteil näher zu erläutern. Ergänzende Angaben sind insbesondere erforderlich bzgl.

- der Art der Lagerung (genaue Angaben z.B. Block-, Regallagerung u.a.)
- der Art, Größe und Brandverhalten der Verpackungen.

Löschwasserrückhaltung:
Für bauliche Anlagen in oder auf denen wassergefährdende Stoffe gelagert werden, gilt die **Richtlinie zur Bemessung von Löschwasser-Rückhalteanlagen beim Lagern wassergefährdender Stoffe (LÖRÜRL)** (Amtlicher Anzeiger v. 24.06.93 S. 1257). Die Angaben auf der Seite 2 des

Formblattes 15/1 sind ggf. im Textteil durch detailliertere Beschreibungen über die geplanten Vorkehrungen zum Boden- und Gewässerschutz und zur Entsorgung von kontaminiertem Löschwasser zu ergänzen. Soweit nicht bereits an anderer Stelle geschehen, sollte die zeichnerische Darstellung der Lage der Löscheinrichtungen/Löschwasserrückhaltungen beigefügt werden.

16. Arbeitsschutz

In diesem Abschnitt sollen die Maßnahmen zum Arbeitsschutz beschrieben werden, soweit sie noch nicht vorangegangenen Abschnitten abgehandelt wurden. Sofern Ausnahmen von den nachstehenden Arbeitsschutzvorschriften für erforderlich gehalten werden, sind diese ausdrücklich zu beantragen und zu begründen.

16a Technische Arbeitssicherheit

Explosionsschutz

Wird mit brennbaren Stoffen (Gasen, Dämpfen, Nebeln, Stäuben) umgegangen, die gefährliche explosionsfähige Atmosphäre bilden können, sind die primären, sekundären und tertiären Explosionsschutzmaßnahmen darzulegen. Dabei ist zu belegen, wie im einzelnen die "Richtlinien für die Vermeidung von Gefahren durch explosionsfähige Atmosphäre mit Beispielsammlung (Explosionsschutz-Richtlinien der Berufsgenossenschaft der chemischen Industrie)" und die "Verordnung über elektrische Anlagen in explosionsgefährdeten Räumen (Elex-V)" eingehalten werden. Die darin enthaltenen Querverweise auf andere einschlägige Vorschriften sind zu beachten. Die Abgrenzung der explosionsgefährdeten Bereiche (Zonen 0, 1, 2; 10, 11) ist in den Apparateaufstellungsplänen (Abschnitt 7) zeichnerisch darzustellen. Dabei soll auch angegeben werden, aufgrund welcher Vorschrift die Festlegung erfolgte (z.B. ExRL,TRbF, TRG, TRB, UVV). Ferner sollen Temperaturklasse und Explosionsgruppe vermerkt werden. Ferner ist - soweit zutreffend - die Beachtung folgender weiterer Vorschriften zum Explosionsschutz ausreichend darzustellen: VDI 2263 (Staubbrände und Staubexplosionen), VDI 3673 (Druckentlastung von Staubexplosionen), ZH1/200 (Richtlinien für die Vermeidung von Zündgefahren infolge elektrostatischer Aufladung).

Schutzmaßnahmen beim Lagern, Abfüllen und Befördern von brennbaren Flüssigkeiten

Soweit Anlagenteile oder Nebeneinrichtungen der Verordnung über brennbare Flüssigkeiten(VbF) und den zugehörigen Technischen Regeln für brennbare Flüssigkeiten (TRbF) unterliegt, ist zu belegen, wie diese Vorschriften im einzelnen eingehalten werden. In den Apparateaufstellungsplänen sind Schutzzonen, Schutzstreifen nach TRbF sowie Sicherheits- und Schutzabstände und explosionsgefährdete Bereiche im Sinne der o.a. TRB und TRG zeichnerisch darzustellen.

Antragsunterlagen für Druckbehälter, Druckgasbehälter und Füllanlagen

Soweit Druckbehälter, Druckgasbehälter oder Füllanlagen von dem genehmigungsbedürftigen Vorhaben betroffen sind, ist nachzuweisen, wie die Druckbehälterverordnung (DruckbehV) und die Technischen Regeln für Druckbehälter (TRB), für Rohrleitungen (TRR) bzw. für Druckgase (TRG) eingehalten werden.

Für die Prüfung des zuständigen Amtes für Arbeitsschutz - Technische Aufsicht - Fachbereich Dampf und Druck - AS 40 - sind - soweit zutreffend - folgende **speziellen** Unterlagen erforderlich:

Druckbehälteranlagen

- Druckbehälterliste, Rohrleitungsliste, Armaturenliste,
- Beschreibung der Sicherheitseinrichtungen bzw. MSR-Einrichtungen,
- Unterlagen über die elektrische Steuerung (Stromlaufplan) bzw. über die speicherprogrammierte Steuerung
  (Funktionsplan).

Der Fachbereich Dampf und Druck - AS 40 - hält für die nachfolgend genannten Anlagen **spezielle** Formblätter bereit:
- Beschreibung eines Druckbehälters für chemische Stoffe und Reaktionen,
- Beschreibung einer Füllanlage für Druckgase.

Für Thermalölanlagen (Wärmeträgeranlagen) ist eine Beschreibung entsprechend DIN 4754 Anhang B einzureichen.

Rohrleitungen:

- R-I-Fließbild (z.B. nach DIN 28004 Teil 1 Abschnitt 3.3) mit Rohrleitungsliste,
- ggf. Isometrien (bei komplizierter Rohrleitungsführung),
- Angaben zu den einzelnen Rohrleitungsabschnitten (Abmessungen, Werkstoff, Fügeverbindungen, Auflagerung,
  zul. Betriebsdruck, Betriebstemperatur, spezielle Stoffeigenschaften des Beschickungsgutes,
- Sicherheitseinrichtungen.

Die Errichtung und der Betrieb von Füllanlagen, in der Druckgase in Druckbehälter zur Abgabe an andere gefüllt werden, bedürfen der **Erlaubnis gemäß § 26 bzw. § 27 DruckbehV**. Sie ist auf Seite 3 des Formblattes 1/1 ausdrücklich zu beantragen.
In der Antragsberatung sollte mit dem Amt für Arbeitsschutz frühzeitig vorgeklärt werden, inwieweit eine Vorprüfung der Antragsunterlagen durch einen Sachverständigen erforderlich ist.

Bei erlaubnisbedürftigen Vorhaben nach DruckbehV:
Die **speziellen** Antragsunterlagen nach DruckbehV sollen in zweifacher Ausfertigung direkt an die Behörde für Arbeit, Gesundheit und Soziales, Amt für Arbeitsschutz - Technische Aufsicht - Fachbereich Dampf und Druck - AS 40 - eingereicht werden.

Schutzmaßnahmen für Dampfkesselanlagen

Soweit Dampfkessel Anlagenteile oder Nebeneinrichtungen der genehmigungsbedürftigen Anlage sind, ist zu belegen, wie die Dampfkesselverordnung (DampfkV) und die Technischen Regeln für Dampfkessel (TRD) eingehalten werden.

Soweit die Errichtung und der Betrieb von Dampfkesselanlagen der Erlaubnis gemäß § 10, § 11 oder § 13 DampfkV bedürfen, ist diese ausdrücklich auf Seite 3 des Formblattes 1/1 zu beantragen.

Soll von einzelnen Vorschriften der DampfkV oder der TRD abgewichen werden, ist auf Seite 3 des Formblattes 1/1 ausdrücklich eine Ausnahme gemäß § 8 der DampfkV zu beantragen und in diesem Kapitel zu begründen, wie die Sicherheit auf andere Weise gewährleistet ist.

Für die Prüfung des zuständigen Amtes für Arbeitsschutz - Technische Aufsicht - Fachbereich Dampf und Druck - AS 40 - sind - soweit zutreffend - folgende **speziellen** Unterlagen erforderlich:

Die nachfolgend aufgeführten **speziellen Antragsformulare gemäß DampfkV** sind im Fachhandel (Carl Heymanns Verlag KG, Luxemburger Straße 449, 50939 Köln) erhältlich:

Beschreibung HDE	Beschreibung zum Antrag auf Erlaubnis zur Errichtung und zum Betrieb einer Dampfkesselanlage mit einem Dampferzeuger der Gruppe IV
Kurzbeschreibung HDE-GWK	
Beschreibung HHE	Beschreibung zum Antrag auf Erlaubnis zur Errichtung und zum Betrieb einer Dampfkesselanlage mit einem Heißwassererzeuger der Gruppe IV.
Beschreibung NDE	Beschreibung zum Antrag auf Erlaubnis zur Errichtung und zum Betrieb einer Dampfkesselanlage mit einem Dampferzeuger der Gruppe II.
Beschreibung NHE	Beschreibung zum Antrag auf Erlaubnis zur Errichtung und zum Betrieb einer Dampfkesselanlage mit einem Heißwassererzeuger der Gruppe II.
Beiblatt AWV	Beschreibung des absperrbaren Abgas-Wasservorwärmers für den Dampfkessel.
Beiblatt AUE	Beschreibung des absperrbaren Überhitzers, Zwischenüberhitzers für den Dampfkessel.
Beiblatt ZND	Beschreibung zum zeitweiligen Betrieb mit herabgesetztem Betriebsüberdruck ohne Beaufsichtigung entsprechend TRD 603 Bl.1 für den Dampferzeuger.
Beiblatt ZNH	Beschreibung zum zeitweiligen Betrieb mit herabgesetzter Vorlauftemperatur ohne Beaufsichtigung entsprechend TRD 603 Bl.2 für den Heißwassererzeuger.

Beiblatt EBD	Beschreibung zum Betrieb mit eingeschränkter Beaufsichtigung entsprechend TRD 602 Bl.1 für den Dampferzeuger.
Beiblatt EBH	Beschreibung zum Betrieb mit eingeschränkter Beaufsichtigung entsprechend TRD 602 Bl.2 für den Heißwassererzeuger.
Beiblatt OBD	Beschreibung zum Betrieb ohne ständige Beaufsichtigung entsprechend TRD 604 Bl.1 für den Dampferzeuger.
Beiblatt OBH	Beschreibung zum Betrieb ohne ständige Beaufsichtigung entsprechend TRD 604 Bl.2 für den Heißwassererzeuger.
Beiblatt FOE	Beschreibung der Ölfeuerungsanlage für den Dampfkessel.
Kurz-Beiblatt FOE-SER	
BeiblattLOE	Beschreibung der Heizöl-Lagerung für den Dampfkessel.
Beiblatt FGA	Beschreibung der Gasfeuerungsanlage für den Dampfkessel.
Kurz-Beiblatt FGA-SER	Beschreibung der Gasversorgung für den Dampfkessel.
Beiblatt LGA	Beschreibung der Gasversorgung für den Dampfkessel.
Beiblatt FHO	Beschreibung der Holzfeuerungsanlage für den Dampfkessel.
Beiblatt LHO	Beschreibung der Brennstoff-Lagerung für die Holzfeuerung des Dampfkessels.
Beiblatt AOL	Beschreibung der Aufstellung und der baulichen Anlage für Landdampfkessel.
Beschreibung ADH	Anzeige über die Errichtung und den Betrieb einer Dampfkesselanlage mit der Bauart nach zugelassenen Dampfkesseln, deren Beheizungsleistung je Dampfkessel weniger als 1 MW beträgt und Beschreibung nach § 12 (4) DampfkV.
Beschreibung H	Bescheinigung über die Wasserdruckprüfung eines Dampfkessels/Dampfkesselteils/Teils einer Dampfkesselanlage.

Darüber hinaus werden - soweit zutreffend - folgende **speziellen** Unterlagen benötigt:

- Kesselzeichnungen einschließlich prüffähiger Einzelzeichnungen des Druckkörpers,
- Brennerzeichnung***)**, Brennereinbauzeichnung,
- Armaturenlisten zum Heizölschema, Gasleitungsschema, Speisewasser-, Dampf- und Kondensat-Schema,
- Beschreibung der Sicherheitseinrichtungen bzw. MSR-Einrichtungen,
- Unterlagen über die elektrische Steuerung (Stromlaufplan) bzw. über die speicherprogrammierte Steuerung
  (Funktionsplan).

Bei erlaubnisbedürftigen Vorhaben nach DampfkV:
Die **speziellen** Antragsunterlagen nach DampfkV sollen in zweifacher Ausfertigung direkt an die Behörde für Arbeit, Gesundheit und Soziales, Amt für Arbeitsschutz - Technische Aufsicht - Fachbereich Dampf und Druck - AS 40 - eingereicht werden.

*) Die Brennerzeichnung muß auch in den allgemeinen Unterlagen enthalten sein.

Sonstige Maßnahmen zur Anlagensicherheit
Soweit zutreffend, ist zu belegen, wie folgende Vorschriften eingehalten werden. (Die Liste ist nicht abschließend).

- Verordnung über Acetylenanlagen und Calciumcarbidlager (AcetV)
(Erlaubnis gemäß §§ 7, 9 AcetV, Ausnahmen gemäß § 5 AcetV)
- Gesetz über explosionsgefährliche Stoffe (Sprengstoffgesetz - SprengG) mit zugehörigen Verordnungen und Richtlinien (Lagergenehmigung gemäß § 17 SprenG),
- UVV Peroxide,
- Strahlenschutzverordnung.

16b Arbeitnehmerschutz
Formblätter 16b/1 und 16b/2

Arbeitsstättenverordnung, Arbeitsstätten-Richtlinien

Formblatt 16b/1
Mit Hilfe des Formblatts 16b/1und erläuternden Texten sowie ggf. Zeichnungen ist darzulegen, wie bei der beantragten Anlage die Arbeitsstättenverordnung beachtet wird. Dabei kommt es insbesondere auf solche Maßnahmen an, die sich auf die Konstruktion der Anlage und des Gebäudes auswirken (z.B. Sichtverbindung, Verlauf der Rettungswege, Nachweis ausreichender Sozialräume, Lärmschutzmaßnahmen).

Gefahrstoffverordnung:
Technische Regeln für Gefahrstoffe, stoffbezogene Unfallverhütungsvorschriften

Formblatt 16b/2
Ausgehend von dem Formblatt 16b/2 soll dargelegt werden, wie insbesondere die §§ 14 ff. der Gefahrstoffverordnung bei Errichtung und Betrieb der Anlage beachtet werden. Soweit es für das beantragte Verfahren, für die Stoffe oder für die vorgesehenen Einrichtungen spezielle Regelungen in der Gefahrstoffverordnung (mit Anhängen), in den Technischen Regeln für Gefahrstoffe oder z.B. in Regelungen der zuständigen Berufsgenossenschaft gibt, sind diese zu nennen und es ist darzulegen, wie die Regelungen im vorliegenden Fall umgesetzt werden. Dabei kann an die Anlagen und Verfahrensbeschreibung (Abschnitt 7) und die Stoffdaten (Abschnitt 8) angeknüpft werden. Die Darstellung ist

unter dem Blickwinkel des Arbeitsschutzes zu vertiefen. Die allgemeinen Schwerpunkte ergeben sich aus den Gliederungspunkten des Formblatts 16b/2.

Sonstige spezielle Arbeitsschutzvorschriften,
Der Antragsteller soll ermitteln und darlegen, welche sonstigen speziellen Arbeitsschutzvorschriften für die beantragte Anlage von besonderer Bedeutung sind. Dabei geht es um spezifische Regelungen (z.B. Röntgenverordnung, Aufzugsverordnung, UVV Krane, Richtlinie für Geräte und Anlagen zur Regalebedienung). Wie die Regelung erfüllt wird, ist im Textteil und notwendigenfalls mit Zeichnungen darzustellen.

Organisatorische Arbeitsschutzmaßnahmen, Notfallvorsorge
Der Antragsteller soll darlegen, in welcher Weise und wie oft er die Arbeitnehmer über die sichere Handhabung von Einrichtungen und Stoffen unterrichtet (Unterweisung, Betriebsanweisung). Ferner sind die Maßnahmen bei Betriebsstörungen und Unfällen und die Erste Hilfe-Organisation zu beschreiben.

Angaben zur Arbeitsicherheitsorganisation:
Es soll kurz dargestellt werden, wie die Forderungen des Arbeitssicherheitsgesetzes, der UVV -Betriebsärzte und der UVV Sicherheitsfachkräfte erfüllt werden.

17. Umweltverträglichkeitsprüfung

Soweit das beantragte Projekt unter das Gesetz über die Umweltverträglichkeitsprüfung (UVPG) vom 12.02.90 (BGBl. I S. 205) fällt, ist eine Umweltverträglichkeitsuntersuchung durchzuführen. Gegenstand und Umfang der Untersuchung richten sich nach den Erfordernissen des Einzelfalles und werden gesondert festgelegt.

18. Sonstige Antragsunterlagen

Sollten im Einzelfall besondere Unterlagen für weitere behördliche Entscheidungen erforderlich sein, die nicht durch die vorangegangenen Gliederungspunkte abgedeckt sind, sollen diese in Abschnitt 18 eingeordnet werden. Im Inhaltsverzeichnis ist der Gegenstand der sonstigen Antragsunterlagen entsprechend zu bezeichnen.

Immissionsschutzrechtliches Genehmigungsverfahren Formblatt 1/1 **Antrag**

Antragsteller/in: (Name, Anschrift)

Belegenheit des Betriebsgrundstücks: (Ortsteil, Straße, Haus-Nr.)

Grundbuchbezirk Gemarkung

Flurstück Nr(n).

An die **UMWELTBEHÖRDE** **Amt für Immissionsschutz und Betriebe**	Eingangsstempel

1. Wir/ich beantrage(n) hiermit

☐ eine **Neugenehmigung** nach § 4 BImSchG

☐ eine **Änderungsgenehmigung** nach § 16 BImSchG

für ein ☐ genehmigungungsbedürftiges / ☐ anzeigebedürftiges Vorhaben (nach § 16 Abs.4 BImSchG)

Zusätzlich zum Genehmigungsantrag beantrage(n) wir/ich

☐ eine **Teilgenehmigung** nach § 8 BImSchG (Bitte in einem anliegenden Textteil den genauen Umfang der beantragten Teilgenehmigung(en) beschreiben)	☐ für die Errichtung der Anlage ☐ für die Errichtung eines Teils der Anlage ☐ für die Errichtung und den Betrieb eines Teils der Anlage
☐ eine **Zulassung des vorzeitigen Beginns** nach § 8a BImSchG (Bitte in einem anliegenden Textteil den genauen Umfang der beantragten Zulassung beschreiben)	☐ für Errichtungsarbeiten ☐ für die Errichtung und den Probebetrieb der Anlage ☐ für die Errichtung und den Betrieb der Anlage *) *) Nur möglich bei Änderungsvorhaben, die der Erfüllung der gesetzlichen Anforderungen dienen

☐ einen **Vorbescheid** nach § 9 BImSchG (auch als Einzelantrag möglich)

2. Allgemeine Angaben zum beantragten Vorhaben:

2.1 Bezeichnung und ggf. Zweck des beantragten Vorhabens

2.2 Bezeichnung der betroffenen Anlage(n) gemäß Anhang zur 4. BImSchV Nr.: Spalte:

2.3 Umfang des Vorhabens / der Anlage

2.4 ☐ Die Anlage soll ortsbeweglich auf dem Grundstück / den Grundstücken

betrieben werden.

2.5 Zeitpunkt der geplanten Inbetriebnahme der Anlage:

2.6 Die Herstellungskosten werden voraussichtlich DM betragen.

Umweltbehörde Hamburg 8/97

2 Formblatt 1/1

3. Wahl der Verfahrensart (soweit nicht durch Rechtsvorschrift verbindlich vorgegeben)	
☐ Das beantragte Genehmigungsverfahren soll gemäß § 19 Abs.3 BImSchG **mit Öffentlichkeitsbeteiligung** durchgeführt werden.	
(Nur wenn das Vorhaben eine Anlage der Spalte 1 des Anhangs zur 4. BImSchV betrifft) ☐ Das beantragte Genehmigungsverfahren soll **ohne Öffentlichkeitsbeteiligung** durchgeführt werden. ☐ Es liegen die Voraussetzungen nach **§ 16 Abs.2** BImSchG (keine erheblich nachteiligen Auswirkungen i.S. der Beteiligungsrechte Dritter) vor. ☐ Begründung siehe Anlage.	

4. Andere behördliche Entscheidungen	
4.1 Andere behördliche Entscheidungen, die nach § 13 BImSchG in der beantragten Genehmigung eingeschlossen sind. Folgende Genehmigungen/Erlaubnisse/Bewilligungen/Ausnahmen/Eignungsfeststellungen u.a. aufgrund anderer Rechtsvorschriften sind ebenfalls Gegenstand der beantragten Genehmigung:	
Art der behördlichen Entscheidung/Rechtsgrundlage	für
☐ ***Baugenehmigung*** nach § 60 Hamburgisches Bauordnung (HBauO) ☐ Ausnahme nach § 66 HBauO	
I.V.m. § 60 HBauO ☐ ***Genehmigung*** einer Grundstücksentwässerungs-anlage nach § 13 Abs.2 HmbAbwG ☐ ***Sielanschlußgenehmigung*** (§ 7 HmbAbwG) ☐ ***Einleitungsgenehmigung*** (§ 11a HmbAbwG) ☐ ***Befreiung*** vom Siel- und Anschlußzwang (§ 10 HmbAbwG)	☐ Errichtung ☐ Änderung ☐ Abbruch ☐ erstmaliger Anschluß ☐ erneuter Anschluß ☐ betriebliches Abwasser ☐ Niederschlagswasser
☐ ***Naturschutzrechtliche Gestattungen*** für Eingriffe in Natur und Landschaft (§ 9 HmbNatG)	
☐ ***Zulassung*** nach § 18c WHG ☐ ***Eignungsfeststellung*** nach § 19 h WHG ☐ ***Genehmigung*** nach § 19a	Abwasserbehandlungsanlage(n) Anlage(n) zum Umgang mit wassergefährdenden Stoffen Rohrleitungsanlage(n) zum Befördern von wassergefährdenden Stoffen
☐ ***Dampfkesselerlaubnis*** nach §§ 10, 11 oder 13 DampfkV ☐ Ausnahme nach § 8 DampfkV	
☐ ***Druckbehältererlaubnis*** nach § 26 oder § 27 DruckbehV ☐ Ausnahme nach § 6 DruckbehV	

3 Formblatt 1/1

4.2 Andere behördliche Entscheidungen, die für das Vorhaben erforderlich sind und nach § 13 BImSchG <u>nicht</u> in der beantragten Genehmigung eingeschlossen sind:	
Art der behördlichen Entscheidung/Rechtgrundlage	für
☐ ***Wasserrechtliche Erlaubnis*** (§ 7 WHG) ☐ ***Wasserrechtliche Bewilligung*** (§ 8 WHG)	

5. Angaben zu beteiligten Personen:		
5.1	Name/Firmenbezeichnung und Anschrift des Betreibers/der Betreiberin der Anlage	Tel./Fax Nr.
5.2	Der Antragsteller, die Antragstellerin benennt für das beantragte Genehmigungsverfahren folgende Ansprechperson(en)	Tel./Fax Nr.
5.3	Name und Anschrift des Grundeigentümers/ der Grundstückseigentümerin des Betriebsgeländes (falls nicht identisch mit 5.1)	Tel. Nr.
5.4	Name und Anschrift des Verfassers/ der Verfasserin der Antragsunterlagen	Tel. Nr.
5.5	Name und Anschrift des/der Bauvorlagenberechtigten nach § 64 HBauO	Tel. Nr.

6. Dem Antrag sind Sätze Antragsunterlagen gemäß Inhaltsverzeichnis beigefügt.

7. Unterschriften

Datum, Name/Firmenstempel	Datum, Name/Firmenstempel
.... Antragsteller/in (rechtrsverbindliche Unterschrift)	.... Betreiber/in (rechtverbindliche Unterschrift)

Als Grundeigentümer/in gebe ich hiermit meine Einwilligung zu dem beantragten Vorhaben

Datum, Name/Firmenstempel

....

Grundeigentümer/ Grundstückseigentümerin (rechtsverbindliche Unterschrift)

Immissionsschutzrechtliches Genehmigungsverfahren

Formblatt 1/2
Genehmigungsbestand

Belegenheit des Betriebsgrundstücks (Ortsteil, Straße, Haus-Nr.)
Kurzbezeichnung des Vorhabens:

Genehmigungsbestand für

(Bezeichnung der Anlage)

Der Genehmigungbestand einer Anlage ergibt sich aus

- Genehmigungen (G) *) (nach BImSchG bzw. nach § 16 oder § 25 Gewerbeordnung)
- Planfeststellungen (PF) *) (gemäß § 7 Abs.2 AbfG)
- Anzeigen (AZ) (gemäß § 67 Abs.2 BImSchG bzw. § 16 Abs.4 Gewerbeordnung)
- Erlaubnissen (E) *) (z.B. gemäß WHG)
- Anordnungen (A) *) (gemäß § 17 BImSchG)
- Verzichten (V)
- Sonstiges (S) siehe nachfolgende Erläuterungen.

*) ggf auch Widerspruchsbescheide (W) bzw. Urteile (U).

Neben den o.a. Bescheiden können darüber hinaus auch bau-, wasser- und abwasserrechtliche Genehmigungen und Erlaubnisse sowie ggf. Bescheide nach § 24 Gewerbeordnung und Mitteilungen nach § 16(alt) BImSchG bzw. § 15(neu) BImSchG für das beantragte Vorhaben von Bedeutung sein. Falls dies der Fall ist, führen Sie bitte Sie werden mit (S) gekennzeichnet. Bitte führen Sie diese Bescheide, Anzeigen und Mitteilungen nur auf, wenn sie für das beantragte Vorhaben von Bedeutung sind.

Aktenzeichen/ Datum	Typ	Rechtsgrundlage	Behörde	Gegenstand des Bescheids/ Erläuterungen

Umweltbehörde Hamburg 1/97

2

Formblatt 1/2
Genehmigungsbestand

Aktenzeichen/ Datum	Typ	Rechtsgrundlage	Behörde	Gegenstand des Bescheids/ Erläuterungen

Datum

....
Unterschrift des Antragstellers/der Antragstellerin

Immissionsschutzrechtliches Genehmigungsverfahren

Formblatt 1/3

Angaben zur Betriebsorganisation

Antragsteller/in: (Name, Anschrift)

Belegenheit des Betriebsgrundstücks
(Ortsteil, Straße, Haus-Nr.)

Kurzbezeichnung des Vorhabens:

Mitteilungen nach § 52a BImSchG

1. Nur auszufüllen, soweit das vertretungsberechtigte Organ des o.a. Betreibers aus mehreren Mitgliedern besteht

   Die Pflichten des Betreibers der o.a. genehmigungsbedürftigen Anlage, die ihm nach dem Bundes-Immissionsschutzgesetz und nach den aufgrund dieses Gesetzes erlassenen Rechtsverordnungen und allgemeinen Verwaltungsvorschriften obliegen, übernimmt

   ______________________ (Name) ______________________ (Funktion)

   ______________________ (vertretende Person) ______________________ (Funktion)

2. Auf folgende Weise ist betriebsorganisatorisch sichergestellt, daß die Vorschriften, Anordnungen und Auflagen, die dem Schutz vor schädlichen Umwelteinwirkungen und vor sonstigen Gefahren, erheblichen Nachteilen und erheblichen Belästigungen dienen, beim Betrieb beachtet werden:

   ☐ Verweis auf bereits vorliegende Mitteilungen nach § 52a (2) BImSchG:

   Siehe ______________________

2 Formblatt 1/3

Angaben zur Betriebsorganisation

2. (Fortsetzung)

Datum:

....

Unterschrift

Immissionsschutzrechtliches Genehmigungsverfahren

Formblatt 1/4
Herstellungskosten

Antragsteller/in: (Name, Anschrift)

Belegenheit des Betriebsgrundstücks
(Ortsteil, Straße, Haus-Nr.)

Kurzbezeichnung des Vorhabens:

☐ **Vermutlich entstehende Herstellungskosten** (§ 5 UmwGebO) als Grundlage für die Ermittlung der Gebührenvorauszahlung nach § 18 des Gebührengesetzes vom 5. März 1986.

☐ **Herstellungskosten** (§ 7 UmwGebO) als Grundlage **für die Gebührenschluß abrechnung.** (bitte Zutreffendes ankreuzen)	☐ **für das genehmigte Gesamtvorhaben** ☐ **für die erteilte Teilgenehmigung vom** ____________ ☐ **für die erteilte Zulassung des vorzeitigen Beginn**

1. Zusammenstellung der Herstellungskosten im Sinne von §§ 5 und 7 Umweltgebührenordnung in der jeweils geltenden Fassung:

Berechnungsgrundlage für die Gebühren sind die Herstellungskosten. Für die Berechnung der Herstellungskosten sind die Kosten sämtlicher Arbeiten und Lieferungen, die für die Herstellung oder Änderung der Anlage erforderlich sind, zu berücksichtigen. Entstehen z.B. durch Eigenleistungen für bestimmte Arbeiten, Lieferungen oder Leistungen keine oder nur anteilige Kosten, sind hierfür die Kosten zugrundezulegen, die für entsprechende Arbeiten, Lieferungen oder Leistungen durch Unternehmer, Lieferanten oder Entwurfsverfasser entstehen würden.

1.1 Kosten für die baulichen Anlagen (vgl. § 1 Abs. 1 der Hamburgischen Bauordnung (HBauO) des Vorhabens:

1.1.1 Rohbaukosten ____________ DM

1.1.2 Gesamtbaukosten ____________ DM

1.2 Kosten für sonstige Einrichtungen und Maschinenanlagen ____________ DM

1.3 Architekten- und Ingenieurkosten ____________ DM

1.4 Mehrwertsteuer ____________ DM

Herstellungskosten: ____________ DM

2. Angaben zur Berechnung der Gebühr für die Prüfung der bautechnischen Nachweise: (§4 Baugebührenordnung - BauGebO)

2.1 Bruttorauminhalt nach DIN 277 Teil 1: __________ m^3

2.2 Anrechenbare Kosten,
ermittelt nach § 3 BauGebO und auf volle 1.000DM aufgerundet ________.000,- DM
sind die anrechenbaren Kosten schwer bestimmbar, wird nach dem Zeitaufwand abgerechnet (§ 2(3) BauGebO)

3. **Erklärung**

Ich versichere hiermit, die vorstehend aufgeführten Herstellungskosten nach bestem Wissen und Gewissen unter Berücksichtigung der Bestimmungen der jeweiligen Gebührenordnung ermittelt zu haben.

....
Datum / Unterschrift

Umweltbehörde Hamburg 12/96

Immissionsschutzrechtliches Genehmigungsverfahren

Formblatt 5b/1
Grundstücksentwässerung

Belegenheit des Betriebsgrundstücks	
Straße:	Haus-Nr.
Grundbuch/Flurstück:	Bezirk:
Kurzbezeichnung des Vorhabens:	

Grundstücksentwässerung (Zusätzlich benötigte Angaben zum Antrag siehe Erläuterungen Seite)

Das Vorhaben umfaßt

☐ die Herstellung / ☐ die Änderung / ☐ die Beseitigung folgender Grundstücksentwässerungsanlagen

Anzahl	Bezeichnung	H / Ä / B

Planverfasser (Name, Adresse, Telefon-Nr.)

Ausführende Firma (Name, Adresse, Telefon-Nr.)

Registriernummer als anerkannter Fachbetrieb nach § 13b HmbAwG:

☐ die Einleitung von ☐ gewerblichem Abwasser ☐ häuslichem Abwasser ☐ Mischwasser ☐ Regenwasser ☐ Drainagewasser
in die öffentliche Abwasseranlage

☐ Antrag auf Herstellung / Änderung der Sielanschlußleitung(en)

Antragsgegenstand	Schmutzwasser		Mischwasser		Regenwasser	
	Anzahl	DN	Anzahl	DN	Anzahl	DN
(1) ☐ Der Genehmigungsantrag umfaßt den erstmaligen Anschluß an die öffentliche Abwasseranlage (§ 7 HmbAbwG)						
(2) ☐ Der Genehmigungsantrag umfaßt die erneute Benutzung folgender außer Betrieb befindlicher Sielanschlußleitung(en) (§7 Abs.5 HmbAbwG)						
(3) ☐ Hiermit beantrage ich die Herstellung (Bau) folgender Sielanschlußleitung(en)						
(4) Hiermit beantrage ich die ☐ Tiefer-, ☐ Höher- ☐ Umlegung ☐ Erweiterung folgender vorhandener Sielanschlußleitung(en)						

☐ die Nutzung von Niederschlagswasser (Regenwassernutzungsanlage)

☐ die Versickerung von Niederschlagswasser*)

☐ die Einleitung von Abwasser oder Niederschlagswasser in ein Gewässer*)

*) bedarf vor der Freistellung von dem Anschluß- und Benutzungszwang der Bewilligung bzw. Erlaubnis nach § 8 bzw. 7 Wasserhaushaltsgesetz

....

Datum Unterschrift des Antragstellers

Umweltbehörde Hamburg 8/97

Immissionsschutzrechtliches Genehmigungsverfahren

Formblatt 7/1
Betriebseinheiten

Belegenheit des Betriebsgrundstücks (Ortsteil, Straße, Haus-Nr.)		
Kurzbezeichnung des Vorhabens:		
Die betroffenen Anlagen/Betriebsteile sind zum Zwecke der Gliederung und der systematischen Darstellung der technischen Daten in folgende Betriebseinheiten unterteilt: Betriebseinheiten sind anlagen- bzw. verfahrenstechnisch sinnvoll abgrenzbare Betriebsteile (z.B. Rohstofflager, Fertigung, Versuchslabor, Produktlager, Abwasserreinigungsanlage). Selbstständig genehmigungsbedürftige Anlagen können aus mehreren Betriebseinheiten bestehen. Mehrere selbstständig genehmigungsbedürftige Anlagen sollen stets einzeln als mindestens eine Betriebseinheit aufgeführt werden (vergl. Erläuterungen zu Abschnitt 7).		
Betriebs-einheit Nr.	Bezeichnung: bestehend aus	[N] Neu [Ä] Änderung [EX] entfällt [V] Vorhanden
Betriebs-einheit Nr.	Bezeichnung: bestehend aus	[N] Neu [Ä] Änderung [EX] entfällt [V] Vorhanden
Betriebs-einheit Nr.	Bezeichnung: bestehend aus	[N] Neu [Ä] Änderung [EX] entfällt [V] Vorhanden
Betriebs-einheit Nr.	Bezeichnung: bestehend aus	[N] Neu [Ä] Änderung [EX] entfällt [V] Vorhanden

2

Formblatt 7/1
Betriebseinheiten

Betriebs-einheit Nr.	Bezeichnung: bestehend aus	[N] Neu [Ä] Änderung [EX] entfällt [V] Vorhanden
Betriebs-einheit Nr.	Bezeichnung: bestehend aus	[N] Neu [Ä] Änderung [EX] entfällt [V] Vorhanden
Betriebs-einheit Nr.	Bezeichnung: bestehend aus	[N] Neu [Ä] Änderung [EX] entfällt [V] Vorhanden
Betriebs-einheit Nr.	Bezeichnung: bestehend aus	[N] Neu [Ä] Änderung [EX] entfällt [V] Vorhanden
Betriebs-einheit Nr.	Bezeichnung: bestehend aus	[N] Neu [Ä] Änderung [EX] entfällt [V] Vorhanden
Betriebs-einheit Nr.	Bezeichnung: bestehend aus	[N] Neu [Ä] Änderung [EX] entfällt [V] Vorhanden

....
(Datum / Unterschrift des Antragstellers)

Immissionsschutzrechtliches Genehmigungsverfahren

Formblatt 8/1
Stoffliste - Eingänge

Belegenheit des Betriebsgrundstücks (Ortsteil, Straße, Haus-Nr.)	Kurzbezeichnung des Vorhabens

Alle Einsatzstoffe des beantragten Vorhabens sind nachfolgend aufzulisten und mit folgenden Kurzbezeichnungen durchzunumerieren:

Rohstoffe: R1, R2, R3 usw. **Brenn- und Betriebsstoffe: B1, B2** usw. **Hilfsstoffe: H1, H2** usw. (z.B. Katalysatoren, Füllkörper u.a.)

Soweit die aufgelisteten Stoffe relevante Inhaltsstoffe aufweisen (z.B. Schwermetalle, Lösungsmittel, Schwefelverbindungen, Gefahrstoffe u.s.w.), sind diese Stoffe und Komponenten ebenfalls aufzulisten und durchzunumerieren. **Die Inhaltsstoffe der Substanz R 1 heißen R1.1, R1.2** usw.

Soweit es nicht sinnvoll ist, die Einsatzmengen pro Betriebseinheit anzugeben, können auch Betriebseinheiten zusammengefaßt werden.

Betriebs -einheit Nr.	Stoff / Komponente		Chemische Bezeichnung/ Handelsname [A] = Abfälle zur Beseitigung *) [VA]= Abfälle zur Verwertung*) *) Bitte ASN angeben	Aggregat -zustand	Menge A) kg/h B) kg/Charge C) t/Jahr]	[Ä] Änderung [+/-] [N] Neu	Inhaltsstoffe Konzentrationsangaben [Gew. %]	Gefahrstoff-VO Einstufung	Störfall-VO		VbF Klasse	Wasser-gefähr-dungs-klasse	Sicherheits -datenblatt s. Anlage Nr.
	Stoff Nr.	Kurzbezeichnung							Nr. gem. Anhang II	Maximale Menge			

- 2 -

Formblatt 8/1

Stoffliste - Eingänge

Betriebs-einheit Nr.	Stoff / Komponente Stoff Nr.	Kurzbezeichnung	Chemische Bezeichnung/ Handelsname	Aggregat-zustand	Menge A) kg/h B) kg/Charge C) t/Jahr]	[Ä] Änderung [+/-] [N] Neu	Inhaltsstoffe Konzentrations-angaben [Gew. %]	Gefahrstoff-VO Einstufung	Störfall-VO Nr. gem.. Anhang II	Maximale Menge	VbF Klasse	Wasser-gefähr-dungs-klasse	Sicherheits-datenblatt s. Anlage Nr.

....

(Datum / Unterschrift des Antragstellers)

Immissionsschutzrechtliches Genehmigungsverfahren

Formblatt 9/1
Abfallverwertung

Belegenheit des Betriebsgrundstücks (Ortsteil, Straße, Haus-Nr.)	Kurzbezeichnung des Vorhabens:

In dem Formular sind alle Abfallstoffe aufzuführen, die einer stofflichen oder thermischen **Verwertung** zugeführt werden.

Stoff Nr.	Anfall-stelle/ Betriebs-einheit Nr.	**Abfallstoffbezeichnung** Abfallschlüssel-Nr.(ASN) gemäß LAGA-Katalog (Europäischem Abfallkatalog)			Art der Verwertung	Name und Anschrift der verwertenden Stelle	Angaben zur Zwischenlagerung, Behandlung, Bereitstellung	Menge pro Jahr [t/a]	Detailinfor-mationen siehe Blatt Nr.
		ASN	Bezeichnung	Überwachungs bedürftigkeit					

*) bü = besonders überwachungsbedürftig
ü = überwachungsbedürftig
nb = nicht überwachungsbedürftig

....
(Datum/Unterschrift der Antragstellerin)

Umweltbehörde Hamburg 8/97 - Formblatt 9/1 - Abfallverwertung

Immissionsschutzrechtliches Genehmigungsverfahren

Formblatt 9/2

Rechtfertigung der Abfälle zur Beseitigung und der Abwassermengen

Belegenheit des Betriebsgrundstücks (Ortsteil, Straße, Haus-Nr.)	Kurzbezeichnung des Vorhabens:

In dem Formular sind alle Stoffe aufzuführen, die als Abfall beseitigt bzw. als Abwasser abgeleitet werden sollen, soweit sie von dem beantragten Vorhaben berührt werden.

Zeichenerklärung: **T: Technisch nicht möglich*** **W: Wirtschaftlich nicht vertretbar*** **S: Aus sonstigen Gründen nicht möglich***
*(in jedem Fall schlüssig zu erläutern.)

Stoff Nr.	**Abfallstoffbezeichnung** (ggf. Angabe der Abfall-Schlüssel-Nr.)	**Rechtfertigung:** Eine Vermeidung bzw. weitere **Minimierung ist** (Zutreffendes bitte ankreuzen)			**Erläuterungen** (ggf. Verweis auf Erläuterungen an anderer Stelle)	**Rechtfertigung:** Eine Verwertung ist .. (Zutreffendes bitte ankreuzen)			**Erläuterungen** (ggf. Verweis auf Erläuterungen an anderer Stelle)	Abfallentsorgungs-Nachweis siehe Blatt
		T	**W**	**S**		**T**	**W**	**S**		

2

Formblatt 9/2

Rechtfertigung der Abfälle zur Beseitigung und der Abwassermengen

Stoff Nr.	**Abfallstoffbezeichnung** (ggf. Angabe der Abfall-Schlüssel-Nr.)	**Rechtfertigung:** Eine Vermeidung bzw. weitere **Minimierung ist** (Zutreffendes bitte ankreuzen)			**Erläuterungen** (ggf. Verweis auf Erläuterungen an anderer Stelle)	**Rechtfertigung:** Eine Verwertung ist .. (Zutreffendes bitte ankreuzen)			**Erläuterungen** (ggf. Verweis auf Erläuterungen an anderer Stelle)	Abfallent-sorgungs-Nachweis siehe Blatt
		T	**W**	**S**		**T**	**W**	**S**		

....

(Datum/Unterschrift des Antragstellers)

Immissionsschutzrechtliches Genehmigungsverfahren

Formblatt 9/3
Abfallbeseitigung

Belegenheit des Betriebsgrundstücks (Ortsteil, Straße, Haus-Nr.)	Kurzbezeichnung des Vorhabens:

In diesem Formblatt sind alle Abfälle aufzuführen, für die eine **Beseitigung** vorgesehen ist.

Stoff Nr.	Anfall-stelle/ Betriebs einheit Nr.	**Abfallstoffbezeichnung** Abfallschlüssel-Nr.(ASN) gemäß LAGA-Katalog und EAK (Europäischem Abfallkatalog)			Art der Beseitigungs-maßnahme	Name und Anschrift der beseitigenden Stelle	Angaben zur Zwischenlagerung, Abfallbehandlung Bereitstellung	Menge pro Jahr [t/a]	Detailinformationen siehe Blatt Nr.
		ASN	Bezeichnung	Überwachungs bedürftigkeit*)					

*) bü = besonders überwachungsbedürftig
ü = überwachungsbedürftig
nb = nicht überwachungsbedürftig

....

(Datum/Unterschrift der Antragstellerin)

Umweltbehörde Hamburg 8/97 - Formblatt 9/4 - Abfallbeseitigung

Immissionsschutzrechtliches Genehmigungsverfahren

Formblatt 10/1
VAwS-Anlagen

Belegenheit des Betriebsgrundstücks (Ortsteil, Straße, Haus-Nr.)	Kurzbezeichnung des Vorhabens

Alle Anlagen zum Umgang mit wassergefährdenden Stoffen sind nachfolgend aufzulisten und wie folgt zu kennzeichnen:

Lo = oberirdische Lagerung **Lu** = unterirdische Lagerung **La** = Lagerung außerhalb von Behältern/Tanks

UA = Umschlagen/Abfüllen **HBV** = Anlagen zum Herstellen, Behandeln und Verwenden **B** = Befördern (Rohrleitungen)

Betriebs-einheit Nr.	ggf. Apparat Nr.	Bezeichnung der VAwS-Anlage/Einrichtung	Kenn-zeichnung (siehe oben)	[Ä] Änderung [N] Neu	Bezeichnung des wassergefährdenden Stoffes	Stoff Nr. (s. Formblatt 8)	Kapazität maximaler Inhalt / max. Durchsatz	Verwendungs- und Übereinstimmungs-nachweis nach Bau- bzw. Bauproduktenrecht	Detailinformation siehe Blatt Nr.

- 2 -

Formblatt 10/1
VAwS-Anlagen

Betriebs-einheit Nr.	ggf. Apparat Nr.	Bezeichnung der VAwS-Anlage/Einrichtung	Kenn-zeichnung (siehe oben)	[Ä] Änderung [N] Neu [V] Vorhanden [EX] entfällt	Bezeichnung des wassergefährdenden Stoffes	Stoff Nr. (s. Formblatt. 8)	Kapazität: maximaler Inhalt / max. Durchsatz	Verwendungs- und Übereinstimmungs-nachweis nach Bau- bzw. Bauproduktenrecht	Detailinformation siehe Blatt Nr.

....
(Datum / Unterschrift des Antragstellers)

Immissionsschutzrechtliches Genehmigungsverfahren

Formblatt 15/1
Brandschutz

Antragsteller/in: (Name, Anschrift)

Belegenheit des Betriebsgrundstücks
(Ortsteil, Straße, Haus-Nr.)

Brandschutz

1. Bezeichnung des Gebäudes / Brandabschnittes: ______________________
(Baubeschreibung unter brandschutztechnischen Gesichtspunkten siehe Baubeschreibung Textteil 5a, Blatt ______)

Abstand zum benachbarten Lagerabschnitt: ______________m (nur bei Abschnitten, die nicht durch Feuerschutzwände voneinander getrennt sind)

2. Branderkennung (Angaben zur Art der Brandkontrolle und Feuermeldung: Z.B. automatische Brandmeldeanlage, Kontrollgänger u.a.

3. Brandmeldung / Löschart

Brandbekämpfung durch [ ] **F1** = öffentliche Feuerwehr [ ] **F2** = Werkfeuerwehr

[ ] **L1** = mobile Brandbekämpfung

[ ] **L2** = mobile Brandbekämpfung mit automatischer Brandmeldung

[ ] **L3** = halbstationäre nichtautomatische Feuerlöschanlage

[ ] **L4** = stationäre nichtautomatische Feuerlöschanlage

[ ] **L5** = halbstationäre nichtautomatische Feuerlöschanlage mit automatischer Brandmeldung

[ ] **L6** = stationäre nichtautomatische Feuerlöschanlage mit automatischer Brandmeldung

[ ] **L7** = stationäre automatische Feuerlöschanlage einschl. automatischer Brandmeldung.

4. Angaben zu Löschwassereinrichtungen (Hydranten; offenes Gewässer u.a.) mit Kapazitätsangaben [l/min]

5. Ergänzende Angaben und Erläuterungen zum Brandschutz und zur Brandbekämpfung: (z.B. Zugänglichkeit für die Feuerwehr ggf. auch Hinweise auf Brandschutzkonzepte, Alarm- und Gefahrenabwehrpläne u.a.)

2

Formblatt 15/1
Löschwasserrückhaltung

Löschwasserrückhaltung

1. Löschwasserrückhaltung für ______________________________
(Bereich, Betriebseinheit, angeschlossene Brandabschnitte)

Angeschlossene Lagerfläche:__________m^2 Max. Lagermenge:__________
(inkl. nicht wassergefährdender Stoffe)

Max. Lagerguthöhe: ______m Max. Menge an brennbaren Flüssigkeiten:______m^3

	WGK 1	WGK 2	WGK 3
Max. Lagermenge an wassergef. Stoffen:	_______t	_______t	_______t

2. **Löschwasserrückhaltevolumen** insgesamt: ______________________ m^3,
berechnet nach ______________________________

3. **Angaben zu Art und Kapazität der Löschwasser-Rückhalteeinrichtungen:**
(Aufkantungen, Auffangräume, Absperrvorrichtungen, Abdichtungen u.a. ggf Verweis auf Beschreibungen im Textteil)

4. **Angaben zur ggf. vorgesehenen Ableitung von Löschwasser in andere dafür geeignete Anlagen**
(Angaben über Verbindungsleitungen und der aufnehmenden Anlagen)

5. **Ergänzende Angaben:**
Bei Berieselungsanlagen: Wassereinsatz/m^2 ____________ [l/min m^2]

Bei Einsatz von Löschschaum:
Löschschaumvolumen bei einem angenommenen 50 %igen Zerfall des Schaumes nach DIN 14 493 Teil2 ____________ m^3.
Bei Einsatz anderer Löschmittel: Art und verfügbare Menge: ______________________
____

Auslagerung von brennbaren Flüssigkeiten:
im Brandfall in nicht gefährdete Bereiche umpumpbare Menge an brennbaren Flüssigkeiten:

____________________m^3.

....
Datum / Unterschrift des Antragstellers

Umweltbehörde Hamburg 12/96 - Formblatt 15/2 - Löschwasserrückhaltung

Immissionsschutzrechliches Genehmigungsverfahren

Formblatt 16b/1
Arbeitsstätten

Antragsteller/in: (Name, Anschrift)
Belegenheit des Betriebsgrundstücks (Ortsteil, Straße, Haus-Nr.)
Kurzbezeichnung des Vorhabens:

Arbeitsstätten-Verordnung

Beschreibung der Anlage hinsichtlich der Erfüllung der Arbeitsstätten-Verordnung.

1. Bezeichnung der Arbeitsstätte: (Anlage, Betriebseinheit, Gebäude Nr.)		Nähere Angaben s. Blatt Nr.
2. Zahl und Art der Beschäftigten	ingesamt: ____ männlich: ____ weiblich: ____ davon unter 18 Jahre: - " - ____ - " - ____	
davon in der stärksten Schicht	ingesamt: ____ männlich: ____ weiblich: ____ davon unter 18 Jahre: - " - ____ - " - ____	
3. Arbeitszeit	Betriebszeit pro Tag: ____ Stunden in ____ Schichten Arbeitszeit pro Schicht/Tag: ____ Stunden	
4. Sozialräume	4.1 Pausenraum: ____ m^2 ____ Plätze 4.2 Bereitschaftsraum: ____ m^2 ____ Plätze 4.3 Umkleideraum: ____ m^2 ____ Plätze 4.4 Waschräume: für Männer: ____ W.-Plätze ____ Duschen für Frauen: ____ W.-Plätze ____ Duschen 4.5 Sanitärräume: für Männer: ____ WCs ____ Urinale für Frauen: ____ WCs 4.6 Liegeraum: ____ m^2 ____ Liegen	
Die entsprechenden Arbeitsstätten-Richtlinien für Sozialräume werden eingehalten.	Datum Unterschrift	

2

Formblatt 16b/1
Arbeitsstätten

5. Arbeitsraum / Arbeitsbereich (Bezeichnung)		Nähere Angaben s. Blatt Nr.
5.1 Kurze Beschreibung der Tätigkeit		
5.2 Beleuchtung (Nähere Beschreibung ggf im Textteil)	[ ] natürliche Beleuchtung/Sichtverbindung [ ] künstliche Beleuchtung [ ] Sicherheitsbeleuchtung	
5.3 Lüftung	[ ] natürliche Belüftung [ ] Lüftungstechnische Anlagen (Nähere Beschreibung ggf im Textteil) Mindestluftwechsel: __________	
5.4 Temperatur am Arbeitsplatz (Nähere Beschreibung ggf im Textteil)	[ ] Hitzearbeitsplatz [ ] Kältearbeitsplatz [ ] Arbeitsplatz im Freien Raumtemperatur: ______ ^oC Technische Einrichtungen zur Sicherstellung der Temperatur:	
5.5 Lärm am Arbeitsplatz	max. Beurteilungspegel am Arbeitsplatz: ______dB(A)	
5.6 Sonstige unzuträgliche Einwirkungen am Arbeitsplatz	(z.B. Schwingungen, Erschütterungen u.a.)	
5.7 Tore, Türen, Rettungswege Flucht- und Rettungsplan	[ ] vorhanden, Beschreibung siehe Textteil [ ] vorhanden, Beschreibung siehe Textteil	
Die Arbeitsstätten-Verordnung und die entsprechenden Arbeitsstätten-Richtlinien für Arbeitsräume werden eingehalten.	Datum Unterschrift	
[ ] Folgende Ausnahmen werden beantragt:		

Formblatt 16b/2
Gefahrstoffe

Antragsteller/in: (Name, Anschrift)
Belegenheit des Betriebsgrundstücks (Ortsteil, Straße, Haus-Nr.)
Kurzbezeichnung des Vorhabens:

Gefahrstoffe

Beschreibung der Anlage hinsichtlich der Erfüllung der Anforderungen der Gefahrstoff-Verordnung.
Gefährlichkeitsmerkmale siehe Formblätter 8
Bitte dieselben Stoffbezeichnungen verwenden wie in den Formblättern 8

1. Welche TRGS und stoffbezogenen UVV kommen zur Anwendung?

TRGS/ UVV	Stoff / Zubereitung / Tätigkeit	Arbeitsbereich

2. Prüfung des Einsatzes von Ersatzstoffen für folgende Gefahrstoffe	Nähere Angaben s. Blatt Nr.

Stoff/Zubereitung:	Begründung, warum kein Ersatzstoff eingesetzt werden kann:

2

Formblatt 16b/2
Gefahrstoffe

3. Art und Rangfolge der Schutzmaßnahmen:		Nähere Angaben s. Blatt Nr.
Arbeitsbereich	Stoff/Zubereitung:	Schutzmaßnahmen (einschl. der Körper- und Atemschutzmittel)*) *)ggf. Begründung, warum keine höherwertigen Schutzmaß nahmen im Textteil

4. Rückführung von schadstoffbelasteter Luft in Arbeitsräume:		Nähere Angaben s. Blatt Nr.
Arbeitsbereich	Stoff/Zubereitung	Max. Schadstoffkonz. [mg/m3]

5. Stoffbezogene Betriebsanweisungen	Nähere Angaben s. Blatt Nr.
Arbeitsbereich / Tätigkeit	Stoff / Zubereitung

3

Formblatt 16b/2
Gefahrstoffe

6. Arbeitsmedizinische Vorsorge:		Nähere Angaben s. Blatt Nr.
Arbeitsbereich	Stoff / Tätigkeit	Berufsgenossenschaft!. Grundsatz

4

Formblatt 16b/2
Gefahrstoffe

7. Vorgesehene Arbeitsbereichsanalysen mit Arbeitsplatzmessungen:		Nähere Angaben s. Blatt Nr.
Arbeitsbereich / Tätigkeit	Stoff / Zubereitung	Besonderheiten des Arbeitsplatzes

Literatur

1. Bruckschen, Walther: Der Rastplatz fürs Gefahrgut, Gefahrgut, 5/1996.
2. „Ökologische Logistik“ muß bezahlbar bleiben, DVZ Nr. 142/28. Nov. 1995.
3. Sicher ist sicher, Standort Chemie, Nr. 11/1996.
4. Das immissionsschutzrechtliche Genehmigungs- und Anzeigeverfahren, Ministerium für Umwelt und Verkehr Baden-Würtemberg, Kerner Platz 9, 70182 Stuttgart, 1/1998.
5. Anleitung für die Erstellung von Antragsunterlagen für Genehmigungsverfahren nach dem Bundes-Immissionsschutzgesetz, Umweltbehörde Hamburg, Amt für Immissionsschutz und Betriebe, Billstraße 84, 20539 Hamburg, 7/1997.

Sachwortverzeichnis

117 x 188 d&p, he, 9.3.1999 2. Korrekturabzug ☐ Korrekturabzug

☐ nach Korrektur filmreif Datum________________ Unterschrift________________

Springer